中国建设教育发展年度报告（2016）

中国建设教育协会　组织编写

刘　杰　王要武　主　编

U0296189

中国建筑工业出版社

图书在版编目（CIP）数据

中国建设教育发展年度报告（2016）/ 中国建设教育协会组
织编写 . — 北京：中国建筑工业出版社，2017.7

ISBN 978-7-112-20978-1

Ⅰ．①中…　Ⅱ．①中…　Ⅲ．①建筑学—教育事业—研
究报告—中国—2016　Ⅳ．① TU-4

中国版本图书馆 CIP 数据核字（2017）第 152138 号

中国建设教育协会从 2015 年开始，每年编制一本反映上一年度中国建设
教育发展状况的分析研究报告，本书即为中国建设教育发展年度报告的 2016
年度版。

本书对中国建设教育的发展状况进行了客观、系统的分析，对于全面了解
中国建设教育的发展状况、学习借鉴促进建设教育发展的先进经验、开展建设
教育学术研究，具有重要的价值。本书可供广大高等院校、中等职业技术学校
从事建设教育的教学、科研和管理人员，政府部门和建筑业企业从事建设继续
教育和岗位培训管理工作的人员阅读参考。

责任编辑：朱首明　李　明　李　阳
责任校对：李欣慰　姜小莲

中国建设教育发展年度报告（2016）
中国建设教育协会　组织编写
刘　杰　王要武　主　编

＊

中国建筑工业出版社出版、发行（北京海淀三里河路 9 号）
各地新华书店、建筑书店经销
北京京点图文设计有限公司制版
北京同文印刷有限责任公司印刷

＊

开本：787×960 毫米　1/16　印张：17½　字数：330 千字
2017 年 7 月第一版　2017 年 7 月第一次印刷
定价：**49.00** 元
ISBN 978-7-112-20978-1
（30515）

版权所有　翻印必究
如有印装质量问题，可寄本社退换
（邮政编码 100037）

本书编审委员会

主　任：刘　杰
副主任：何志方　　路　明　　朱　光　　王要武　　李竹成　　陈　曦
　　　　沈元勤　　陶建明
委　员：高延伟　　于　洋　　李　奇　　姚德臣　　李爱群　　王凤君
　　　　胡兴福　　李　平　　杨秀方　　吴祖强　　龚　毅　　郭景阳
　　　　任卫华　　王淑娅

编写组成员

主　编：刘　杰　　王要武
副主编：朱　光　　李竹成　　陶建明　　陈　曦
参　编：高延伟　　王柏峰　　胡秀梅　　于　洋　　李　奇　　李爱群
　　　　王凤君　　胡兴福　　李　平　　杨秀方　　吴祖强　　龚　毅
　　　　郭景阳　　任卫华　　王淑娅　　吴　菁　　赵　研　　唐　琦
　　　　朱铁壁　　钱正海　　辛凤杰　　梁　健　　谢　寒　　傅　钰
　　　　谷　珊　　王惠琴　　钱　程　　张　晶

序

PREFACE

由中国建设教育协会组织编写，刘杰、王要武同志主编的《中国建设教育发展年度报告》与广大读者见面了。它伴随着住房城乡建设领域改革发展的步伐，从无到有，应运而生，是我国首次发布的建设教育年度发展报告。本书从策划、调研、收集资料与数据，到研究分析、组织编写，全体参编人员集思广益、精心梳理，付出了极大的努力。我向为本书的成功出版作出贡献的同志们表示由衷的感谢。

"十二五"期间，我国住房城乡建设领域各级各类教育培训事业取得了长足的发展，为加快发展方式转变、促进科学技术进步、实现体制机制创新做出了重要贡献。普通高等建设教育以狠抓本科教育质量为重心，以专业教育评估为抓手，深化教育教学改革，学科专业建设和整体办学水平有了明显提高；高等建设职业教育的办学规模快速发展，专业结构更趋合理，办学定位更加明确，校企合作不断深入，毕业生普遍受到行业企业的欢迎；中等建设职业教育坚持面向生产一线培养技能型人才，以企业需求为切入点，强化校内外实操实训、师傅带徒、顶岗实习，有效地增强了学生的职业能力；建设行业从业人员的继续教育和职业培训也取得了很大进展，各地相关部门和企事业单位为适应行业改革发展的需要普遍加大了教育培训力度，创新了培训管理制度和培训模式，提高了培训质量，职工队伍素质得到了全面提升。然而，我们也必须冷静自省，充分认识我国建设教育存在的短板和不足，在国家实施创新驱动发展战略的新形势下，需要有更强的紧迫感和危机感。本报告在认真分析我国建设教育发展状况的基础上，紧密结合我国教育发展和建设行业发展的实际，科学地分析了建设教育的发展趋势以及所面临的问题，提出了对策建议，这对于广大建设教育工作者具有很强的学习借鉴意义。报告中提供的大量数据和案例，既有助于开展建设教育的学术研究，也对各级建设教育主管部门指导行业教育具有参考价值。

"十三五"时期是我国全面建成小康社会的关键时期，也是我国住房城乡建设事业发展的重要战略机遇期。随着我国经济进入新常态，实施创新驱动发展战略，加快转方式、调结构，要求我们必须进一步加快建设教育改革发展的步伐，增强建设教育对行业发展的服务贡献能力，促进经济增长从主要依靠劳动力成本优势向劳动力价值创造优势转变。我们要毫不动摇地贯彻实施人才优先发展战略，深化人才体制机制改革，切实加强人才队伍建设。在教育培训工作中，要把促进人的全面发展作为根本目的，坚持立德树人，全面贯彻党的教育方针。各级各类院校要更加注重教育内涵发展和培养模式创新，面向行业和市场需求，主动调整专业结构和资源配置，加强实践教学环节，突出创业创新教育，着力培养高素质、复合型、应用型人才。要加快住房城乡建设领域现代职业教育体系建设，始终坚持以服务行业发展为宗旨，以培养一线生产操作人员为目标，加快培育一支技术技能型的现代产业工人大军。在全行业树立终身教育理念，推进学习型企业和学习型行业的构建，形成以专业技术人员知识更新培训和经营管理人员创业兴业培训双轮驱动的继续教育体系。

期待本书能够得到广大读者的关注和欢迎，在分享本书提供的宝贵经验和研究成果的同时，也对其中尚存的不足提出中肯的批评和建议，以利于编写人员认真采纳与研究，使下一个年度报告更趋完美，让读者更加受益，对建设行业教育培训工作发挥更好的引领作用。希望通过大家的共同努力，进一步推动我国建设教育各项改革的不断深入，为住房城乡建设领域培养更多高素质的人才，促进住房城乡建设领域的转型升级，为全面实现国家"十三五"规划纲要提出的奋斗目标作出我们应有的贡献。

前言

PREFACE

　　为了紧密结合住房和城乡建设事业改革发展的重要进展和对人才队伍建设提出的要求,客观、全面地反映中国建设教育的发展状况,中国建设教育协会从2015年开始,计划每年编制一本反映上一年度中国建设教育发展状况的分析研究报告。本书即为中国建设教育发展年度报告的2016年度版。

　　本书共分5章。

　　第1章从普通高等建设教育、高等建设职业教育、中等建设职业教育三个方面,分析了2015年学校建设教育的发展状况。具体包括:从教育概况、分学科专业学生培养情况、分地区教育情况等多个视角,分析了2015年学校建设教育的发展状况,展望了学校建设职业教育发展的趋势,剖析了学校建设教育发展面临的问题,提出了促进学校建设教育发展的对策建议。

　　第2章从建设行业执业人员、建设行业专业技术人员、建设行业技能人员三个方面,分析了2015年继续教育和职业培训的发展状况。具体包括:从人员概况、考试与注册、继续教育等角度,分析了建设行业执业人员继续教育与培训的总体状况;从人员培训、考核评价、继续教育等角度,分析了建设行业专业技术人员继续教育与培训的总体状况;从技能培训、技能考核、技能竞赛和培训考核管理等角度,分析了建设行业技能人员培训的总体状况;剖析了上述三类人员继续教育与岗位培训面临的问题,提出了促进其继续教育与培训发展的对策建议。

　　第3章选取了若干不同类型的学校、地区、企业进行了案例分析。学校建设教育方面,包括了一所普通高等学校、一所高等职业技术学院和一所中等职业技术学校的典型案例分析;继续教育与职业培训方面,包括了两个直辖市、三家企业的典型案例分析。

　　第4章根据中国建设教育协会及其各专业委员会提供的年会交流材料、研究报告,相关杂志发表的建设教育研究类论文,总结出学校管理、学科建设、协同创新、人才培养、教学改革5个方面的13类突出问题和热点问题进行研讨。

　　第5章汇编了2015年国务院、教育部、住房城乡建设部颁发的与中国建设教育密切相关的政策、文件;总结了2015年中国建设教育发展大事记,包括住房城乡建设领域教育发展大事记和中国建设教育协会大事记。

本书对于全面了解中国建设教育的发展状况，学习借鉴促进建设教育发展的先进经验，开展建设教育学术研究，具有重要的借鉴价值。可供广大高等院校、中等职业技术学校从事建设教育的教学、科研和管理人员，政府部门和建筑业企业从事建设继续教育和岗位培训管理工作的人员阅读参考。

本书在制定编写方案、收集相关数据和书稿编写及审稿的过程中，得到了住房城乡建设部主管领导和人事司领导的大力指导和热情帮助，得到了有关高等院校、中职院校、地方住房城乡建设主管部门、建筑业企业的积极支持和密切配合；在编辑、出版的过程中，得到了中国建筑工业出版社的大力支持，在此表示衷心的感谢。

本书由刘杰、王要武主编并统稿，参加各章编写的主要人员有：李爱群、王凤君、胡兴福、杨秀方、吴菁、赵研（第1章）；于洋、李奇、李平、唐琦（第2章）；李爱群、胡兴福、吴祖强、龚毅、郭景阳、任卫华、王淑娅、朱铁壁、钱正海、辛凤杰、梁健、谢寒（第3章）；朱光、傅钰、谷珊、王惠琴、钱程（第4章）；朱光、高延伟、王柏峰、胡秀梅、张晶（第5章）。

限于时间和水平，本书错讹之处在所难免，敬请广大读者批评指正。

目 录

CONTENTS

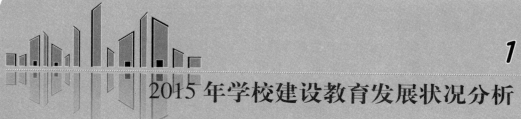

2015 年学校建设教育发展状况分析

1.1 2015年普通高等建设教育发展状况分析

2015年是"十二五"规划的收官之年，是谋划"十三五"事业发展的开局之年，更是高等教育改革发展承前启后的关键年。当前，高等教育改革正步入全面深化综合改革的关键时期，新时期、新形势和新要求赋予了高等教育更重大的责任和使命，推动着高等教育在人才培养、科技创新、服务社会和文化传承等方面实现新的发展。

普通高等建设教育作为高等建设类专业教育的重要阵地，肩负着城乡规划、建设、管理人才的教育职能，承载着提升城市竞争力的科研与服务职责，是落实国家规划纲要、践行中央城市工作会议精神的重要人才培养基地、科研基地、智囊基地和成果转化基地，是服务好城市建设全局工作、系统工作的重要支撑力量。

1.1.1 普通高等建设教育发展的总体状况

1.1.1.1 普通高等建设教育概况

1. 本科教育

根据国家统计局发布的统计数据，2015年，全国各类高等教育在学总规模达到3647万人，共有普通高等学校和成人高等学校2852所，比上年增加28所。其中，普通高等学校2560所（含独立学院275所），比上年增加31所；成人高等学校292所，比上年减少3所。普通高等学校中本科院校1219所，比上年增加17所。2015年，普通高等教育本专科共招生737.85万人，比上年增加16.45万人；在校生2625.30万人，比上年增加77.60万人；毕业生680.89万人，比上年增加21.52万人。

2015年，全国开设土木建筑类专业的普通高等建设教育学校、机构数量为743所，比上年增加37所，占全国普通高等学校、机构总数的26.05%。土木建筑类本科生培养学校、机构开办专业数2528个，比上年增加205个；毕业生数207165人，比上年增加19941人，占全国本科毕业生数的2.75%，同比下降1.07个百分点；招生数209745人，比上年减少6382人，占全国本科招生数的2.81%，同比下降0.97个百分点；在校生数922695人，比上年增加20495人，占全国本科在校生数的2.50%，同比下降1.9个百分点。

表1-1给出了土木建筑类本科生按学校层次的分布情况。从表中可以看出，其他普通高教机构和大学是开办土木建筑类本科教育的主要力量，两者各项占比之和均超过了70%。

土木建筑类本科生按学校层次分布情况　　表 1-1

学校、机构层次	开办学校、机构		开办专业		毕业人数		招生人数		在校人数	
	数量	占比(%)	数量	占比(%)	数量	占比(%)	数量	占比(%)	数量	占比(%)
大学	278	37.42	1178	46.60	94401	45.57	92192	43.95	411428	44.59
学院	170	22.88	494	19.54	50521	24.39	43116	20.56	204014	22.11
独立学院	10	1.35	23	0.91	1661	0.80	489	0.23	2902	0.31
其他普通高教机构	285	38.36	833	32.95	60582	29.24	73948	35.26	304351	32.99
合计	743	100.00	2528	100.00	207165	100.00	209745	100.00	922695	100.00

　　表 1-2 给出了土木建筑类本科生按学校隶属关系分布的情况。从表中可以看出，省级教育部门和民办高校是开设土木建筑类本科专业的主要力量，两者各项占比的合计均超过了 80%。

土木建筑类本科生按学校隶属关系分布情况　　表 1-2

隶属关系	开办学校		开办专业		毕业人数		招生人数		在校人数	
	数量	占比(%)	数量	占比(%)	数量	占比(%)	数量	占比(%)	数量	占比(%)
地级教育部门	40	5.38	123	4.87	7599	3.67	9339	4.45	38583	4.18
地级其他部门	12	1.62	43	1.70	3058	1.48	3964	1.89	14581	1.58
工业和信息化部	6	0.81	23	0.91	1251	0.60	1223	0.58	5310	0.58
国家安全生产监督管理总局	1	0.13	4	0.16	524	0.25	514	0.25	2110	0.23
国家民族事务委员会	4	0.54	10	0.40	615	0.30	791	0.38	3197	0.35
国务院侨务办公室	2	0.27	11	0.44	588	0.28	762	0.36	3159	0.34
交通运输部	1	0.13	1	0.04	55	0.03	58	0.03	243	0.03
教育部	57	7.67	235	9.30	17910	8.65	16375	7.81	74748	8.10
民办	276	37.15	791	31.29	73171	35.32	72471	34.55	324380	35.16
省级教育部门	330	44.41	1250	49.45	99673	48.11	101310	48.30	444554	48.18
省级其他部门	12	1.62	34	1.34	2436	1.18	2669	1.27	10615	1.15
中国地震局	1	0.13	2	0.08	217	0.10	190	0.09	880	0.10
中国民用航空总局	1	0.13	1	0.04	68	0.03	79	0.04	335	0.04
合计	743	100.00	2528	100.00	207165	100.00	209745	100.00	922695	100.00

表 1-3 为土木建筑类本科生按学校类别的分布情况。从表中可以看出，理工院校和综合大学是开设土木建筑类本科专业的主力，两者开办学校数、开办专业数、毕业人数、招生人数和在校人数的占比之和，分别达到了 70.52%、79.75%、87.14%、82.22% 和 84.02%。

土木建筑类本科生按学校类别分布情况　　表 1-3

学校类别	开办学校		开办专业		毕业人数		招生人数		在校人数	
	数量	占比(%)	数量	占比(%)	数量	占比(%)	数量	占比(%)	数量	占比(%)
综合大学	232	31.22	778	30.78	62542	30.19	59268	28.26	268636	29.11
理工院校	292	39.30	1238	48.97	117976	56.95	113177	53.96	506654	54.91
农业院校	41	5.52	125	4.94	7972	3.85	9069	4.32	37980	4.12
林业院校	7	0.94	35	1.38	3109	1.50	2565	1.22	11714	1.27
医药院校	1	0.13	1	0.04	27	0.01	0	0.00	30	0.00
师范院校	65	8.75	119	4.71	5430	2.62	8010	3.82	30014	3.25
语文院校	4	0.54	5	0.20	240	0.12	346	0.16	2869	0.31
财经院校	81	10.90	187	7.40	8620	4.16	15024	7.16	55744	6.04
民族院校	10	1.35	24	0.95	867	0.42	1687	0.80	6560	0.71
体育院校	1	0.13	1	0.04	0	0.00	17	0.01	46	0.00
艺术院校	9	1.21	15	0.59	382	0.18	582	0.28	2448	0.27
合计	743	100.00	2528	100.00	207165	100.00	209745	100.00	922695	100.00

2. 研究生教育

（1）研究生教育总体情况

2015 年，全国共有研究生培养机构 792 个，其中，普通高校 575 个，科研机构 217 个。研究生招生 64.51 万人，比上年增加 2.37 万人，其中，博士生招生 7.44 万人，硕士生招生 57.06 万人。在学研究生 191.14 万人，比上年增加 6.37 万人，其中，在学博士生 32.67 万人，在学硕士生 158.47 万人。毕业研究生 55.15 万人，比上年增加 1.57 万人，其中，毕业博士生 5.38 万人，毕业硕士生 49.77 万人。

（2）土木建筑类硕士生培养

2015 年，土木建筑类硕士生培养高校、机构 352 个，比上年增加 69 个；开办学科点 1367 个，比上年增加 239 个；毕业生数 42006 人，比上年增加 26160 人，占当年全国毕业硕士生的 8.4%，同比上涨 5.1 个百分点；招生数 52339 人，比上年增加 37696 人，占全国硕士生招生人数的 9.2%，同比上涨 6.5 个百分点；

在校硕士生人数 140124 人，比上年增加 94626 人，占全国在校硕士生人数的 8.8%，同比上涨 5.8 个百分点。

表 1-4 给出了土木建筑类硕士生按学校、机构层次分布的情况。从表中可以看出，大学是土木建筑类硕士生培养的主要力量，除数量占比为 81.82% 外，其他各项占比均在 96% 以上。

土木建筑类硕士生按学校、机构层次分布情况　　　　表 1-4

学校、机构层次	培养学校、机构		开办学科点		毕业人数		招生人数		在校人数	
	数量	占比(%)	数量	占比(%)	数量	占比(%)	数量	占比(%)	数量	占比(%)
大学	288	81.82	1252	91.59	40942	97.47	50721	96.91	136281	97.26
学院	46	13.07	78	5.71	875	2.08	1471	2.81	3291	2.35
培养研究生的科研机构	18	5.11	37	2.71	189	0.45	147	0.28	552	0.39
合计	352	100.00	1367	100.00	42006	100.00	52339	100.00	140124	100.00

表 1-5 列出了土木建筑类硕士生按学校、机构隶属关系的分布情况，从中可以看出，省级教育部门和教育部所属高校是培养土木建筑类硕士生的主要力量，两者各项占比之和均超过了 85%。

土木建筑类硕士生按学校、机构隶属关系分布情况　　　　表 1-5

学校、机构隶属关系	培养学校、机构		开办学科点		毕业人数		招生人数		在校人数	
	数量	占比(%)	数量	占比(%)	数量	占比(%)	数量	占比(%)	数量	占比(%)
教育部	63	17.90	399	29.19	16299	38.80	19348	36.97	53804	38.40
工业和信息化部	7	1.99	38	2.78	4103	9.77	4801	9.17	12462	8.89
住房城乡建设部	1	0.28	1	0.07	2	0.00	5	0.01	13	0.01
交通运输部	2	0.57	4	0.29	36	0.09	35	0.07	104	0.07
农业部	1	0.28	1	0.07	4	0.01	4	0.01	13	0.01
水利部	3	0.85	8	0.59	21	0.05	20	0.04	65	0.05
公安部	2	0.57	2	0.15	67	0.16	83	0.16	169	0.12
国家民族事务委员会	4	1.14	5	0.37	132	0.31	154	0.29	279	0.20
国务院国有资产监督管理委员会	5	1.42	11	0.80	31	0.07	32	0.06	93	0.07

学校、机构隶属关系	培养学校、机构		开办学科点		毕业人数		招生人数		在校人数	
	数量	占比(%)	数量	占比(%)	数量	占比(%)	数量	占比(%)	数量	占比(%)
国家安全生产监督管理总局	1	0.28	1	0.07	22	0.05	53	0.10	131	0.09
国务院侨务办公室	2	0.57	13	0.95	214	0.51	302	0.58	795	0.57
国家林业局	1	0.28	2	0.15	55	0.13	0	0.00	111	0.08
中国科学院	2	0.57	6	0.44	1020	2.43	1473	2.81	3939	2.81
中国铁路总公司	1	0.28	2	0.15	10	0.02	12	0.02	29	0.02
中国地震局	4	1.14	9	0.66	62	0.15	109	0.21	311	0.22
中国航空集团公司	2	0.57	2	0.15	2	0.00	2	0.00	6	0.00
中国民用航空总局	1	0.28	1	0.07	7	0.02	8	0.02	22	0.02
省级教育部门	234	66.48	821	60.06	19273	45.88	24992	47.75	65745	46.92
省级其他部门	5	1.42	5	0.37	84	0.20	117	0.22	210	0.15
地级教育部门	8	2.27	32	2.34	503	1.20	734	1.40	1675	1.20
地级其他部门	1	0.28	1	0.07	16	0.04	27	0.05	80	0.06
民办	2	0.57	3	0.22	43	0.10	28	0.05	68	0.05
合计	352	100.00	1367	100.00	42006	100.00	52339	100.00	140124	100.00

表1-6给出了土木建筑类硕士生按学校、机构类别的分布情况。从表中可以看出，理工院校和综合大学是培养土木建筑类硕士生的主要力量，除数量占比为63.92%外，其他各项占比的合计均在80%以上。

土木建筑类硕士生按学校、机构类别分布情况　　　　表1-6

学校、机构类别	培养学校、机构		开办学科点		毕业人数		招生人数		在校人数	
	数量	占比(%)	数量	占比(%)	数量	占比(%)	数量	占比(%)	数量	占比(%)
综合大学	78	22.16	368	26.92	12634	30.08	16159	30.87	43307	30.91
理工院校	147	41.76	744	54.43	25564	60.86	31639	60.45	86373	61.64
财经院校	27	7.67	37	2.71	642	1.53	726	1.39	1772	1.26
林业院校	6	1.70	38	2.78	978	2.33	1213	2.32	2753	1.96
农业院校	25	7.10	71	5.19	1118	2.66	1453	2.78	3123	2.23

续表

学校、机构 类别	培养学校、机构		开办学科点		毕业人数		招生人数		在校人数	
	数量	占比 (%)	数量	占比 (%)	数量	占比 (%)	数量	占比 (%)	数量	占比 (%)
师范院校	32	9.09	49	3.58	627	1.49	675	1.29	1593	1.14
民族院校	6	1.70	7	0.51	132	0.31	169	0.32	294	0.21
医药院校	3	0.85	3	0.22	8	0.02	13	0.02	43	0.03
艺术院校	5	1.42	8	0.59	24	0.06	47	0.09	104	0.07
语文院校	3	0.85	3	0.22	23	0.05	15	0.03	41	0.03
政法院校	2	0.57	2	0.15	67	0.16	83	0.16	169	0.12
科研机构	18	5.11	37	2.71	189	0.45	147	0.28	552	0.39
合计	352	100.00	1367	100.00	42006	100.00	52339	100.00	140124	100.00

（3）土木建筑类博士生培养

表1-7给出了土木建筑类博士生按学校、机构层次的分布情况。从表中可以看出，土木建筑类博士生培养学校、机构123所，比上年增加7所；开办学科点数403个，比上年增加23个；毕业博士生2241人，比去年减少75人，占当年全国毕业博士生的4.2%，同比下降了0.1个百分点；招收博士生3456人，比上年增加197人，占全国博士生招生人数的4.6%，同比上涨了0.2个百分点；在校博士生18565人，比上年增加1205人，占全国在校博士生人数的5.7%，同比上涨了0.1个百分点。其中，大学是土木建筑类博士生培养的主要力量，其各项占比均超过了95%。

土木建筑类博士生按学校、机构层次分布情况　　　表1-7

学校、机构 层次	培养学校、机构		开办学科点		毕业人数		招生人数		在校人数	
	数量	占比 (%)	数量	占比 (%)	数量	占比 (%)	数量	占比 (%)	数量	占比 (%)
大学	118	95.93	391	97.02	2212	98.71	3424	99.07	18380	99.00
培养研究生 的科研机构	5	4.07	12	2.98	29	1.29	32	0.93	185	1.00
合计	123	100.00	403	100.00	2241	100.00	3456	100.00	18565	100.00

表1-8给出了土木建筑类博士生按学校、机构隶属关系的分布情况。从表中可以看出，省级教育部门和教育部所属高校是培养土木建筑类博士生的主要力量，两者各项占比的合计均超过了78%。

土木建筑类博士生按学校、机构隶属关系分布情况　　　　表 1-8

学校、机构隶属关系	培养学校、机构		开办学科点		毕业人数		招生人数		在校人数	
	数量	占比(%)	数量	占比(%)	数量	占比(%)	数量	占比(%)	数量	占比(%)
教育部	51	41.46	230	57.07	1416	63.19	2127	61.55	11971	64.48
工业和信息化部	7	5.69	19	4.71	291	12.99	407	11.78	2122	11.43
交通运输部	1	0.81	1	0.25	6	0.27	6	0.17	46	0.25
水利部	2	1.63	2	0.50	5	0.22	6	0.17	24	0.13
国务院国有资产监督管理委员会	1	0.81	4	0.99	5	0.22	3	0.09	16	0.09
国务院侨务办公室	2	1.63	2	0.50	4	0.18	7	0.20	60	0.32
中国科学院	2	1.63	6	1.49	160	7.14	213	6.16	707	3.81
中国铁路总公司	1	0.81	2	0.50	4	0.18	1	0.03	19	0.10
中国地震局	1	0.81	4	0.99	15	0.67	22	0.64	126	0.68
省级教育部门	54	43.90	127	31.51	334	14.90	655	18.95	3432	18.49
地级教育部门	1	0.81	6	1.49	1	0.04	9	0.26	42	0.23
合计	123	100.00	403	100.00	2241	100.00	3456	100.00	18565	100.00

　　表 1-9 给出了土木建筑类博士生按学校、机构类别的分布情况。从表中可以看出，理工院校和综合大学是培养土木建筑类博士生的主要力量，二者学校数量之和的占比约为 78.87%，在开办学科点、毕业人数、招生人数、在校人数方面，二者数量之和的占比更是超过了 90%。

土木建筑类博士生按学校、机构类别分布情况　　　　表 1-9

学校、机构类别	培养学校、机构		开办学科点		毕业人数		招生人数		在校人数	
	数量	占比(%)	数量	占比(%)	数量	占比(%)	数量	占比(%)	数量	占比(%)
财经院校	7	5.69	7	1.74	32	1.43	63	1.82	247	1.33
理工院校	65	52.85	242	60.05	1353	60.37	2044	59.14	11037	59.45
林业院校	5	4.07	6	1.49	19	0.85	29	0.84	128	0.69
农业院校	7	5.69	7	1.74	21	0.94	30	0.87	112	0.60
师范院校	2	1.63	2	0.50	2	0.09	20	0.58	59	0.32
科研机构	5	4.07	12	2.98	29	1.29	32	0.93	185	1.00
综合大学	32	26.02	127	31.51	785	35.03	1238	35.82	6797	36.61
合计	123	100.00	403	100.00	2241	100.00	3456	100.00	18565	100.00

1.1.1.2 分学科、专业学生培养情况

1. 本科专业学生培养情况

2015 年土木建筑类本科专业学生培养情况如表 1-10 所示。从表中的统计数字可以看出，在土木建筑类本科的五大专业类别中，在开办专业数量上，土木类、建筑类、管理科学与工程类名列前三；在学生规模（包括毕业人数、招生人数、在校人数）上，分别是土木类、管理科学与工程类、建筑类占据了前三甲的席位。这从一个侧面反映出，规划、设计、建设、管理在我国建筑行业发展领域中的突出地位，其人才的需求量相对于其他专业类别来说，具有总量大、专业要求高的特点，是推动城乡建设的重要人才输出专业类别。

2015 年土木建筑类本科专业学生培养情况　　　　　表 1-10

专业类及专业	开办专业数	毕业生数	招生数	在校生数	招生数较毕业生数增幅（%）
土木类	1111	128717	118052	526407	−8.29
土木工程	527	102191	77177	388127	−24.48
建筑环境与能源应用工程	183	9872	11145	45569	12.90
给排水科学与工程	166	9586	10606	42918	10.64
建筑电气与智能化	71	1979	3866	12792	95.35
城市地下空间工程	43	1034	2333	7765	125.63
道路桥梁与渡河工程	53	2307	3625	13353	57.13
铁道工程	1	0	80	80	
土木类专业	67	1748	9220	15803	427.46
建筑类	682	28755	34190	158296	18.90
建筑学	282	16143	15503	87325	−3.96
城乡规划	218	8025	8685	40950	8.22
风景园林	134	3063	7145	23763	133.27
建筑类专业	48	1524	2857	6258	87.47
管理科学与工程类	665	48273	54634	229009	13.18
工程管理	425	38795	31310	153538	−19.29
房地产开发与管理	63	1824	3076	10562	68.64
工程造价	177	7654	20248	64909	164.54
工商管理类	26	721	1238	3822	71.71
物业管理	26	721	1238	3822	71.71
公共管理类	44	699	1631	5161	133.33
城市管理	44	699	1631	5161	133.33
总计	2528	207165	209745	922695	1.25

在表 1-10 统计的 17 个土建类专业中，土木工程专业、工程管理专业、建筑学专业作为传统优势强势专业，在开办专业数、毕业人数、招生人数、在校人数的数量上均高于其他专业，牢牢占据了前三的位置，其统计数据与当前建设行业人才市场的需求状况是吻合的。但从"招生数较毕业生数增幅"的数据来看，这些传统优势专业的市场饱和度在逐年提高，招生的幅度相对于毕业的幅度在下降，土木工程、工程管理和建筑学等专业出现了负增长，增幅分别是－24.48%、－19.29% 和－3.96%。与之相反的是，大类招生专业、新兴专业的增幅在提升，其中土木类专业的增幅是 427.46%，为最高；工程造价专业的增幅是 164.54%，排在第二位；城市管理专业的增幅是 133.33%，位列第三。以上数据表明，土木建筑类本科专业的复合性、多元化在逐步加强，各高校紧跟市场需求、服务区域发展需要的步伐在逐渐加快。

2. 研究生培养情况

2015 年土木建筑类学科硕士研究生按学科分布的情况见表 1-11。从表中可以看出，2015 年共计招收硕士生 52339 人，其中学术型硕士学位招生 16153 人、专业硕士学位招生 36186 人。在学术型硕士学位领域，土木工程、管理科学与工程、建筑学三个专业在毕业生数、招生数、在校学生数方面居于绝对领先地位，其三个专业之和在开办学科点、毕业生数、招生数、在校学生数中的占比达到88.6%、89.9%、90%、89.4%，相对其他学科门类来说具有绝对优势。在专业硕士学位领域，整体招生态势良好，2015 年招生数较毕业生数的增幅为 36.35%，是学术型学位增幅的 8.2 倍，其中，城市规划专业增幅迅猛，为 228.89%；工程硕士专业的招生规模也逐年增加，2015 年招收 34348 人，占全年硕士招生总数的 65.63%，是硕士研究生招生数量最多的专业。

2015 年土木建筑类学科硕士生按学科分布情况统计　　　　　表 1-11

专业类别	开办学科点	毕业生数	招生数	在校学生数	招生数较毕业生数增幅（%）
学术型学位	1108	15467	16153	47492	4.44
土木工程	611	7732	7908	23413	2.28
结构工程	114	2183	1572	5170	−27.99
岩土工程	104	1009	970	2908	−3.87
桥梁与隧道工程	76	918	712	2316	−22.44
防灾减灾工程及防护工程	84	355	258	879	−27.32
市政工程	76	638	625	1816	−2.04
供热、供燃气、通风及空调工程	67	619	660	1852	6.62
土木工程学科	90	2010	3111	8472	54.78

续表

专业类别	开办学科点	毕业生数	招生数	在校学生数	招生数较毕业生数增幅（%）
建筑学	156	2261	2581	7419	14.15
建筑学	34	1149	1402	3836	22.02
建筑技术科学	15	14	11	46	−21.43
建筑设计及其理论	37	112	165	545	47.32
建筑历史与理论	14	15	7	41	−53.33
建筑学学科	56	971	996	2951	2.57
城乡规划学	62	839	799	2487	−4.77
风景园林学	64	729	817	2524	12.07
管理科学与工程	215	3906	4048	11649	3.64
专业学位	259	26539	36186	92632	36.35
城市规划	22	135	444	1065	228.89
风景园林	51	853	1394	2765	63.42
工程	186	25551	34348	88802	34.43
总计	1367	42006	52339	140124	24.60

2015年土木建筑类学科博士研究生按学科分布情况见表1-12。从表中可以看出，2015年共计招收博士3456人，比上年增加197人，同比增长6个百分点，招生规模稳中有升。在学术型博士学位领域，风景园林学专业、城乡规划学专业、土木工程学科专业的招生规模提升幅度较大。与之相反，建筑技术科学专业、建筑设计及其理论专业和建筑历史与理论专业三个博士专业出现了停招现象，这三个专业今后将划归到建筑学学科专业进行招生。在专业博士学位领域，2015年招生数为115人，反映出博士生培养方向的新趋势，今后将逐步扩大在工程实践领域的高端人才培育。

2015年土木建筑类博士生按学科分布情况统计　　　　表1-12

专业类别	开办学科点	毕业生数	招生数	在校学生数	招生数较毕业生数增幅（%）
学术型学位	392	2224	3341	18139	50.22
土木工程	234	962	1583	8005	64.55
结构工程	40	189	198	1285	4.76
岩土工程	45	239	302	1460	26.36
桥梁与隧道工程	32	110	112	867	1.82
防灾减灾工程及防护工程	31	51	58	293	13.73

续表

专业类别	开办学科点	毕业生数	招生数	在校学生数	招生数较毕业生数增幅（%）
市政工程	27	84	66	486	−21.43
供热、供燃气、通风及空调工程	23	51	74	326	45.10
土木工程学科	36	238	773	3288	224.79
建筑学	42	209	223	1549	6.70
建筑技术科学	7	19	0	55	−100.00
建筑设计及其理论	12	92	0	303	−100.00
建筑历史与理论	6	27	0	75	−100.00
建筑学学科	17	71	223	1116	214.08
城乡规划学	15	34	111	584	226.47
风景园林学	21	23	95	369	313.04
管理科学与工程	80	996	1329	7632	33.43
专业学位	11	17	115	426	576.47
工程	11	17	115	426	576.47
总计	403	2241	3456	18565	54.22

3. 土木建筑类学科在全国的占比情况

根据教育部发布的《2015 年全国教育事业发展统计公报》的数据，土木建筑类学科学生占比情况见表 1-13。其中，博士生的招生占比和在校生占比均比上年有所增加，分别提高了 0.25% 和 0.08%；硕士生的毕业生占比、招生占比和在校生占比在上年基础上有显著提升，分别提高了 5.14%、6.47% 和 5.84%。可以看出，2015 年土木建筑类学科的硕士研究生层次的规模在稳步扩张，这与建设行业对于本科人才需求趋于稳定、对于高学历人才需求逐步增加的人才市场供需现状相符。

2015 年土木建筑类学科学生占全国的比重   表 1-13

	毕业生数			招生数			在校学生数		
	全国（万人）	土木建筑类学科（万人）	土木建筑类学科占比（%）	全国（万人）	土木建筑类学科（万人）	土木建筑类学科占比（%）	全国（万人）	土木建筑类学科（万人）	土木建筑类学科占比（%）
博士生	5.38	0.2241	4.17	7.44	0.3456	4.65	32.67	1.8565	5.68
硕士生	49.77	4.2006	8.44	57.06	5.2339	9.17	158.47	14.0124	8.84

1.1.1.3 分地区普通高等建设教育情况

我国高等建设教育已成为支持地方城乡建设持续发展的动力源泉，其在加速区域发展、提升经济实力、促进社会进步中的作用日益加强。开展教育区域发展情况调查研究，实质在于通过教育资源区域布局分析，揭示高等建设教育发展不平衡的现状，为进一步政策调整、制度设计和资源优化提供基础依据。

1. 土木建筑类专业本科在各地区的分布情况

2015年土木建筑类专业本科在各区域板块中的分布情况见表1-14。从总量上看，开办学校数较2014年增加37所高校，开办专业数增加205个，毕业生数增加19941人，招生数减少6382人，在校生数增加20495人，招生数较毕业生数增幅整体下降了14.19%。经与上年数据对比可知，2015年全国的土建类专业办学规模在稳步扩大，但扩招的步伐却在逐渐放缓，这应与当前建设行业机构扩张减慢、房地产供求市场趋于理性等发展态势有密切联系。

2015年土木建筑类专业本科各地区分布情况　　　表1-14

地区	开办学校数		开办专业数		毕业生数		招生数		在校生数		招生数较毕业生数增幅（%）
	数量	占比（%）	数量	占比（%）	数量	占比（%）	数量	占比（%）	数量	占比（%）	
北京	22	2.96	78	3.09	4258	2.06	4257	2.03	18988	2.06	−0.02
天津	13	1.75	41	1.62	3884	1.87	3318	1.58	15762	1.71	−14.57
河北	37	4.98	132	5.22	12325	5.95	11645	5.55	51405	5.57	−5.52
山西	14	1.88	41	1.62	2253	1.09	5007	2.39	15211	1.65	122.24
内蒙古	11	1.48	41	1.62	3106	1.50	3107	1.48	12679	1.37	0.03
辽宁	33	4.44	121	4.79	7970	3.85	8699	4.15	38394	4.16	9.15
吉林	19	2.56	77	3.05	6755	3.26	7536	3.59	30650	3.32	11.56
黑龙江	23	3.10	85	3.36	7363	3.55	6035	2.88	26894	2.91	−18.04
上海	16	2.15	39	1.54	2804	1.35	2161	1.03	11455	1.24	−22.93
江苏	63	8.48	211	8.35	15871	7.66	15703	7.49	64967	7.04	−1.06
浙江	35	4.71	122	4.83	6991	3.37	7118	3.39	31414	3.40	1.82
安徽	26	3.50	102	4.03	7124	3.44	9195	4.38	35552	3.85	29.07
福建	25	3.36	86	3.40	6914	3.34	7998	3.81	34277	3.71	15.68
江西	28	3.77	98	3.88	7297	3.52	7495	3.57	35483	3.85	2.71
山东	43	5.79	141	5.58	13111	6.33	12069	5.75	55412	6.01	−7.95
河南	42	5.65	165	6.53	14107	6.81	15434	7.36	69172	7.50	9.41
湖北	53	7.13	165	6.53	12881	6.22	11323	5.40	54359	5.89	−12.10

续表

地区	开办学校数		开办专业数		毕业生数		招生数		在校生数		招生数较毕业生数增幅 (%)
	数量	占比 (%)	数量	占比 (%)	数量	占比 (%)	数量	占比 (%)	数量	占比 (%)	
湖南	33	4.44	125	4.94	13421	6.48	11100	5.29	52947	5.74	−17.29
广东	32	4.31	103	4.07	7435	3.59	9640	4.60	39727	4.31	29.66
广西	15	2.02	48	1.90	3790	1.83	4674	2.23	19033	2.06	23.32
海南	3	0.40	11	0.44	1597	0.77	1207	0.58	5455	0.59	−24.42
重庆	19	2.56	62	2.45	7453	3.60	7464	3.56	34531	3.74	0.15
四川	32	4.31	117	4.63	13064	6.31	12051	5.75	52085	5.64	−7.75
贵州	18	2.42	49	1.94	2140	1.03	3184	1.52	14368	1.56	48.79
云南	17	2.29	60	2.37	3298	1.59	5145	2.45	20272	2.20	56.00
西藏	2	0.27	6	0.24	123	0.06	195	0.09	729	0.08	58.54
陕西	37	4.98	112	4.43	11984	5.78	9274	4.42	47111	5.11	−22.61
甘肃	14	1.88	47	1.86	4916	2.37	4472	2.13	20573	2.23	−9.03
青海	3	0.40	6	0.24	510	0.25	528	0.25	2221	0.24	3.53
宁夏	6	0.81	15	0.59	1344	0.65	1417	0.68	6234	0.68	5.43
新疆	9	1.21	22	0.87	1076	0.52	1294	0.62	5335	0.58	20.26
合计	743	100.00	2528	100.00	207165	100.00	209745	100.00	922695	100.00	1.25

2015 年，我国在 31 个省不含级行政区中开设土木建筑类本科专业的高校共有 743 所（我国省级行政区 34 个，统计时不含香港、澳门、台湾，下同），从表 1-14 中可以看出，在 31 个省级行政区中，开设土木建筑类本科专业最多的为江苏省，共有 63 所高校开设了 211 个土木建筑类本科专业，占全国开办学校总数的 8.48%；开设土木建筑类本科专业高校数量最少的为西藏自治区，仅有 2 所高校共开设 6 个土木建筑类本科专业。从这个统计结果上可以看出，我国高等建设教育的区域差异性是很大的。

从表 1-14 中可以看出，在开办学校数量上，占比超过 5% 的有江苏、湖北、山东、河南 4 个地区，占比不足 1% 的有宁夏、海南、青海、西藏 4 个地区；在开办专业数量上，占比超过 5% 的有江苏、河南、湖北、山东、河北 5 个地区，占比不足 1% 的有新疆、宁夏、海南、西藏、青海 5 个地区；在毕业生数量上，占比超过 5% 的有江苏、河南、湖南、四川、山东、湖北、河北、陕西 8 个地区，占比不足 1% 的有海南、宁夏、新疆、青海、西藏 5 个地区；在招生数量上，占比超过 5% 的有江苏、河南、山东、四川、河北、湖北、湖南 7 个地区，占比不足 1% 的有宁夏、新疆、海南、青海、西藏 5 个地区；在校生数量上，占比超过 5% 的有江苏、河南、山东、湖北、湖南、四川、河北、陕西 8 个地区，占比不足 1% 的有宁夏、海南、新疆、青海、西藏 5 个地区；在招生数较毕业生数增幅看，超过 30% 的有山西、西藏、贵州 3 个地区，下降 10% 以上的有天津、湖南、黑龙江、陕西、上海、海南 6 个地区。

从与 2014 年招生数据的比对中发现，2015 年全国 31 个省份中共有 10 个省份的招生数量有所增加，21 个省份出现降低。其中，招生数量增加最多的省份为山西省，扩招 1214 人；四川省排名第 2，扩招 956 人；江苏省排名第 3，扩招 675 人。此外，从招生规模降幅程度来看，数量下降最多的省份为陕西省，招生人数下降 1824 人；降幅排在第 2 位的是辽宁省，招生人数下降 1441 人；排在降幅榜第 3 位的是江西省，招生人数下降 1242 人。

根据全国区域划分，可分为华北（含北京、天津、河北、山西、内蒙古）、东北（含辽宁、吉林、黑龙江）、华东（含上海、江苏、浙江、安徽、福建、江西、山东）、中南（河南、湖北、湖南、广东、广西、海南）、西南（含重庆、四川、贵州、云南、西藏）、西北（含陕西、甘肃、青海、宁夏、新疆）等 6 个板块，2015 年土木建筑类专业本科在各区域板块中的分布情况见表 1-15。

2015 年土木建筑类专业本科各板块分布情况　　　　表 1-15

板块	开办学校数		开办专业数		毕业数		招生数		在校生数		招生数较毕业生数增幅（%）
	数量	占比（%）	数量	占比（%）	数量	占比（%）	数量	占比（%）	数量	占比（%）	
华北	97	13.06	333	13.17	25826	12.47	27334	13.03	114045	12.36	5.84
东北	75	10.09	283	11.19	22088	10.66	22270	10.62	95938	10.40	0.82
华东	236	31.76	799	31.61	60112	29.02	61739	29.44	268560	29.11	2.71
中南	178	23.96	617	24.41	53231	25.69	53378	25.45	240693	26.09	0.28
西南	88	11.84	294	11.63	26078	12.59	28039	13.37	121985	13.22	7.52
西北	69	9.29	202	7.99	19830	9.57	16985	8.10	81474	8.83	−14.35
合计	743	100.00	2528	100.00	207165	100.00	209745	100.00	922695	100.00	1.25

单从高校数量上来看，东中西部地区在开办学校数、开办专业数、招生数、在校生数方面表现出明显差别，华东地区占比最大，共有 236 所高校开设了 799 个土建类本科专业；中南地区排名第二，共计 178 所高校开设了 617 个土建类本科专业；西北地区在各项统计数据中排名垫底，共 69 所高校开办了 202 个土建类专业，各地区高等学校的分布密度呈现由东向西、由南向北逐渐递减的特征。

　　从综合办学实力来看，处于第一梯队的仍是华东地区，作为全国普通高等建设院校的重镇，其各项占比均处于 30% 左右的水平，这也与华东地区经济发展速度较快、城乡建设发展态势良好、高等教育实力雄厚等因素有关；处于第二梯队的是中南地区，所占比基本在 23%～26% 之间，占据了全国普通高等建设院校近 1/4 的资源；处于第三梯队的是华北、西南、东北地区，基本都在 10% 以上；处于资源最薄弱环节的是西北地区，基本处于 7%～10% 的区间。

　　在招生规模扩张速度减慢的背景下，除华北地区、华东地区招生数较 2014 年增加 525 人和 90 人外，其他地区招生数均出现明显回落，东北地区减少 1122 人，中南地区减少 1838 人，西南地区减少 896 人，西北地区减少 2631 人。其中，降幅最大的为西北地区，其招生数较毕业生数的增幅首次呈现负增长态势，为 -14.35%，较上年的增幅 19.68%，回落了 34.03%。

　　2. 土木建筑类专业研究生在各地区的分布情况

　　高等建设普通教育的地区发展呈现一定的不平衡性。本科、硕士、博士等不同培养层次也呈现出一定的差异。2015 年土木建筑类专业研究生在各地区的分布情况见表 1-16。

2015 年土木建筑类专业研究生在各地区的分布情况　　　　表 1-16

地区	开办专业数		毕业生数		招生数		在校生数	
	硕士	博士	硕士	博士	硕士	博士	硕士	博士
北京	137	52	3405	531	4628	745	12366	3616
天津	56	22	2365	135	2845	208	7959	1046
河北	50	6	1516	9	1869	23	5026	101
山西	16	4	385	9	435	22	1096	93
内蒙古	26		529		689		1687	
辽宁	69	23	1423	101	1580	189	4019	1093
吉林	41	1	891	9	1503	7	3847	71
黑龙江	48	19	3405	147	3471	259	8625	1296
上海	37	26	1704	249	1723	345	4873	1987
江苏	134	43	5677	203	7446	325	20512	1684
浙江	39	11	1141	53	1677	93	4362	437
安徽	42	14	1634	58	2150	64	5712	197
福建	34	9	393	25	529	28	1473	208
江西	39	2	982	31	1129	32	3173	156
山东	74	14	1241	20	1603	70	3880	285

续表

地区	开办专业数		毕业生数		招生数		在校生数	
	硕士	博士	硕士	博士	硕士	博士	硕士	博士
河南	55	5	729	0	1680	16	4331	51
湖北	87	31	2476	120	3292	173	8044	882
湖南	45	16	2359	115	2554	170	7801	1313
广东	60	21	1540	83	2076	106	4869	650
广西	19	7	564	6	684	17	1820	102
海南	4		21		25		73	
重庆	29	12	2070	58	2378	117	6687	612
四川	63	17	1425	84	1544	136	4747	1064
贵州	11		114		107		293	
云南	26	2	348	10	352	21	981	123
西藏	1		0		4		4	
陕西	88	34	3013	168	3679	265	10125	1367
甘肃	23	12	313	17	326	25	965	131
青海	2		6		26		34	
宁夏	4		174		166		370	
新疆	8		163		169		370	
合计	1367	403	42006	2241	52339	3456	140124	18565

从表 1-16 可以看出，全国土建类硕士研究生开办专业数为 1367 个，较上年增加 239 个；2015 年硕士在校生总数为 140124 人，较上年上涨了 207.98 个百分点；硕士招生总数为 52339 人，是 2014 年 3.57 倍。由此可见，全国土建类硕士研究生教育呈现显著增长态势，整体规模扩张明显，与土建类本科专业发展放缓态势形成鲜明对比，研究生教育领域迎来了扩招的高峰期，这与建设行业转型、高学历人才市场需求加大等诸多因素有关。在开办数量上，北京为最多，开办学科点数为 137 个，其次是江苏，为 134 个。而西藏地区数量仅为 1 个，青海 2 个，宁夏 4 个，海南 4 个，新疆 8 个；在毕业生数量上，位于前三位的是江苏（5677 人）、北京（3405 人）、黑龙江（3045 人），但不足百人的省份有西藏 0 人、青海 6 人、海南 21 人；从招生数量上看，排名前三的省份是江苏（7446 人）、北京（4628 人）、陕西（3679 人），但不足百人的省份有西藏 4 人、海南 25 人、青海 26 人；从在校生数量上看，位居前三位的是江苏（20512 人）、北京（12366 人）、陕西（10125 人），不足百人的为西藏 4 人、青海 34 人、海

南为 73 人。相关数据明显反映出，我国土建类硕士研究生教育区域发展不平衡、差异性显著，这与经济发展程度、高等教育实力、建设行业发展业态、人口迁移程度等因素有直接联系。

表 1-16 还表明，全国土建类博士研究生开办专业数为 403 个，较上年增加 23 个；2015 年博士在校生总数为 18565 人，较上年上涨了 6.94 个百分点；博士招生总数为 3456 人，较上年上涨了 6.04 个百分点。可见，土建类博士研究生的教育规模稳中有升，各方面发展较为平稳。数据还表明，全国有 24 个地区拥有土建类博士研究生培养资格，北京、上海、江苏依然是土建类专业高学历人才的重点培育基地。其中，北京市开办专业数为 52 个、2015 年博士毕业生人数为 531 人，同年招收博士生 745 人，累计在校博士生达 3616 人；上海市综合实力排名第二，共开办 26 个博士专业，2015 年博士毕业生达 249 人，招收博士生 345 人，累计在校博士生为 1987 人；江苏省位列第三，开办专业点数为 43 个，2015 年博士毕业生人数为 203 人，同年招收博士生 325 人，累计在校博士生达 1684 人。

1.1.1.4 普通高等建设学校专业评估

开展专业评估认证的目的是加强国家和行业对高等学校工程专业教育的宏观指导和管理，保证和提高工程专业的教育质量，使毕业生符合国家规定的申请参加注册工程师考试的教育标准，为与其他国家和地区相互承认同类专业的学历创造条件。从 1992 年始创至今，住房城乡建设部专业评估已走过 24 年的风雨历程，经过深厚积累与丰富实践，目前已经系统形成了建筑学、城乡规划、土木工程、给排水科学与工程、建筑环境与能源应用工程、工程管理六大专业的评估认证工作体系，颁布了专业评估认证相关文件，起草了一系列专业评估认证的章程、标准和工作指南，在制度、架构、组织、实施等方面趋于完备。专业评估的主要工作内容是客观、公正和科学地评价受评学校专业的办学水平和人才培养质量，为学校专业的教育教学工作提出富有指导性的意见和建议，长期的专业评估工作实践使其对工程专业教育的持续健康发展起着重要的指导和推动作用。

截至 2015 年，设有土建类专业的学校通过住房和城乡建设部高等教育评估委员会专业评估的情况见表 1-17。数据显示，全国共有 56 所高校通过建筑学本科专业评估，通过比例为 19.86%；有 41 所高校通过了城乡规划本科专业评估，通过比例为 19.27%；有 85 所高校通过了土木工程本科专业评估，通过比例为 16.13%；有 33 所高校通过了给排水科学与工程本科专业评估，通过比例为 19.88%；有 33 所高校通过了建筑环境与能源应用工程本科专业评估，通过比例为 18.03%；有 37 所高校通过了工程管理本科专业评估，通过比例为

8.71%。在硕士专业评估方面，与上年相比，建筑学硕士专业评估通过学校数增加 1 所，为天津城建大学；城乡规划硕士专业通过学校数较上年没有增加，仍为 25 所高校。

截至 2015 年土建类专业通过住房和城乡建设部高等教育专业评估情况统计表　表 1-17

	建筑学	城乡规划	土木工程	给排水科学与工程	建筑环境与能源应用工程	工程管理
评估开始时间	1992	1998	1995	2004	2005	1999
全国专业数	282	218	527	166	183	425
本科评估通过学校数	56	41	85	33	33	37
通过比例（%）	19.86	19.27	16.13	19.88	18.03	8.71
硕士评估通过学校数	35	25				

经统计，在住房和城乡建设部专业评估中，通过 6 个本科专业和 2 个硕士专业评估的学校有 10 所，分别是哈尔滨工业大学、同济大学、重庆大学、西安建筑科技大学、湖南大学、北京建筑大学、华中科技大学、沈阳建筑大学、山东建筑大学、南京工业大学；通过 6 个本科专业评估的高校有 5 所，分别是吉林建筑大学、广州大学、安徽建筑大学、青岛理工大学、天津城建大学；通过 5 个本科专业评估的学校，有清华大学、天津大学、西南交通大学、大连理工大学、中南大学、苏州科技学院、长安大学、青岛理工大学在内的 8 所高校；通过 4 个本科专业评估的学校，有东南大学、四川大学、武汉大学、中国矿业大学、北京工业大学、武汉理工大学、浙江工业大学、华侨大学、昆明理工大学、广东工业大学、兰州交通大学、河北建筑工程学院在内的 12 所高校。

1.1.2　普通高等建设教育的发展趋势

2015 年，高等建设教育迎来了新的转型发展改革期，"共享经济思维"、"互联网科学技术"、"一带一路"战略、"完善城市功能"等一系列转型发展的推动力，都在驱动着高等建设教育的变革与创新。培养适应时代要求的人才、服务建设行业转型的需要，是高等建设教育当前所面临的新形势、新挑战、新任务，这是发展赋予的光荣使命，是时代给予的历史重任。对于高等建设教育来说，把握发展趋势、调整发展理念，永无止境，需要在"优化教育信息化体系"、"落实开放型共赢战略"、加快"双一流"建设、"推进创新创业教育"等方面积极开展深度研究，需要在"发展与转型"、"教育与行业"、"效率与公平"之间着力处理好协同关系。

1.1.2.1 优化教育信息化体系，推动教育综合改革

持续优化教育信息化体系是高等建设教育改革与发展的趋势之一，这里的教育信息化体系包含两方面内容，一是自身改革要坚持走信息化发展道路；二是服务行业转型要坚持走信息化发展的道路。

"十二五"以来，特别是《教育信息化十年发展规划 (2011—2020 年)》发布和首次全国教育信息化工作会议召开以来，教育信息化已经成为高等教育综合改革的重要抓手，信息技术与教育教学深度融合的理念已广泛深入人心。2012 年 9 月，时任中共中央委员、国务委员刘延东在出席首次全国教育信息化工作电话电视会议时指出："教育信息化是教育理念和教育模式的一场深刻的革命，是当今世界越来越多的国家提升教育水平的战略选择。她强调，教育信息化工作要增强紧迫感、责任感，把教育信息化作为国家信息化的战略重点优先部署，用教育信息化来带动教育现代化，推动教育事业跨越式发展。"2014 年，特别是中央网络安全和信息化领导小组成立后，党中央、国务院加大对信息化工作的重视程度，一系列"互联网 +"、"云计算"、"大数据"、"智慧城市"等行动计划密集出台。信息化已上升为国家战略，互联网给人类生产生活带来了深刻变化，也给教育的改革与发展带来了重大发展机遇。2015 年 5 月，由联合国教科文组织与中国政府共同举办的主题为"信息技术与未来教育变革"的首届国际教育信息化大会在山东青岛召开。国家主席习近平发来贺信，他在贺信中指出："当今世界，科技进步日新月异，互联网、云计算、大数据等现代信息技术深刻改变着人类的思维、生产、生活、学习方式，深刻展示了世界发展的前景。因应信息技术的发展，推动教育变革和创新，构建网络化、数字化、个性化、终身化的教育体系，建设'人人皆学、处处能学、时时可学'的学习型社会，培养大批创新人才，是人类共同面临的重大课题。"以信息化驱动教育改革，重视教育信息化在突破时空限制、促进教育公平方面的作用和地位，加强信息技术与教育教学深度融合，促进优质数字教育资源开发和共建共享，是高等建设教育改革与创新的必然趋势。

"信息技术"、"互联网 +"的春风同样席卷了建设行业。2011 年，住房和城乡建设部下发了《关于印发 2011—2015 年建筑业信息化发展纲要的通知》（建质 [2011]67 号）；2012 年，为规范和推动智慧城市的健康发展，住房和城乡建设部发布建办科 [2012]42 号文件，启动了开展国家智慧城市的试点工作；2014 年，《国家新型城镇化规划 (2014—2020 年)》和发展改革委等 8 部门联合印发的《关于促进智慧城市健康发展的指导意见》（发改高技 [2014]1770 号）文件出台；2015 年，中央城市工作会议在北京召开，会议在"统筹改革、科技、文化三大动力，提高城市发展持续性"方面着重指出"要加强城市管理数字化平台建设

和功能整合，建设综合性城市管理数据库，发展民生服务智慧应用"。五年来，大力发展智慧城市，是我国促进城市高度信息化、网络化的重大举措和综合性措施，其发展路径坚定而明确，其"以科技创新为支撑，着力解决制约城市发展的现实问题，建设绿色、低碳、智能城市"的改革目标务实而清晰。此外，2015年6月，住房和城乡建设部就BIM应用工作发布了《关于推进建筑信息模型应用的指导意见》，意见中明确提出了推进BIM应用的发展目标，即"到2020年末，建筑行业甲级勘察、设计单位以及特级、一级房屋建筑工程施工企业应掌握并实现BIM与企业管理系统和其他信息技术的一体化集成应用。到2020年末，以下新立项项目勘察设计、施工、运营维护中，集成应用BIM的项目比率达到90%：以国有资金投资为主的大中型建筑；申报绿色建筑的公共建筑和绿色生态示范小区"。《意见》在保障措施中还特别提到"培育产、学、研、用相结合的BIM应用产业化示范基地和产业联盟；在条件具备的地区和行业，建设BIM应用示范（试点）工程"等相关建设目标。由此可见，在信息化背景下，将信息技术与建筑业深度融合的战略在日趋深化。

对于高等建设教育来说，优化教育信息化体系，不仅要顺应高等教育的发展要求，更要结合建设行业的转型需要。因此，在"推动信息技术与教育融合创新发展"、"努力以信息化为手段扩大优质教育资源覆盖面"、"培育信息技术支撑的产、学、研、用新型合作业态"等政策指引下，优化高等建设教育信息化工作的顶层设计，在管理模式、育人模式、教学模式、社会服务模式等方面深化信息化改革，是当前乃至"十三五"时期，推动建筑类高校向更高水平迈进的必由之路。

1.1.2.2 接轨国际工程教育，落实开放型共赢战略

坚持开放共赢的工程教育战略是高等建设教育改革与发展的趋势之二。高等建设教育研究要快速响应"华盛顿协议"、"推进共建'一带一路'教育行动"、"关于做好新时期教育对外开放工作的若干意见"的系列发展战略，在国际合作法律政策、体制机制、教育标准、互换互访、评价标准、认证体系等方面要加强研究、大胆创新、寻求突破、推进改革，以开放的理念应对工程教育国际化的机遇与挑战，以务实的方法积蓄国际化力量和重塑国际化结构，全面提升我国工程教育的全球竞争力。

实施工程教育专业认证，是教育部"十二五"时期本科教学质量提升工程的重要组成部分，是我国高等学校推进工程教育改革的重要举措，是工程教育走向国际化的重要标志。2006～2015年，全国共有576个专业通过了工程教育专业认证，其中2015年，有125个专业经过学校自评、专家组现场考查、分委员会（试点工作组）审议、认证结论审议委员会审议等程序，通过了工程教

育专业认证。在推进我国工程教育专业认证与国际接轨的进程中，中国工程教育认证协会作出了突出贡献，在认证理念和质量保障方面积极吸收国际先进经验，其制定专业认证通用标准，在学生、培养目标、毕业要求、持续改进、课程体系、师资队伍和支持条件等 7 个方面与国际标准紧密对接。工程教育专业认证在提升我国高等工程教育国际化水平方面起着重要的引领和导向作用。

2013 年，我国加入《华盛顿协议》成为预备成员，2016 年初接受了转正考察，2016 年 6 月 2 日，中国成为国际本科工程学位互认协议《华盛顿协议》的正式会员。加入《华盛顿协议》，对于我国工程教育来说具有里程碑式的意义。《华盛顿协议》作为国际上最具影响力的工程教育学位互认协议，成立于 1989 年，由美国等 6 个英语国家的工程教育认证机构发起，其宗旨是通过多边认可工程教育认证结果，实现工程学位互认，促进工程技术人员的国际流动。加入该协议，标志着我国工程教育对外开放的步伐又向前迈出了一大步，我国工程教育质量标准和质量保障体系达到了国际标准，中国高等工程教育真正成了国际规则制定的参与者，自此，中国的认证标准、方法和技术也将影响世界。

必须认识到，自加入《华盛顿协议》之后，我国工程教育的国际化之路又步入了新的发展阶段，实现工程教育的国际一流水平、落实开放共赢战略、塑造符合国际标准的新型工程人才培养模式，仍然是未来一段时期内工程教育改革与发展的重要命题。2015 年 12 月 9 日，习近平在主持召开中央全面深化改革领导小组第十九次会议时，就教育对外开放问题发表了重要讲话，他指出"教育对外开放是我国改革开放事业的重要组成部分，要服务党和国家工作大局，统筹国内国际两个大局，提升教育对外开放质量和水平。要增强服务中心工作能力，自觉服务'一带一路'建设等重大战略，推动实施创新驱动发展战略、科教兴国战略、人才强国战略。要考虑不同地区教育水平和区域发展需要，有所侧重、因地制宜。要加强党对教育对外开放工作的领导，发挥各级党组织在教育对外开放战略目标、人才培养、干部管理等各项工作中的领导作用"。习主席的讲话为落实开放共赢的工程教育改革战略指明了前进方向，坚定开放办学战略任重而道远。当前，开放办学战略正在从配合研究走向协同创新，从双边合作步入多方互惠，接轨国际工程教育将是加强内涵建设的必然选择，是办出中国特色、世界水平现代工程教育的发展趋势。

1.1.2.3 加快"双一流"建设，提升内涵质量建设

加快"双一流"建设是高等建设教育改革与发展的趋势之三。建设一流大学、一流学科，正式拉开了新一轮高等教育发展国家战略的序幕。2014 年 5 月，习近平在北京大学师生座谈会上明确提出："党中央作出了建设世界一流大学的战略决策，我们要朝着这个目标坚定不移前进。"2015 年 10 月，国务院印发了《统

筹推进世界一流大学和一流学科建设总体方案》（以下简称《总体方案》）的通知，要求按照"四个全面"战略布局和党中央、国务院决策部署，坚持以中国特色、世界一流为核心，以立德树人为根本，以支撑创新驱动发展战略、服务经济社会发展为导向，坚持"以一流为目标、以学科为基础、以绩效为杠杆、以改革为动力"的基本原则，加快建成一批世界一流大学和一流学科。推进"双一流"建设，是新常态下对高等教育提出的新战略，是提升国家核心竞争力的重要举措，是我国高等教育由教育大国向教育强国转变的必然要求。

《总体方案》明确了总体目标、分步实施、建设周期、建设任务及改革任务的具体内容，其中建设任务五项，分别为建设一流师资队伍、培养拔尖创新人才、提升科学研究水平、传承创新优秀文化和着力推进成果转化；改革任务亦是五项，分别是加强和改进党对高校的领导、完善内部治理结构、实现关键环节突破、构建社会参与机制和推进国际交流合作。"双一流"建设的先进性主要表现在以下三个方面：

（1）一流大学建设将对高等教育起引领作用。习近平指出："办好中国的世界一流大学，必须要有中国特色。我们要认真吸收世界上先进的办学治学经验，更要遵循教育规律，扎根中国大地办大学。"习总书记的讲话有针对性地阐释了"什么是中国的世界一流大学"，其特点是"中国特色"，就是要在办学思想、育人理念、发展路径、体制机制等方面深刻体现"中国味道"的学术自觉和文化自信，要在开放中清晰定位、在借鉴中不断提升，要坚定不移地走服务国家和社会发展的道路，要加强解决国家和区域经济发展重大需求的能力，要充分发挥一流大学在提升高等教育水平和增强国家发展综合实力中的引领作用。为充分鼓励更多具有高水平和发展潜力的高校能够得到国家层面的认可与扶持，《总体方案》将资助对象分为三个层次，分别是：拥有若干处于国内前列、国际前沿学科的高水平大学，其目标在于率先进入世界一流大学或前列；拥有若干处于国内前列、在国际同类院校中居于优势地位学科的高水平大学，其目标在于进入世界同类高校前列；拥有某一高水平学科的大学，其目标在于进入该领域世界一流行列或前列。可以看出，《总体方案》构建了一个多元的高等教育办学格局，在充分考虑公平、竞争、高效、有序的基础上，谋划了开放、共进的管理与运行模式。

（2）一流学科建设将发挥其中流砥柱的重要作用。学科是高校发现、应用、传播知识的基本单元，育人、科研、服务都要以学科为基础。学科建设水平是高校办学实力、国际竞争力的集中体现，拥有高水平的学科或学科群是一流大学的基本标志。《总体方案》中提出："坚持以学科为基础，引导和支持高校优化学科结构，凝练学科发展方向，突出学科建设重点，创新学科组织模式，打造更多学科高峰，带动学校发挥优势和办出特色"。同时，该方案明确提出有特色和优势学科的地方高校也可以成为受资助的对象，这将极大地激励地方高水平大学的办学积极性，使其成为区域甚至国家层面的高水平大学。需要指出的是，在一流学科建设中，并不代表高校只着力发展优势或特色学科就够了。从长远看，高校中各学科组成了相互关联的生态系统，是共生共荣的有机整体，特别是在交叉学科迅猛发展的今天，只有在注重发挥优势学科、特色学科的同时，挖掘其引领和示范效应，处理好"先富"和"后进"的关系，彼此带动，逐步形成多学科协同共融的学科生态，才能实现可持续发展的综合优势。

（3）强化绩效是"双一流"建设的制度保障。《总体方案》十分注重对高校办学绩效的考核，在资金分配上，更多考虑办学质量、学科水平、办学特色等因素，重点向办学水平高、特色鲜明的学校倾斜，在公平竞争中体现出扶优、扶强、扶特的特点；在完善管理方式上，尊重高校财务自主权和统筹安排经费权；在健全绩效评价机制上，积极采取第三方评价，注重评价的科学性和公信度；在支持力度上，根据相关评估评价结果、资金使用管理等情况，采用动态调整支持力度方式，增强建设的有效性，在对实施有力、进展良好、成效明显的高校，适当加大支持力度；对实施不力、进展缓慢、缺乏实效的高校，适当减小支持力度。

作为高等建设类院校，要根据自身实际情况，提升把握重大发展机遇的能力，科学谋划一流大学和一流学科的建设路径。拥有多个国内领先、国际前沿高水平学科的大学，要在多领域建设一流学科，形成一批相互支撑、协同发展的一流学科，全面提升综合实力和国际竞争力，进入世界一流大学行列或前列；拥有若干处于国内前列、在国际同类院校中居于优势地位的高水平学科的大学，要围绕主干学科，强化办学特色，建设若干一流学科，扩大国际影响力，带动学校进入世界同类高校前列；拥有某一高水平学科的大学，要突出学科优势，提升学科水平，进入该学科领域世界一流行列或前列。

1.1.2.4 推进教育管办评分离，调动各方活力和积极性

推进教育管办评分离是高等建设教育改革与发展的趋势之四。落实管办评分离政策，构建政府、学校、社会之间的新型关系，是全面深化教育综合改革的重要内容，是全面推进依法治教的必然要求。为进一步提高政府效能、激发学校办学活力、调动各方发展教育事业的积极性，必须深入推进管办评分离，厘清政府、学校、社会之间的权责关系，构建三者之间的良性互动机制，促进政府职能转变。2015年5月教育部发布了《关于深入推进教育管办评分离促进政府职能转变的若干意见》（以下简称《意见》），文件从推进教育管办评分离的重要意义和总体要求、推进依法行政、推进政校分开、推进依法评价以及精心组织实施五个方面进行了明确部署。在管办评分离中，"管理权"是治理体系的源头、"办学权"是治理体系的终端、"评价权"是治理体系的中介，三者之间

权利边界要明晰，角色叠加的格局要彻底转变。

（1）"管理权"要简政放权。政府的管理权要由"全能管理"向"有限管理"转变，由"过度集权"向"制度分权"转换。《意见》中指出，政府要依法确权、按照法定程序行使权力，共计提出了七个方面的要求，即：加大政府简政放权的力度；推行清单管理方式；加快国家教育基本标准建设；健全依法、科学、民主决策机制；建立健全教育行政执法机制；加强和完善政府服务机制；加大行政监督和问责力度。通过以上的制度设计，政府将从过去的微观管理向宏观管理方向转变、从直接管理向间接管理方向转变、从办教育向管教育方向转变、从管理向服务方向转变，今后的政府将是教育的引导者和监督者，而不再是学校的领导者。

（2）"办学权"要交给学校。"办学权"回归学校、落实学校的自主办学地位，能从根本意义上激发教学活力，调动基层办学的积极性和创造力。《意见》中提出了五个方面的要求，即：依法明确和保障各级各类学校办学自主权；加强学校章程和制度建设；完善学校内部治理结构；健全面向社会开放办学机制；完善和落实校务公开制度。学校要履行好办学的职责，就要真正从自我管理、自我约束和自我发展的角度出发，加强现代学校制度建设、完善学校内部治理结构、接受社会监督、参与公平竞争，在教育的市场环境下谋生存、谋发展。

（3）"评价权"要赋予社会。社会的评价权在监督、支持教育改革发展方面起着重要作用。作为现代治理体系的第三方，社会组织具有非官方性、中立性和独立性的特点，以"公信评价"为目标参与监督、批评和建议，为政府提供政策参考，为学校提供改进依据，是互动共治的中间环节。《意见》中提出了五个方面的要求，即：推动学校积极开展自我评价；提高教育督导实效；支持专业机构和社会组织规范开展教育评价；切实保证教育评价质量和切实发挥教育评价结果的激励与约束作用。

高等教育管办评分离关乎利益调整和结构重塑，在体制创新和制度变革中涉及面广，构建教育治理体系的新格局，实现"政府管教育"、"学校办教育"、"社会评教育"的三方联动，需要在主体、职能、责任上充分明晰，需要在执行、运转环节中各司其职、各负其责，需要在目标统一、机制融合、资源整合的基础上协同发力。

1.1.2.5 引导部分地方普通本科高校向应用型转变，推动高校转型发展

引导部分地方普通本科高校向应用型转变是高等建设教育改革与发展的趋势之五。引导部分地方普通本科高校向应用型转变，是党中央、国务院的一项重要决策部署。2015 年 5 月国务院发布的《中国制造 2025》中，在健全多层次人才培养体系一节中专门提出，要引导一批普通本科高等学校向应用技术类高

等学校转型，建立一批实训基地，鼓励企业与学校合作，培养制造业急需的科研人员、技术技能人才与复合型人才，深化相关领域工程博士、硕士专业学位研究生招生和培养模式改革，积极推进产学研结合。若是站在这个高度上看，引导部分地方普通建设类本科高校向应用型转变尤为必要，对于高等建设教育主动适应经济新常态，主动融入产业转型升级和创新驱动发展，助力国家一系列重大经济战略的实施有着十分的重要意义。

2015年10月，教育部、国家发展改革委、财政部联合发布了《关于引导部分地方普通本科高校向应用型转变的指导意见》，对如何引导部分地方普通本科高校向应用型转变进行详细部署，是引导部分地方普通本科高校向应用型转变的指导性文件。

1.1.3　普通高等建设教育发展面临的问题

1.1.3.1　教育与信息技术的融合亟待加强

教育与信息技术的融合是当代高等建设教育发展的必然趋势，既是难得机遇，又是巨大挑战。要实现教育与信息技术的深度融合，必须站在全局的战略高度，做前瞻性的规划，从顶层设计、教育管理、育人模式、社会服务等方面综合发力，才有可能抓住机遇，实现我国高等建设教育的跨越式发展。

（1）高校信息化顶层设计的能力有待加强。必须清醒地认识到，在信息化顶层设计方面还面临很多问题，与美国等教育强国相比，我国高等建筑教育信息化在深度应用、融合创新方面尚有较大差距。信息化与教育教学"两张皮"的现象仍然存在，体制机制的创新度还不够，广大师生和教育管理者的思想认识仍需深化，高校信息化建设的长远规划和管理水平还有待提高。

（2）信息技术与教育管理的深度融合有待提高。在教育信息化建设过程中，技术层面的建设仅仅是数字化校园建设的硬件基础，更为重要的是基于教学组织和管理的深层次信息化应用建设，如何运用信息化手段来提升管理水平、教学质量、服务质量是关键。目前，信息化技术与教育管理的深度融合还处于磨合期和探索期。首先，管理系统的智能程度还需完善，移动校园、数字校园的理念虽已形成，但基于管理模式的创新应用还远远不够，很多高校仅仅是将以往手工填报的表格电子化，师生网上填报后仍需下载、打印、签字，最后再上交，这种半信息化的操作模式，并没有从根本上革新管理体制，服务效率没有得到真正的提升，反而使得原本简单的工作在加之信息化的包装后更加烦琐了；其二，部门间信息联动严重不足，在高校，各业务部门、学院之间相对独立，拥有各自较为成熟的管理系统，部门间数据的信息交流较少，导致了信息不对称、数据采集重复劳动等问题的出现，阻碍了信息资源的共享和流通，缺乏高效、兼容、友好的统一门户信息处理平台；其三，深度开发的技术水平有限，在高校，懂信息技术的人员不一定精通管理，精通管理的老师不一定了解信息技术，换句话说，开发人员和使用人员之间总是存在一定的信息非对称，其无形中增加了深度开发的难度和成本；其四，大数据的挖掘水平不高，高校是庞大的信息集合地，运用大数据、云计算的手段将大量的高校数据加以统计、分析并应用的成功案例不多，借以大数据手段支持高校的内涵式发展，将是今后非常值得关注的领域。

（3）信息技术在育人模式中的创新应用有待完善。当前，信息技术与人才培养模式的融合创新不足，主要体现在三个方面：其一，信息技术在教学中的应用并没有得到高度的重视，其原因之一是其未列入当前教师业绩考核和职称评价体系；其二，信息技术在激发学生自主学习方面的积极作用并没有被广泛落实，甚至在慕课盛行的今天，有些老师还心存疑虑，担心信息化教学模式的应用会抢走自己的"铁饭碗"，其实不然，将信息技术融合于教学之中，引导"以教为中心"向"以学为中心"过渡，会帮助站在讲台上的老师们捧起"金饭碗"；其三，混合式教学模式的推广应用不够，混合式教学指将在线学习与常规的师生面授教学相结合的学习模式，学生在上课前先观看课程视频，初步解决基础知识的认知工作，在课堂上教师仅针对重点和难点知识进行讲解，然后是课上学生实际操作环节。以清华大学为例，目前有26门课程试点混合式教学模式，包括电路原理、大学物理、马克思主义基本原理等19门本科生课程及线性系统理论、组合数学、设计的人因与决策、财务分析与决策等7门研究生课程，相比较几千门课程的开课量来说，只有26门课程参与其中，参与度还是非常低的。据不完全统计，全国建筑类高校均相继展开了混合式教学模式试点工作，但应用信息技术手段辅助教学的课程数量相对较少，其推广工作还有很大的努力空间。

（4）基于信息技术的社会服务水平有待提升。高等建设教育在服务建筑行业信息化发展方面还有较大提升空间：其一，在组织保障方面有待提升，目前高校中为信息技术成果转化而独立设置的机构或组织较少，并且在技术服务、成果转化等方面相关规章制度还不完备；其二，技术成果转化的效率有待提升。高校教师在选择应用技术领域科研项目时，通常对项目的技术新颖性或学术水平高低较为看重，对成果的应用性或市场转化率较为轻视，往往在开发研究阶段投入的精力较多，在成果转化阶段投入的精力较少，普遍对成果应用的市场推广力度不足，成果转化期较为被动，而在信息技术快速发展的今天，成果一旦错过最佳转让时机，很快就会被新的技术淘汰。因此，转变被动的合作模式是提升产、学、研、用综合效率的关键，应用研究选题从开始阶段就要以市场需求为主导，要从"有了成果再找合作"的陈旧模式中摆脱出来；其三，"双师型"教师队伍的规模有待提升。高校教师普遍学历较高，但工程实践经验不足，缺乏企业工作经历，实践锻炼的培训机会较少，这对提升高校教师的教学水平、科研水平和社会服务水平是不利的。

1.1.3.2 工程教育的国际竞争力有待提升

目前，我国高等工程教育专业认证标准由通用标准和补充标准组成，其中补充标准是对具体的工程学科进行描述，涵盖13个工程专业，每个专业的标准框架相同。毋庸置疑，经过多年的改革与发展，我国高等工程教育专业认证工作通过积极探索，已经取得了显著成果。但与欧美等发达国家相比，由于我国高等工程教育专业认证工作开展时间较短、经验有限，仍然存在一些不可忽视的问题，主要表现在：

（1）认证主体的多元性不足。我国工程教育专业认证机构具有官方性质，这与《华盛顿协议》成员国的工程与技术认证委员会的非官方性质不同。受传统经济体制及办学模式的影响，教育部统管全国的高等教育事业，大多数高等工程教育学校均为公立大学，直接受各级教育行政部门的管辖，这就使得现阶段在推动专业认证发展方面，具有官方色彩的认证组织能更高效率地展开认证工作。但伴随工程教育专业认证工作范围的不断扩大，理论和实践体系的成熟与完善，国际认可度的提高，我国的认证机构应根据国际工程教育发展需要，主动向主体的多元性发展，加大非官方性质的职能机构，加大中介组织和国际组织的参与度，以进一步提升工程认证的科学性和权威性，提升我国工程教育的国际竞争力。

（2）认证标准的适用专业范围较为局限。我国高等工程教育认证的专业范畴狭窄，一些新兴专业、交叉专业均没有纳入认证专业范畴，局限的专业范围对工程教育的特色发展和多样化发展的支持力度明显不足。目前，我国工程教育认证标准仅涵盖13个专业，而美国等《华盛顿协议》成员国的工程教育认证适用专业数量是我国的一倍以上。此外，随着跨学科知识体系的日趋成熟，交叉科学、交叉专业已经成为新的专业增长点，吸纳交叉专业加入工程教育认证将是必然趋势。

（3）未与工程师职业资格注册制度衔接。在工程教育专业认证体系与工程师职业资格认证体系衔接方面，我国目前尚缺乏相应政策的支持，缺乏职业资格注册制度的激励作用，导致高等工程教育认证工作的定位模糊、针对性不强。在大部分《华盛顿协议》成员国家中，工程专业学历、学位是取得职业资格证书的学术资质，二者是相互衔接的关系，通常工程专业毕业生在获得学历或学士学位的同时，也将取得相应专业的工程师注册资格。

1.1.3.3　人才培养模式的多元性亟需完善

人才培养模式改革是高等建设教育改革与发展的核心问题。当前，我国经济社会发展呈现多元化发展格局，社会需求的多样性决定了工程教育多元化的发展定位。近年来，高等建设教育在"回归工程"思想的引领下实施了大量的改革举措，在卓越计划的带领下创新工程实践模式，在专业评估、工程专业认证的带领下逐步与国际接轨，探索出了一条较为多元的工程人才培养路径。但在肯定成绩的同时，也应清醒地认识到，工程人才培养模式的多元性和个性化尚不完善，其在培养理念、途径、模式与制度方面还存在一定的问题，主要表现在：

（1）人才培养理念的落地性有待加强。人才培养理念是人才培养模式的先导因素，对人才培养模式的构建起着重要的引导和调控作用。人才培养理念具有多元性的特征，包含"个性化"、"国际化"、"注重创新能力"、"具有实践能力"等多元要素。在各高校本科人才培养模式改革中，强调理念的字眼会频繁出现在各类政策文件和培养方案之中，但落地性往往不足，概念提得多、办法用得少、落地效果不理想。

（2）专业选择空间有待开放。应对多元的人才需求，尊重和鼓励学生的个性发展，提供宽松自由的专业选择空间十分重要。大学生拥有学习自由权、专业选择权，学生在取得大学学籍后，在了解和考量原专业的基础上，根据自身特征、兴趣爱好、就业方向等拥有一定自由调整专业的权利，这已经得到了高校的广泛认可，但目前这种自由权还是一种相对的自由权，学生对专业的自由选择权受学校教学资源、管理制度等复杂因素的制约，在教学资源既定或不充足的情况下，学生个体间的专业选择矛盾会加大、约束会加剧，导致本该享有的自由却很难得到满足。为此，我们必须从根本上解决专业选择自由度不足的问题，要从专业设置、培养计划设定的角度大胆革新，在资源扩充上要充分整合校际、校企资源，进一步开放专业的选择空间。

（3）教学制度体系有待健全。人才培养的教学制度包括学分制度、导师制度和本科生科研制度等。目前，高校的学分制度不尽完善，仍然以学年制为主，学分制为辅，学分制是学年制的补充，在教学计划的安排上大多沿用学年制的模式，课程资源不足，必修课程学分比例过高，这些问题都直接导致学分制度的运行不畅。其次，导师制度不规范，缺乏明确的工作职责和教学计划，激励机制、监督机制、考评机制亦不完善，在实际落实过程中，学生和老师的主动性都不强。再次，本科生的科研制度不健全，在某种程度上对本科生参与科研还停留在鼓励和提倡上，没有硬性的制度要求，缺乏专门的本科生科研制度和开放的科研实践平台。

（4）教学组织形式有待革新。教学组织形式直接影响着教育教学的效果与质量，对学生的个性发展具有不可忽视的重要意义。从教学组织形式来说，目前多数建筑类高校存在大班上课为主、小班教学为辅的问题；研究型课程开设数量严重不足的问题；信息化教学手段运用欠缺的问题；以教为主的传统教学模式普遍等问题，这些陈旧的教学组织形式对培养学生自主学习能力、发展个性教育和创新教育不利。

（5）教学管理模式有待更新。现行的教学管理模式与同质化教育相适应，其特点单一模式、集体管理、统一要求，管理的成分多、服务的成分少，刚性有余、但柔性不足。其与个性化人才培养强调的独特性、主体性、创造性的发展不相适应，难以适应个性化、多元化人才培养的要求。

1.1.3.4 双创教育的体系与机制仍需改革

2010年5月教育部下发了《关于大力推进高等学校创新创业教育和大学生自主创业工作的意见》，意见中明确了高等学校开展创新创业教育工作的意义和作用，就加强创业基地建设、完善自主创业扶持政策、加强领导形成合力等任务和要求进行了部署。2012年8月1日，教育部办公厅下达《关于印发〈普通本科学校创业教育教学基本要求（试行）〉的通知》。2014年9月，国务院总理李克强首次在夏季达沃斯论坛上公开发出"大众创业、万众创新"的号召。次年，2015年《政府工作报告》中明确将"双创"提升到中国经济转型和保增长的"双引擎"之一的高度。从2014年9月～2015年6月，国务院、教育部、共青团中央、北京市围绕高校创新创业教育工作密集发布了近20份文件。双创教育已经成为服务创新型国家建设的重大战略，是深化高等教育改革、培养学生创新精神和实践能力的重要途径。

创新创业教育是一个全方位的生态教育体系，包括高校、政府、企业等多个系统，各系统之间是彼此联系、相互作用的关系，其中一环出现问题，都会影响到整个系统的运行效率。下面将从高校、政府、企业三个维度，分析制约"双创"教育发展的原因：

（1）高校是创新创业教育生态系统的核心，其在教学资源、师资队伍、管理模式等方面还存在许多不足。例如：创新创业教育与专业教育之间"两张皮"的现象明显，融合程度的欠缺直接导致创新创业科技含量的不足；教学资源的种类、数量还远不足以支撑创新创业的知识体系需求，很多高校仅有《大学生职业生涯规划》等选修课或讲座，大量的经济学、管理学、金融学、人力资源学、财政学、创业学等多元化的课程资源明显不足，MOOC等网络教学资源平台的引入和补充还远远不够，线上线下教学资源的双重欠缺是创新创业教学水平很难提升的根源；在师资队伍方面，校内外导师资源均呈现捉襟见肘的态势，校内专任教师严重不足且创新创业技能教授水平亟待提升，校外企业家、投资人等创业导师、创业顾问缺乏且协同教学作用发挥不到位，双重的导师资源欠缺对大学生创新创业教育的引领和带动效用难以发挥；在管理模式上，同质化的管理模式仍在运行，个性化、异质化的人才培养模式改革亟待推行，管理上应尽可能摒弃应试教育的羁绊，在学分管理、修读年限、学籍异动、学历学位条例等方面缺乏对创新创业教育个性化、多元化的支持和鼓励。

（2）政府是创新创业教育生态系统的阳光雨露，其协调、统筹的社会功能是连接高校、企业的纽带，是推动产学研系统前进的润滑剂。当前，学校与教育主管部门、地方相关主管部门就大学生创新创业推进过程中遇到的困惑、问题等沟通不足、渠道不畅，导致一些政府部门提出的扶持政策不能真正在高校落地生根，一些校企协同的创业项目因为得不到政策的扶持而遗憾地流拍，这均与各高校的政策敏感度不强、参与政府决策的能力不足等因素有关。

（3）企业是创新创业教育生态系统的动力源泉。好的创意需要在短时间内通过企业向市场转化并得到市场的检验，这就是创业的过程。创业的过程需要企业的参与和支持，企业是促进校园科技转化为生产力的引擎。当前，高校就校企之间进行成果转化、资金支持、开办企业等方面的相关政策还不完善，体制机制还不健全，管理方式还相对保守，这对发挥企业在大学生创新创业教育中的积极性和创造性不利。

1.1.4　促进普通高等建设教育发展的对策建议

1.1.4.1　坚持开放办学战略，共享优质教育资源

开放政策，不仅是国家经济改革与发展的战略决策，更是实施科教兴国的重要战略。开放办学，是与封闭式办学相对而言的办学理念，它是指在教育生态环境下，借助国际、社会和网络等资源，在育人环境、教育教学、社会服务等方面运行开放式组织体系，以培养国际化和社会化的创新人才为办学宗旨。营造多元互通的开放式教育模式、参与高等教育国际化进程、共享优质教育资源，是开放办学的出发点和落脚点，它是推进我国高等教育走向国际的必经之路，是建设一流大学的客观要求，是实现高等教育强国战略的路径选择。坚持开放办学，就是要坚持"两开三化"战略，即在开放内涵上坚持对内开放和对外开放的"两开"战略；在开放路径上坚持协同化、信息化和国际化的"三化"战略。

（1）在开放内涵上要坚持"两开战略"。坚持对内开放和对外开放，需要坚定"两手都要抓、两手都要硬"的战略决策。所谓对内开放，是指学校应尽可能开放所有校内教育资源，形成开放的、弹性的、多元的育人模式，"多元"应是高等教育改革与发展的突破口，多元的课程选择、专业选择、成长路径、毕

业就业出口，是满足学生个性化成长需要的过程保障。所谓对外开放，应包含两个层次，一方面是指对校外的开放，包括与国内其他高校、各行业、众企业之间的沟通与合作；另一方面是指对国外的开放，包括与世界各国教育界、建筑界或其他领域在知识、技术、资金、人才等方面的交流与融通。对于"两开战略"而言，对内开放与对外开放不是各自独立的系统，恰恰相反，二者是相互关联的整体，只有坚持两手都要抓、两手都要硬的战略，加强多元融通、实现协同共赢，才能创造出良好的教育发展机遇，才能在持续的对话合作中促进高等建设教育的自由与发展。

（2）在开放路径上要坚持"三化战略"。协同化、信息化、国际化是实现开放办学、共享优质教育资源的方法与途径。

协同化战略，包括双边合作和多边协同，包含校校协同、校企协同、区域协同等多个领域。协同创新已经成为新形势下提高高等建设教育质量水平的新引擎。高等建设教育应抢抓国家协同发展的重大机遇，在扎实推进京津冀教育协同发展、科教结合协同育人行动计划、区域教育协作计划（如2015年3月，北京市教委正式启动"北京高等学校高水平人才交叉培养计划"）中积极谋求合作与发展，在合作中取长补短、借鉴学习，在协作中各持所长、共同前进，探索在师资队伍培养、实验室开放、大学生科研实践、联合培养大学生计划、联合培养研究生计划、科技成果转化、创新创业教育等多领域形成协作运营机制，实现产学研相结合的有效推进与合作共赢。

信息化战略，其为教学、科研、管理、国际交流、社会服务提供着重要的信息环境和技术支持，对高等教育改革与发展具有革命性的影响。应用驱动的推进思路是实施信息化战略的关键。贴近师生的现实需求，易用、好用是信息技术推动教育改革与发展的核心。各建筑类高校应从运用教育信息化带动教育现代化的战略高度，加强信息化顶层设计，强化信息技术与教育管理、育人工程、科学研究和社会服务的深度融合与应用，以数字化的手段提升管理、教学、科研及服务的水平，积极发挥信息化在教育无国界、无地域差异、无受众界限等方面的公平性和拓展性优势，大力推进中国建设教育人才培养体系的变革与创新。

国际化战略，是"十三五"时期乃至更长时期内引领高等建设教育发展的理念之一。习近平在主持中央全面深化改革领导小组第十九次会议审议通过《关于做好新时期教育对外开放工作的若干意见》（以下简称《意见》）时指出，要服务党和国家工作大局，统筹国内国际两个大局，坚持扩大开放，做强中国教育，推进人文交流，不断提升我国教育质量、国家软实力和国际影响力，为实现"两个一百年"奋斗目标和中华民族伟大复兴的中国梦提供有力支撑。《意见》中还明确提出了工作目标，即到 2020 年，我国出国留学服务体系基本健全，来华留学质量显著提高，涉外办学效益明显提升，双边多边教育合作广度和深度有效拓展，参与教育领域国际规则制定能力大幅提升，教育对外开放规范化、法治化水平显著提高，更好满足人民群众多样化、高质量教育需求，更好服务经济社会发展全局。《意见》为新时期高等建设教育国际化的进程指明了两大方向，一是要提升建设教育国际交流合作的质量和水平，将借鉴国际先进教育经验与弘扬中国办学特色并举，在工程教育专业认证、推进共建"一带一路"教育行动中，注重引进世界一流大学和学科的教育资源，开展高水平人才联合培养和科学联合攻关，完善建设教育国际交流合作格局，加强与大国、周边国家、发展中国家级国际组织的务实合作，这将是提升我国工程教育的国际化水平，助推"双一流"建设的一个重要努力方向；二是要提升人文交流的质量和水平，高校是传承中国传统文化的阵地，是增进中外人文交流的纽带。民族文化传承，特别是中国建筑文化的继承与弘扬，是高等建筑类院校的优势。在国际化战略中，建筑类高校应充分发挥建筑文化教育的特长，加强国际理解教育，推动跨文化交流，增进学生对不同国家、不同文化的认识和理解，在建筑领域加强中国建筑文化软实力的输出，扩大国际社会对中国建筑文化的理解与认同，持续推进与友好城市、友好学校教育的深度合作与人文交流是第二个努力方向。

1.1.4.2 完善专业认证体系，提升工程教育质量

我国加入《华盛顿协议》是一个良好的开端，它为高等建设教育打开了国际交流与合作的大门。我们应把握机遇，汲取国际先进经验，积极探索有中国特色的符合国际标准的高等工程教育专业认证模式，稳步推进工程教育专业认证的各项工作，不断提升工程教育质量和水平。具体来说，主要应从以下四个方面着手：

（1）逐步推进认证主体向多元方向发展。高等工程教育专业认证制度能够有效地执行，其前提条件是成立一个公平、专业和规范的认证机构。从国外负责工程教育专业认证的组织来看，一般是非官方的中介机构，如美国工程与技术认证委员会（ABET）、英国工程理事会（ECUK）、日本工程教育认证委员会（JABEE）等。为符合国际实质等效性，在我国工程教育专业认证制度发展到比较成熟的阶段时，应考虑向完全独立的市场化认证机构转型，并逐步呈现出我国认证机构的多样性和国际化，具体措施如下：

1）在认证主体上应坚持多元的发展路径。以美国工程与技术认证委员会为例，美国工程与技术认证委员会（ABET）是美国最大的专业认证机构，具有非官方性和非营利性的特点，不附属于任何政府或者社会团体，从而保证了其认证结果的客观公正性和社会认可度。ABET 实行会员制组织架构，其会员是

认证组织而非个人，目前有 31 个会员机构，会员大多来自于工程界，分为正式会员单位和准会员单位。正式会员单位主要是由美国的各个工程师学会组成，主要负责对所在专业学科进行具体的认证工作；准会员单位是由对专业认证感兴趣并支持 ABET 专业认证工作的学会组成。ABET 的最高领导机构是董事会，董事会由正式会员单位派出 1～3 名代表和公众代表组成，全面负责 ABET 的日常运营管理工作。ABET 的董事会还包括三个理事会，分别是认证理事会、工程咨询理事会、国际事务理事会，以及审计委员会、财务委员会和选举委员会等多个特别委员会。根据不同的认证领域，ABET 在董事会之下又设立了四个认证委员会。这些认证委员会、理事会和特别委员会的分工合作，共同保障了美国工程教育专业认证的开展和完善。相对而言，美国工程与技术认证委员会的组织更加严密、职能部门健全、部门之间更加分工明确，为我国认证机构的多元性发展提供了很好的学习范本。

2）转变政府部门的主导职能。为保证工程专业认证工作的可持续发展，我国工程教育专业认证机构的官方性质要逐渐弱化，政府部门的职能要从微观控制逐渐转变为宏观指导，要逐步发挥社会力量的认证作用。

3）发展并建立专业性的中介组织。中介性的认证组织应该是独立于政府和高校之外非营利性组织，不受二者的领导和约束，以其在工程认证领域的专业性对向其申请的专业进行认证，通过认证结果为高校的改革发展提供参考，为政府对高等教育进行宏观指导提供建议。建立专业性的中介组织首先要确保认证组织的专业性，必须要聘请该领域的权威专家，以及工程实践经验丰富的业界人士参与，以保证认证工作开展的科学性和认证结果的权威性；其次，中介认证组织要严格坚守其中介性和独立性。另外，还应加强与国际背景的中介组织的交流与合作，积极主动向专业认证较发达的欧美国家学习，借鉴其认证工作中的优点与经验，以提升我国国际专业认证水平。

（2）逐步拓展认证标准的适用范围。我国高等工程教育认证的专业范畴应进一步拓展，应逐步吸纳新兴专业、交叉专业加入认证专业范畴。目前，《华盛顿协议》许多签约成员国已经开始对工程交叉学科进行专业认证。在英国，工程教育认证由英国工程委员会(ECUK)下属的 21 个经授权的相关学会认证机构分别实施，并由 ECUK 统一协调管理。在对交叉学科认证时，往往由两个学会共同组成认证小组开展专业认证工作，比如电气学会与测量学会共同认证"控制、设备与系统工程"专业；机械学会与测量学会共同认证机械工程、机械与汽车工程等专业。自 2006 年 ECUK 成立认证委员会之后，集中开展了许多交叉学科、综合专业的认证，如"水、能源和废弃物"、"可持续发展和能源管理"等多个交叉学科专业的认证。由此可见，协议成员国在新兴专业、交叉专业的认证工作中积累了大量经验，他们为我国制定相关标准提供了重要参考。

（3）逐步加快与工程师职业资格注册制度的衔接。我国应在体制、机制和政策上加快对工程教育专业认证体系与工程师职业资格认证体系的统筹与衔接，彻底解决工程教育专业认证工作缺乏职业资格注册制度激励的短板。许多《华盛顿协议》成员国的认证组织既是工程教育专业认证的执行组织，又是工程师注册的管理机构，在管理制度上解决了工程师注册问题的上下游关系，在政策上明确规定了通过工程教育专业认证的毕业生可在工程师资格认证上享受优先政策。这样的组织体系整合，既有利于促进工程教育专业认证工作的开展，又可以在职业发展上满足毕业生的就业需求。这种体系的构建是值得借鉴的，这实现了工程教育认证与工程师注册制度的无缝衔接。

（4）逐步拓展国际合作与交流。高等工程教育专业认证应当积极参与国际合作，加强与《华盛顿协议》成员国认证组织、认证专业所在高校师生的国际互访、互派机会。在学习与交流中，持续对标国际工程教育发展动态，取长补短，持续改进和优化现有专业认证体系与标准，不断储备国际化工程教育能量，逐步重塑国际工程教育大国地位，通过"走出去"、"引进来"的学习战略来提升我国工程教育的全球竞争力。

1.1.4.3　协同各方优势资源，创新人才培养模式

创新高等建设人才培养是一个庞大的系统工程，需要充分发挥行业、企业与高校的协同作用，全力汇聚高校资源、社会资源和国际资源，打造无边界的建设人才培育平台，积极探索和推广跨国、跨省、跨校的人才交叉培养模式，完善协同育人机制，促进多领域、各环节的良性联动与有机整合，需要从做好顶层设计、培育一流师资队伍、搭建多元培育平台和改革高等教育管理体制四个方面入手，才能最大限度地促进学生成长成才。

（1）做好人才培养顶层设计。人才培养的顶层设计，包含高校人才培养目标设定和构建与之相适应的人才培养体系两大部分。个性化人才培养模式构建是顶层设计的重要研究内容。各高校在人才培养顶层设计时，应力求构建多元化和个性化的育人模式，以满足人才培养的多元需要。近年来涌现出了多种人才培养模式，如：通识教育模式、大类招生与培养模式、基础学科拔尖人才培养计划、复合交叉型人才培养模式、创新型人才培养模式、国内联合培养模式、国际化人才培养模式等；在个性化的教学模式设计上，部分高校积极推行探究式、讨论式、启发式的教学模式，通过设立研究型教学改革专项和探索研究型教学示范课等举措，大力推进以"大班上课、小班讨论"为主要形式的教学改革，在帮助学生学习知识、锻炼思维、培养技能、发展个性等方面取到了良好的示范效果。

（2）培育一流的师资队伍。一流的师资队伍对于高等教育的创新发展来说至关重要。实施人才强校战略，强化高层次人才的学术引领作用，是"双一流"建设的基础与保障。在提升大学师资队伍建设方面，一是要汇聚世界优秀人才，多途径优化师资队伍。教育部、国家外国专家局联合印发了《高等学校学科创新引智计划实施与管理办法》的通知，通知就"111计划"的目标、任务和要求进行了部署，国家将专项支持从世界排名前100位的大学、研究机构或世界一流学科队伍中，引进、汇聚1000名海外顶级学术大师以及一大批学术骨干，与国内优秀学科带头人和创新团队相互融合，形成高水平的研究队伍，重点建设100个世界一流的学科创新基地。未来，汇聚国内外知名大学、研究机构的国际高水平优秀人才，将是优化师资队伍结构、提升我国学科与师资队伍建设水平的有效途径；二是要加强对师资队伍的培育力度，各高校要鼓励教师参与国际化培养项目、实践能力培养计划、交叉研究培养项目等，切实从聘任、考核等政策方面予以支持，通过实实在在的培训和交流，来开阔教师的国际视野、促进教师的快速成长。从长远的角度讲，加强对师资队伍的培育将是全面提升教学水平、科研水平和服务水平的最有效途径。

（3）搭建多元的人才培养平台。各高校要需要发挥校校、校企间的协同办学效用，全力汇聚社会资源和国际资源，积极打造无边界的多元建设人才培育平台。如：以实施卓越工程师教育培养计划为契机，可搭建校企联动培养平台；以优势学科和高水平科研为依托，可搭建特色专业育人平台；以优质课程建设为重点，可搭建MOOC或SPOC信息化教学平台；以国家实验教学示范中心为牵引，可搭建高水平实验教学培育平台；以大学生创新创业能力培养为目标，可搭建开放式众创空间平台；以产学研互动为依托，可搭建学科前沿成果转化平台；以校企合作共建为突破口，可搭建校外实习实训平台；以大学文化体系建设为抓手，可搭建建筑文化育人平台等。多元化的培育平台，将为学生的个性化学习提供不同的资源支持。

（4）改革高等教育管理体制。转变管理思想是创新人才培养模式的前提，树立以学生为本的教学管理体制是人才培养模式创新的制度保障。改革需要从五个方面入手：一要逐步完善以学院为主体的教学管理体制，赋予学院在专业设置和调整、教师评聘、资源配置、收入分配、校企合作等方面更多的自主权，让院系在个性化人才培养中更具选择权和决策权，在人才培养工程中能发挥更多的积极性和主动性，更具办学活力；二要健全个性化教育教学管理制度，完善学分制、导师制、科研制、访学制、实训制、创业制等相关制度建设，为学生的个性化成长扫清制度壁垒；三要充分尊重学生的学习自主权，在专业选择方面应给予学生更大的选择权，在教学组织与管理方面应给予学生更多的参与权，在学业规划方面应给予学生更广的自由权；四要完善内部治理结构，健全高校章程落实机制，加快形成以章程为统领的完善、规范、统一的制度体系，加强学术组织建设，健全以学术委员会为核心的学术管理体系与组织架构，充分发挥其在学科建设、学术评价、学术发展和学风建设等方面的重要作用；五要规范教育评价与反馈机制，完善监测评估体系，建立多元评价标准，接受和认可第三方评估，积极搭建互联互通的评价信息共享平台，并将真实可靠的评价结果作为资源配置、干部考核和表彰奖励的重要依据，切实发挥教育评价的诊断、导向和激励作用。

1.1.4.4 推进创新创业教育，实施创新驱动战略

创新创业教育是新常态下实现经济增长的引擎之一，是推动高等教育改革的重要抓手。教育部党组成员、副部长林蕙青指出"要着力解决重视程度不够、认识上有偏差、与专业教育结合不紧密等问题，进一步强化思想自觉和行动自觉，把深化创新创业教育改革作为高等教育综合改革的突破口、重中之重，层层压紧压实主体责任，面向全体、分类施教、结合专业、强化实践，切实融入人才培养全过程；进一步聚焦、聚神、聚力关键环节改革，加快修订培养方案、完善课程体系、推进教学方法改革、强化创新创业实践；进一步健全科学合理的制度体系，加快健全创新创业学分积累与转换制度，实施弹性学习制度，改革教师和学校考核评价制度，健全教师挂职锻炼和互聘制度；进一步构建协同推进改革的大格局，集聚各类优质资源，健全校校、校企、校所、校地以及国际合作协同推进创新创业教育改革的长效机制。"概况来说，"十三五"时期创新创业教育的改革与发展要从以下四个方面入手：

（1）革新创新创业教育教学体系。体系创新将为创新创业教育注入更大的活力。在制度上，应给予创新创业教育更大的自由与空间，应积极推行创新创业学分积累与转换制度、弹性学习制度、宽松的学籍制度等，例如：广东财经大学为鼓励学生创业，规定特别优秀的创业项目可抵学分，甚至能替代毕业论文；在人才培养模式上，应坚持将创新创业教育与专业教育的深度融合，形成具有个性化的、因材施教的学科内或多学科交叉的创新创业能力专业培养方案，例如：南京大学进行了"三三制"教学改革，在本科阶段分为"大类培养""专业培养""多元培养"等 3 个阶段和"专业学术""交叉复合""就业创业"等 3 条发展路径，使全校学生都有机会自主选择专业、课程和发展路径，实现了创新创业教育与专业教育的有机结合；在教学组织形式上，应积极融入 MOOC、SPOC、翻转课堂等更能激发学生学习兴趣和创造性的教学元素，以启发式、讨论式、参与式的教学设计来组织线上和线下的教学与实践；在课程考核方面，形式上可以借鉴湖南大学采用的分段、通关、积分的考核方式。在考核标准的设定上，要

注重对学习过程的评价，重点考查学生运用知识分析、解决问题的能力，引导和鼓励学生将学习重点放在创新创业知识的运用上，而不是成绩的高低上；在教学反馈方面，应注重对教学信息化数据的分析，通过线上、线下学习的反馈，精准地分析个体学习需求、及时地采取个性化指导，以实现基于大数据分析的精准化教学反馈。

（2）革新创新创业教育课程模式。要依据双创教育注重创新、注重实践的特点，设置多层次、立体化、个性化的课程体系，一要精雕细琢创业相关基础课程，提供创业政策、融资、管理等平台课程的学习要求；二要深度融合专业课程，开设多学科的专业课程，特别是交叉学科专业课程，为学生创业寻找学科交叉的经济增长点而服务。

（3）汇聚优秀的"双创"教育师资团队。"双创"教育内容涉及广泛，实践性较强，对师资队伍的水平提出了更高要求。教师不仅要有多学科的专业知识，还需具备丰富的职场经验。如何能汇聚优秀的师资队伍，这需要"做强存量"与"做优增量"的通力合作。"做强存量"是指通过培训、进修、合作的方式，来提高现有教师队伍的创业素质和技能。"做优增量"是指通过引进师资的方式，来弥补校内教师职场经验不足的问题，对此，北京理工大学进行了成功尝试，他们邀请了以中国科协副主席冯长根教授为代表的专家学者担任指导教师，聘请知名投资人、创业专家、创业校友等担任创业导师和创业顾问。在校内外导师通力合作方面，湖南大学提供了很好的示范，他们通过市场化机制引入企业高管人员组成了虚拟创业导师团队，全方位地对学生进行创业教学指导和服务。

（4）完善创新创业教育协同合作模式。高校、政府、企业三者之间应搭建创业协同支撑体系，这是铸就双创教育活力的关键。例如：中国青年创业社区（北京建筑大学站）暨北京建筑大学金点创空间将创新创业教育和创新创业实践平台有机结合，从团队组建、设计思考、竞赛活动和成果推广等方面，为有志于创新创业的大学生提供良好的工作空间、网络空间、社交空间和资源共享空间，构建了一个大学生创新创业乐土。北京建筑大学则充分发挥其在"建筑、设计、城市"等领域的特色和优势，为金点创空间提供综合创新创业服务。成功的范例告诉我们，各高校要充分结合办学特色、地域优势和产业特征，合理利用好"双创"的政策、资金和人力资源，只有凝聚合力，才能打好大学生创业的市场牌。

1.2   2015 年高等建设职业教育发展状况分析

1.2.1   高等建设职业教育发展的总体状况

据教育部年度统计，2015 年，全国共有各类高等学校 2852 所，各类高等教育在学总规模达到 3647 万人。其中，高职（专科）院校 1341 所，占高等学校总数的 47.02 %。高职（专科）院校数较 2014 年的 1322 所增加了 14 所，增长比例为 1.06%。

按照教育部 2004 年印发的《普通高等学校高职高专教育指导性专业目录(试行)》，专科建设职业教育对应于土建大类（大类代码 56），包含建筑设计类（代码 5601）、城镇规划与管理类（代码 5602）、土建施工类（代码 5603）、建筑设备类（代码 5604）、工程管理类（代码 5605）、市政工程类（代码 5606）和房地产类（代码 5607）7 个二级类。虽然 2015 年 10 月，教育部颁布了《普通高等学校高等职业教育（专科）专业目录(2015 年)》，但 2015 年的统计数据仍按 2004 年版专业目录执行。按此口径，2015 年，开办专科高等建设职业教育专业的学校为 1256 所，较 2014 年的 1238 所增加了 18 所，增长比例为 1.45%；在学规模 118.20 万人，较 2014 年的 120.00 万人减少了 1.8 万人，减少比例为 1.50%。

1.2.1.1   土木建筑类专科生按学校类别培养情况

1. 土木建筑类专科生按学校类别分布情况

开办专科土木建筑类专业的学校类别分为三类：本科院校（包括大学、学院、独立学院）、高职（专科）院校（包括高等专科学校、高等职业学校）和其他普通高等教育机构（包括分校、大专班，职工高校，管理干部学院，教育学院，广播电视大学）。

2015 年，土木建筑类专科生按学校类别分布情况见表 1-18。

土木建筑类专科生按学校类别分布情况表　　　　　表 1-18

学校类别		开办学校		开办专业		毕业人数		招生人数		在校人数	
		数量（所）	占比（%）	数量（个）	占比（%）	数量（人）	占比（%）	数量（人）	占比（%）	数量（人）	占比（%）
本科院校	大学	72	5.73	140	3.01	10770	2.94	5186	1.52	22162	1.87
	学院	214	17.04	583	12.54	46689	12.76	35508	10.41	137395	11.62
	独立学院	31	2.47	71	1.53	6873	1.88	4980	1.46	20131	1.70
	小计	317	25.24	794	17.08	64332	17.58	45674	13.39	179688	15.19

续表

学校类别		开办学校		开办专业		毕业人数		招生人数		在校人数	
		数量（所）	占比（%）	数量（个）	占比（%）	数量（人）	占比（%）	数量（人）	占比（%）	数量（人）	占比（%）
高职（专科）院校	高等专科学校	32	2.55	86	1.85	6172	1.69	4952	1.45	16998	1.44
	高等职业学校	887	70.62	3713	79.88	292402	79.93	287985	84.47	976728	82.63
	小计	919	73.17	3799	81.73	298574	81.62	292937	85.92	993726	84.07
其他普通高等教育机构	分校、大专班	5	0.40	10	0.22	380	0.10	264	0.08	1037	0.09
	职工高校	5	0.40	13	0.28	733	0.20	692	0.20	2265	0.19
	管理干部学院	7	0.56	27	0.58	1680	0.46	1309	0.38	4814	0.41
	教育学院	2	0.16	2	0.04	57	0.02	58	0.02	186	0.02
	广播电视大学	1	0.08	3	0.06	76	0.02	0	0.00	265	0.02
	小计	20	1.6	55	1.18	2926	0.8	2323	0.68	8567	0.73
合计		1256	100.00	4648	100.00	365832	100.00	340934	100.00	1181981	100.00

由表 1-18 中可以看出：

（1）在 1219 所本科院校中，317 所开办专科土木建筑类专业，占本科院校总数的 26.00%，占开办土木建筑类专业院校总数的 25.24%；本科院校开办的专业点 794 个、毕业生 64332 人、招生数 45674 人、在校生人数 179688 人，分别占土木建筑大类专业总数的 17.08%、17.58%、13.39%、15.19%。

（2）在 1341 所高职（专科）院校中，919 所开办专科土木建筑类专业，占高职（专科）院校数的 68.53%，占开办土木建筑类专业院校总数的 70.62%；高职（专科）院校开办的专业点 3799 个、毕业生 298574 人、招生数 292937 人、在校生人数 993726 人，分别占土木建筑大类专业总数的 81.73%、81.62%、85.92%、84.07%。

（3）尚有 20 个其他普通高教机构开办专科土木建筑类专业，占开办土木建筑类专业院校总数的 1.6%，其他普通高教机构开办的专业点 55 个、毕业生 2926 人、招生数 2323 人、在校生人数 8567 人，分别占土木建筑大类专业总数的 1.18%、0.8%、0.68%、0.73%。

可见，高职（专科）院校是专科土木建筑类专业办学的绝对主力。同时，本科院校、高职（专科）院校以及其他普通高教机构的招生数均较毕业生数少，表明2015年各类院校专科土木建筑类专业的在学规模都较上年减少。

2. 土木建筑类专科生按学校隶属关系分布情况

土木建筑类专科生培养学校按隶属关系可分为：一是隶属教育行政部门，包括教育部、省级教育部门、地级教育部门、县级教育部门；二是隶属行业行政主管部门，包括工业和信息化部、国务院侨务办公室、中华全国妇女联合会、省级其他部门、地级其他部门、县级其他部门；三是隶属地方企业；四是民办。

2015年土木建筑类专科生按学校隶属关系分布情况见表1-19，从表中可以看出，开办专科土木建筑类专业的院校中，隶属教育行政部门的院校504所（占40.13%），其开办的专业点1717个、毕业生134991人、招生数114171人、在校生人数406525人，分别占土木建筑大类专业总数的36.95%、36.90%、33.49%、34.40%；隶属行业行政主管部门的院校363所（占28.91%），其开办的专业点1525个、毕业生124784人、招生数118135人、在校生人数400760

土木建筑类专科生按学校隶属关系分布情况　　　　表 1-19

学校类别		开办学校		开办专业		毕业人数		招生人数		在校人数	
		数量	占比(%)	数量	占比(%)	数量	占比(%)	数量	占比(%)	数量	占比(%)
教育行政部门	教育部	3	0.24	4	0.09	210	0.06	120	0.04	565	0.05
	省级教育部门	305	24.28	1062	22.85	88318	24.14	74536	21.86	265550	22.47
	地级教育部门	193	15.37	644	13.86	45841	12.53	39036	11.45	138845	11.75
	县级教育部门	3	0.24	7	0.15	622	0.17	479	0.14	1565	0.13
	小计	504	40.13	1717	36.95	134991	36.9	114171	33.49	406525	34.4
行业行政主管部门	工业和信息化部	1	0.08	1	0.02	42	0.01	0	0.00	115	0.01
	国务院侨务办公室	1	0.08	1	0.02	41	0.01	0	0.00	70	0.01
	中华全国妇女联合会	1	0.08	1	0.02	25	0.01	0	0.00	1	0.00
	省级其他部门	243	19.35	1088	23.41	94690	25.88	93827	27.52	311620	26.36
	地级其他部门	111	8.84	417	8.97	29183	7.98	23645	6.94	86815	7.34
	县级其他部门	6	0.48	17	0.37	803	0.22	663	0.19	2139	0.18
	小计	363	28.91	1525	32.81	124784	34.11	118135	34.65	400760	33.9
地方企业		28	2.23	84	1.81	6515	1.78	6508	1.91	22957	1.94
民办		361	28.74	1322	28.44	99542	27.21	102120	29.95	351739	29.76
合计		1256	100.00	4648	100.00	365832	100.00	340934	100.00	1181981	100.00

人，分别占土木建筑大类专业总数的 32.81%、34.11%、34.65%、33.90%；隶属地方企业的院校 28 所（占 2.23%），其开办的专业点 84 个、毕业生 6515 人、招生数 6508 人、在校生人数 22957 人，分别占土木建筑大类专业总数的 1.81%、1.78%、1.91%、1.94%；民办院校 361 所（占 28.74%），专业点 1322 个、毕业生 99542 人、招生数 102120 人、在校生人数 351739 人，分别占土木建筑大类专业总数的 28.44%、27.21%、29.95%、29.76%。按在校生规模，四类院校从大到小依次为隶属教育行政部门的院校（占比 34.4%）、隶属行业行政主管部门的院校（占比 33.90%）、民办院校（占比 29.76%）、隶属地方企业的院校（占比 1.94%）。进一步分析可见，我国开办土木建筑类专业的院校的举办者主要是教育行政主管部门和行业行政主管部门，在校生合计占 68.3%。如果按公办、民办将院校分为两类，则我国开办土木建筑类专业的院校主要为公办院校，在校生占 70.24%，而民办院校仅占 29.76%。

3. 土木建筑类专科生按学校类型分布情况

土木建筑类专科生按学校类型分布情况见表 1-20，从表中可以看出，专科土木建筑类专业的按学校类型分布具有以下特点：

（1）几乎涵盖所有类型的学校。

（2）在校生人数居于第一位的是理工院校，为 678525 人，占总数的 57.41%，其专业点 2505 个、毕业生 211909 人、招生数 195631 人、在校生人数 678525 人，分别占土木建筑大类专业总数的 53.89%、57.93%、57.38%、57.41%；在校生人数居于第二位的是综合大学，为 305007 人，占总数的 25.80%，其专业点 1210 个、毕业生 94524 人、招生数 88113 人、在校生人数 305007 人，分别占土木建筑大类专业总数的 26.03%、25.84%、25.84%、25.80%；两者合计，其在校生数、专业点数、毕业生数、招生数分别占土木建筑大类专业总数的 79.92%、83.77%、83.22%、83.21%。

（3）在校生规模最少的是体育院校，仅占总数的 0.03%，其次是民族院校，占 0.04%。

土木建筑类专科生按学校类型分布情况　　　　　　　表 1-20

学校类别	开办学校		开办专业		毕业人数		招生人数		在校人数	
	数量	占比(%)	数量	占比(%)	数量	占比(%)	数量	占比(%)	数量	占比(%)
综合大学	350	27.87	1210	26.03	94524	25.84	88113	25.84	305007	25.80
理工院校	579	46.10	2505	53.89	211909	57.93	195631	57.38	678525	57.41
农业院校	44	3.50	162	3.49	9456	2.58	8656	2.54	30377	2.57

续表

学校类别	开办学校		开办专业		毕业人数		招生人数		在校人数	
	数量	占比 (%)	数量	占比 (%)	数量	占比 (%)	数量	占比 (%)	数量	占比 (%)
林业院校	13	1.04	68	1.46	5622	1.54	5211	1.53	18840	1.59
医药院校	1	0.08	2	0.04	313	0.09	48	0.01	582	0.05
师范院校	63	5.02	101	2.17	3740	1.02	3081	0.90	10686	0.90
语文院校	18	1.43	51	1.10	1907	0.52	2259	0.66	7200	0.61
财经院校	125	9.95	412	8.86	29831	8.15	28448	8.34	101683	8.60
政法院校	11	0.88	17	0.37	528	0.14	814	0.24	2550	0.22
体育院校	2	0.16	4	0.09	0	0.00	113	0.03	340	0.03
艺术院校	32	2.55	68	1.46	5314	1.45	6368	1.87	18167	1.54
民族院校	3	0.24	3	0.06	142	0.04	133	0.04	494	0.04
其他普通高教机构（含表1-19中的后4种类别）	15	1.19	45	0.97	2546	0.70	2059	0.60	7530	0.64
合计	1256	100.00	4648	100.00	365832	100.00	340934	100.00	1181981	100.00

1.2.1.2 土木建筑类专科生按地区培养情况

1. 土木建筑类专科生按区域分布情况

2015 年全国高等职业教育各大区域分布情况见表 1-21，按省级行政区分布情况见表 1-22。

2015 年全国高等职业教育各大区域分布情况　　　　表 1-21

区域	开办学校数		开办专业数		毕业数		招生数		在校生数		招生数较毕业生数增幅 (%)
	数量 (所)	占比 (%)	数量 (个)	占比 (%)	数量 (人)	占比 (%)	数量 (人)	占比 (%)	数量 (人)	占比 (%)	
华北	183	14.57	621	13.36	46509	12.71	34595	10.15	132981	11.25	−25.62
东北	94	7.48	347	7.47	21357	5.84	18283	5.36	63950	5.41	−14.39
华东	364	28.98	1401	30.14	105612	28.87	104079	30.53	364380	30.83	−1.45
中南	344	27.39	1211	26.05	104575	28.59	98850	28.99	337192	28.53	−5.47
西南	169	13.46	722	15.53	57930	15.84	62153	18.23	199558	16.88	7.29
西北	102	8.12	346	7.44	29849	8.16	22974	6.74	83920	7.10	−23.03
合计	1256	100.00	4648	100.00	365832	100.00	340934	100.00	1181981	100.00	−6.81

2015 年高等建设职业教育各省级行政区分布情况　　　　表 1-22

地区	开办学校数		开办专业数		毕业生数		招生数		在校生数		招生数较毕业生数增幅
	数量（所）	占比（%）	数量（个）	占比（%）	数量（人）	占比（%）	数量（人）	占比（%）	数量（人）	占比（%）	（%）
北京	23	1.83	49	1.05	2420	0.66	1508	0.44	6187	0.52	−37.69
天津	17	1.35	55	1.18	5942	1.62	4784	1.40	17871	1.51	−19.49
河北	75	5.97	293	6.30	20785	5.68	13716	4.02	57821	4.89	−34.01
山西	33	2.63	115	2.47	10383	2.84	9645	2.83	32003	2.71	−7.11
内蒙古	35	2.79	109	2.35	6979	1.91	4942	1.45	19099	1.62	−29.19
辽宁	37	2.95	122	2.62	8376	2.29	8766	2.57	26804	2.27	4.66
吉林	21	1.67	51	1.10	2879	0.79	2263	0.66	9911	0.84	−21.40
黑龙江	36	2.87	174	3.74	10102	2.76	7254	2.13	27235	2.30	−28.19
上海	14	1.11	46	0.99	2344	0.64	2553	0.75	8499	0.72	8.92
江苏	73	5.81	316	6.80	24871	6.80	18624	5.46	74233	6.28	−25.12
浙江	37	2.95	139	2.99	12621	3.45	11906	3.49	38979	3.30	−5.67
安徽	53	4.22	191	4.11	13508	3.69	15160	4.45	48842	4.13	12.23
福建	48	3.82	193	4.15	9595	2.62	11880	3.48	39407	3.33	23.81
江西	59	4.70	213	4.58	16153	4.42	19791	5.80	66933	5.66	22.52
山东	80	6.37	303	6.52	26520	7.25	24165	7.09	87487	7.40	−8.88
河南	95	7.56	341	7.34	25175	6.88	23669	6.94	84493	7.15	−5.98
湖北	79	6.29	257	5.53	22119	6.05	16387	4.81	64489	5.46	−25.91
湖南	51	4.06	153	3.29	16575	4.53	15194	4.46	52583	4.45	−8.33
广东	65	5.18	222	4.78	22323	6.10	21882	6.42	70120	5.93	−1.98
广西	45	3.58	206	4.43	16082	4.40	19155	5.62	57097	4.83	19.11
海南	9	0.72	32	0.69	2301	0.63	2563	0.75	8410	0.71	11.39
重庆	33	2.63	150	3.23	14786	4.04	14175	4.16	49033	4.15	−4.13
四川	78	6.21	310	6.67	29376	8.03	26859	7.88	91484	7.74	−8.57
贵州	27	2.15	124	2.67	6153	1.68	11156	3.27	27761	2.35	81.31
云南	30	2.39	135	2.90	7341	2.01	9713	2.85	30683	2.60	32.31
西藏	1	0.08	3	0.06	274	0.07	250	0.07	597	0.05	−8.76
陕西	54	4.30	177	3.81	18102	4.95	11976	3.51	49028	4.15	−33.84
甘肃	19	1.51	60	1.29	4897	1.34	4247	1.25	13829	1.17	−13.27
青海	2	0.16	14	0.30	1253	0.34	1070	0.31	3455	0.29	−14.60
宁夏	9	0.72	28	0.60	1567	0.43	1603	0.47	5020	0.42	2.30
新疆	18	1.43	67	1.44	4030	1.10	4078	1.20	12588	1.06	1.19
合计	1256	100.00	4648	100.00	365832	100.00	340934	100.00	1181981	100.00	−6.81

（1）就开办院校数分析，依次为华东、中南、华北、西南、西北、东北地区，分别为 364、344、189、169、102、94 所，处于前两位的华东、中南地区共 708 所，超过六大区域总数的一半，占总数的 56.37%，而最后两位的西北、东北仅占 15.60%。省级行政区中，开办院校数最多的是地处中南地区的河南省，达到 95 所，占全国总数的 7.56%；其次是华东地区的山东省，为 80 所，占全国总数的 6.37%。开办院校数最少的是地处西南地区的西藏自治区，仅有 1 所，占全国总数的 0.08%；其次是西北地区的青海省，为 2 所，占全国总数的 0.16%。

（2）就专业点数分析，依次为华东、中南、西南、华北、东北、西北，分别为 1401、1211、722、621、347、346 个，处于前两位的华东、中南地区共 2612 个，超过六大区域总数的一半，占总数的 56.19%，而最后两位的东北、西北合计仅占 14.91%。省级行政区中，专业点数最多的是地处中南地区的河南省，达到 341 个，占全国总数的 7.34%；其次是华东地区的山东省，为 303 个，占全国总数的 6.52%。专业点数最少的是地处西南地区的西藏自治区，仅有 3 个，占全国总数的 0.06%；其次是西北地区的青海省，为 14 个，占全国总数的 0.30%。

（3）就毕业生数分析，依次为华东、中南、西南、华北、西北、东北，分别为 105612、104575、57930、46509、29849、21357 人，分别占总数的 28.87%、28.59%、15.84%、12.71%、8.16%、5.84%，处于前两位的华东、中南地区共 210187 人，超过六大区域总数的一半，占总数的 57.46%，而最后两位的西北、东北仅 51206 人，占 14.00%。省级行政区中，毕业生数数最多的是地处西南地区的四川省，达到 2.94 万人，占全国总数的 8.03%；其次是华东地区的山东省，为 2.65 万人，占全国总数的 7.25%；此外，河南（6.88%）、江苏（6.80%）、广东（6.10%）、湖北（6.05%）、河北（5.68%）五省的毕业生数都超过了全国总数的 5%。毕业生数最少的是地处西南地区的西藏自治区，仅有 274 人，占全国总数的 0.07%；其次是西北地区的青海省，为 1253 人，占全国总数的 0.34%。

（4）就招生数分析，依次为华东、中南、西南、华北、西北、东北，分别为 104079、98850、62153、34595、22974、18283 人，分别占总数的 30.53%、28.99%、18.23%、10.15%、6.74%、5.36%，处于前两位的华东、中南地区共 202929 人，超过六大区域总数的一半，占总数的 59.52%，而最后两位的西北、东北仅 41257 人，占 12.10%。省级行政区中，招生数最多的是地处西南地区的四川省，达到 2.69 万人，占全国总数的 7.88%；其次是华东地区的山东省，为 2.42 万人，占全国总数的 7.09%；此外，河南（6.94%）、广东（6.42%）、江西（5.8%）、广西（5.62%）、江苏（5.46%）五省（自治区）的招生数都超过了全国总数的 5%。招生数最少的是地处西南地区的西藏自治区，仅有 250 人，占全国总数的 0.07%；其次是西北地区的青海省，为 1070 人，占全国总数的 0.31%。

（5）就在校生数分析，依次为华东、中南、西南、华北、西北、东北，分别为 364380、337192、199558、132981、83920、63950 人，分别占总数的 30.83%、28.53%、16.88%、11.25%、7.10%、5.41%，处于前两位的华东、中南地区共 701572 人，超过六大区域总数的一半，占总数的 59.36%，而最后两位的西北、东北仅 147870 人，占 12.51%。省级行政区中，在校生数最多的是地处西南地区的四川省，达到 9.15 万人，占全国总数的 7.74%；其次是华东地区的山东省，为 8.75 万人，占全国总数的 7.40%；此外，河南（7.15%）、江苏（6.28%）、广东（5.93%）、江西（5.66%）、湖北（5.46%）五省的在校生数都超过了全国总数的 5%。在校生数最少的是地处西南地区的西藏自治区，仅有 597 人，占全国总数的 0.05%；其次是西北地区的青海省，为 3455 人，占全国总数的 0.29%。

可见，不论是院校数、专业点数，还是毕业生数、招生人数、在校生数，华东、中南两地区都处于前两位，其数量都超过六大地区的一半，而西北、东北地区均处于最后两位，其数量仅占六大地区的 10% 左右。这与地区人口数量、经济发展水平以及高等教育发展水平是一致的。

与 2014 年比较，具有以下特点：

（1）开办院校数。2014 年华东、中南、华北、西南、西北、东北地区院校数依次为 357、335、177、169、102、98 所，2015 年分别增加了 7、−9、12、0、0、−4 所，增加比例依次为 1.96%、−2.69%、6.78%、0、0、−4.08%。

（2）在校生规模。仅西南地区在校生规模有 7.29% 的微小增长，其余各大地区均不同程度减少。其中，减少幅度最大的是华北地区，为 25.62%，其次为西北地区，为 23.03%，第三位为东北地区，为 14.39%。减少幅度最小的是华东地区，为 1.45%，中南地区次之，为 5.47%。省级行政区中，有 11 个招生数大于毕业生数，即在校生数增长，其中增长幅度超过 20% 的有 4 个，依次为贵州（81.31%）、云南（32.31%）、福建（23.81%）、江西（22.52%）；有 20 个省（市、自治区）出现了不同程度的减少，其中减少幅度超过 20% 的有 8 个，依次为北京（37.69%）、河北（34.01%）、陕西（33.84%）、内蒙古（29.19%）、黑龙江（28.19%）、湖北（25.91%）、江苏（25.12）、吉林（21.40）。这 8 个省级行政区的区域分布为：华北 3 个（北京、河北、内蒙古），东北 2 个（黑龙江、吉林），华东 1 个（江苏），中南 1 个（湖北），西北 1 个（陕西）。

值得注意的是：不论是院校数、专业点数，还是毕业生数、招生人数、在校生数，东北地区、西北地区都居于后两位，而其减少幅度却居于前两位；与之相反，不论是院校数、专业点数，还是毕业生数、招生人数、在校生数，华东地区、中南地区都居于前两位，而其减少幅度却是最小的两个地区。

1.2.1.3   土木建筑类专科生按专业培养情况

1. 土木建筑类专科生按专业类分布情况

2015 年全国高等建设职业教育分专业类学生培养情况见表 1-23。

2015 年全国高等建设职业教育分专业类学生培养情况　　　表 1-23

专业类别	专业点数		毕业生		招生		在校学生	
	数量	占比 (%)	数量	占比 (%)	数量	占比 (%)	数量	占比 (%)
建筑设计类	1188	25.56	71204	19.46	76706	22.50	238542	20.18
城镇规划与管理类	85	1.83	2272	0.62	2698	0.79	8226	0.70
土建施工类	816	17.56	105605	28.87	85267	25.01	321053	27.16
建筑设备类	467	10.05	16470	4.50	15555	4.56	51007	4.32
工程管理类	1400	30.12	146444	40.03	139869	41.03	494500	41.84
市政工程类	225	4.84	7034	1.92	8693	2.55	26122	2.21
房地产类	467	10.05	16803	4.59	12146	3.56	42531	3.60
合计	4648	100.00	365832	100.00	340934	100.00	1181981	100.00

从表中可以看出：土木建筑类专业的 7 个专业类共有专业点 4648 个。7 个专业类中，专业点数从大到小依次为：工程管理类（1400 个，占 30.12%）、建筑设计类（1188 个, 25.56%）、土建施工类（816 个，占 17.56%）、建筑设备类（467 个, 占 10.05%）、房地产类（467 个，占 10.05%）、市政工程类（225 个，占 4.84%）、城镇规划与管理类（85 个，占 1.83%）；毕业生数从多到少依次为：工程管理类（146444 人，占 40.03%）、土建施工类（105605 人，占 28.87%）、建筑设计类（71204 人，占 19.46%）、房地产类（16803，占 4.59%）、建筑设备类（16470 人，占 4.50%）、市政工程类（7034，占 1.92%）、城镇规划与管理类（2272 人，占 0.62%）；招生数从多到少依次为：工程管理类（139869 人，占 41.03%）、土建施工类（85267 人，占 25.01%）、建筑设计类（76706 人，占 22.50%）、建筑设备类（15555 人，占 4.56%）、房地产类（12146 人，占 3.56%）、市政工程类（8693 人，占 2.55%）、城镇规划与管理类（2698 人，占 0.79%）；在校生数从多到少依次为：工程管理类（494500 人，占 41.84%）、土建施工类（321053 人，占 27.16%）、建筑设计类（238542 人, 占 20.18%）、建筑设备类（51007 人，占 4.32%）、房地产类（42531 人，占 3.60%）、市政工程类（26122 人，占 2.21%）、城镇规划与管理类（8229 人，占 0.70%）。显然，工程管理类、建筑设计类、土建施工类是土建大类的主体，其专业点数 3404 个，占总数 4648 个的 73.24%；毕业生数 323253 人，88.36%；招生数 301843 人，88.54%；在校生数 1054095 人，占 89.18%。

与 2014 年相比，变化情况为：

（1）专业点数。土木建筑类专业点数增加了 202 个，增幅 4.54%；建筑设计类增加了 88 个，增幅 8.00%；城镇规划与管理了增加了 4 个，增幅 4.94%；土建施工类增加了 43 个，增幅 5.56%；建筑设备类增加了 11 个，增幅 2.41%；工程管理类增加了 75 个，增幅 5.66%；市政工程类增加了 19 个，增幅 9.22%；房地产类减少了 38 个，降幅 7.52%。

（2）在校生数。建筑设计类增加了 5281 人，增幅 2.26%；城镇规划与管理了减少了 232 人，降幅 2.91%；土建施工类减少了 13889 人，降幅 4.15%；建筑设备类减少了 1541 人，降幅 2.93%；工程管理类减少了 4579 人，降幅 0.92%；市政工程类增加了 1944 人，增幅 8.04%；房地产类减少了 5861，降幅 12.11%。

分析可见，相对于 2014 年，土木建筑类专业的专业点数有所增加。7 个专业类中，除房地产类外，其余 6 类的专业点数均有不同程度的增加，增幅最大的是市政工程类，为 9.22%，其次是建筑设计类，为 8.00%。而在校生数，除市政工程类和建筑设计类外，其余 5 类均出现不同程度的减少，减少幅度最大的是房地产类，达 12.11%。这表明，总体而言，土木建筑类专业的分布面有所增加，但各院校在校生规模有所减少；而房地产类专业则出现了分布面和在校生规模双双下滑的现象。

2. 土木建筑类专科生按专业分布情况

（1）建筑设计类专业

2015 年，建筑设计类专业共 8 个，与 2014 年相同。各专业分布情况见表 1-24。

2015 年全国高等建设职业教育建筑设计类专业学生培养情况　　表 1-24

专业类别	开办学校数		毕业生		招生		在校学生	
	数量	占比 (%)	数量	占比 (%)	数量	占比 (%)	数量	占比 (%)
建筑设计技术	130	10.94	8223	11.55	8851	11.54	28008	11.74
建筑装饰工程技术	298	25.08	18090	25.41	17320	22.58	56378	23.63
中国古建筑工程技术	15	1.26	304	0.43	467	0.61	1311	0.55
室内设计技术	190	15.99	15503	21.77	20955	27.32	59980	25.14
环境艺术设计	378	31.82	21649	30.40	20268	26.42	65820	27.59
园林工程技术	163	13.72	6990	9.82	8008	10.44	25284	10.60
建筑动画设计与制作	8	0.67	37	0.05	387	0.50	650	0.27
建筑设计类其他专业	6	0.51	408	0.57	450	0.59	1111	0.47
合计	1188	100.00	71204	100.00	76706	100.00	238542	100.00

从开办院校数分析，占比超过 20% 专业有 2 个，依次为环境艺术设计 378 所，占 31.82%；建筑装饰工程技术 298 所，占比 25.08%；两个专业合计占比达 56.90%。2014 年，开办院校数占比超过 20% 的专业有 2 个，分别为：环境艺术设计，开办院校 361 所，占比 32.82%；建筑装饰工程技术，开办院校 283 所，占比 25.73%。

从毕业生数分析，占比超过 20% 专业有 3 个，依次为环境艺术设计 21649 人，占 30.40%；建筑装饰工程技术 18090 人，占比 25.41%；室内设计技术 15503 人，占比 21.77%；3 个专业合计 55242 人，占比达 77.58%。2014 年，毕业生数占比超过 20% 的专业有 3 个，分别为：环境艺术设计专业 21153 人，占比 30.04%；建筑装饰工程技术专业 19424 人，占比 27.59%；室内设计技术专业 14325 人，占比 20.35%。

从招生数分析，占比超过 20% 专业有 3 个，依次为室内设计技术 20955 人，占比 27.32%；环境艺术设计 20268 人，占比 26.42%；建筑装饰工程技术 17320 人，占比 22.58%；3 个专业合计 58543 人，占比达 76.32%。2014 年，招生数占比超过 20% 的专业有 3 个，分别为：环境艺术设计专业 23080 人，占比 28.18%；室内设计技术专业 19977 人，占比 24.39%。建筑装饰工技术专业 18811 人，占比 22.97%。

从在校生数分析，占比超过 20% 专业有 3 个，依次为环境艺术设计 65820 人，占 27.59%；室内设计技术 59980 人，占比 25.14%；建筑装饰工程技术 56378 人，占比 23.63%；3 个专业合计 182178 人，占比达 79.36%。在校生人数前两位的专业为环境艺术设计和室内设计技术，在校生占该类专业在校生总数的比例为 52.73%。2014 年，在校生数占比超过 20% 的专业有 3 个，分别为：环境艺术设计专业 67469 人，占比 28.92%；建筑装饰工程技术专业 56455 人，占比 24.20%。室内设计技术专业 54372 人，占比 23.31%。

分析可见，相对于 2014 年，建筑设计类专业分布的格局没有发生变化，环境艺术设计、室内设计技术、建筑装饰工程技术三个专业仍是该类专业的主体。

（2）城镇规划与管理类专业

2015 年，城镇规划与管理类专业共 4 个，较 2014 年增加 1 个。各专业分布情况见表 1-25。

在该类专业中，开办院校数、毕业生数、招生数以及在校生数，占比超过 20% 的都只有城镇规划 1 个专业：开办院校数 64 所，占 75.29%；毕业生数为 1866 人，占 82.13%；招生数为 2111 人，占比 78.24%；在校生数 6242，占比 75.88%。在校生人数前两位的专业为城镇规划和城市监察与管理，在校生占该类专业在校生总数的比例为 93.73%。可见该专业在城镇规划与管理类专业中一专业独大。2014 年，开办院校数占比超过 20% 的专业有 2 个，分别为：城镇规划专业 60 所、占比 74.07%，城市管理与监察专业 17 所、占比 20.99%；毕业生数占比超过 20% 的专业有 1 个，即城镇规划专业 1963 人、占比 82.44%；招生数占比超过 20% 的专业有 2 个，分别为：城镇规划专业 2027 人、占比 73.58%，城市监察与管理专业 644 人、占比 23.38%；在校生数占比超过 20% 的专业有 1 个，即城镇规划专业 6099 人、占比 76.29%。可见，相对于 2014 年，城镇规划与管理类专业分布的格局有所变化，但城镇规划专业始终保持一专业独大的格局。

2015 年全国高等建设职业教育城镇规划与管理类专业学生培养情况　　表 1-25

专业类别	开办学校数		毕业生		招生		在校学生	
	数量	占比 (%)	数量	占比 (%)	数量	占比 (%)	数量	占比 (%)
城镇规划	64	75.29	1866	82.13	2111	78.24	6242	75.88
城市管理与监察	15	17.65	320	14.08	455	16.86	1468	17.85
城镇建设	5	5.88	86	3.79	132	4.89	474	5.76
城镇规划与管理类其他专业	1	1.18	0	0.00	0	0.00	42	0.51
合计	85	100.00	2272	100.00	2698	100.00	8226	100.00

（3）土建施工类专业

2015 年，土建施工类专业共 10 个，与 2014 年相同。各专业分布情况见表 1-26。

2015 年全国高等建设职业教育土建施工类专业学生培养情况　　表 1-26

专业类别	开办学校数		毕业生		招生		在校学生	
	数量	占比 (%)	数量	占比 (%)	数量	占比 (%)	数量	占比 (%)
建筑工程技术	714	87.50	101773	96.37	79625	93.38	305834	95.26
地下工程与隧道工程技术	26	3.19	1300	1.23	1200	1.41	4171	1.30
基础工程技术	30	3.68	1107	1.05	799	0.94	2924	0.91
土木工程检测技术	13	1.59	572	0.54	908	1.06	2413	0.75
建筑钢结构工程技术	14	1.72	479	0.45	608	0.71	1828	0.57
混凝土构件工程技术	1	0.12	0	0.00	69	0.08	151	0.05
光伏建筑一体化技术与应用	2	0.25	70	0.07	243	0.28	584	0.18
盾构施工技术	3	0.37	103	0.10	377	0.44	832	0.26
高尔夫球场建造与维护	1	0.12	3	0.00	0	0.00	0	0.00
土建施工类其他专业	12	1.47	198	0.19	1438	1.69	2316	0.72
合计	816	100.00	105605	100.00	85267	100.00	321053	100.00

在该类专业中，开办院校数、毕业生数、招生数以及在校生数，占比超过20%的都只有建筑工程技术1个专业：开办院校数714所，占87.50%；毕业生数为101773人，占96.37%；招生数为79625人，占比93.38%；在校生数305834，占比95.26%。可见该专业在土建施工类专业中一专业独大。在校生人数前两位的专业为建筑工程技术和地下工程与隧道工程技术，在校生占该类专业在校生总数的比例为96.56%。2014年，开办院校数、毕业生数、招生数、在校生数占比超过20%的专业只有建筑工程技术。可见，相对于2014年，土建施工类专业的分布格局没有变化，建筑工程技术专业始终保持一专业独大的格局。

（4）建筑设备类专业

2015年，建筑设备类专业共8个，与2014年相同。各专业分布情况见表1-27。

2015年全国高等建设职业教育建筑设备类专业学生培养情况　　表1-27

专业类别	开办学校数		毕业生		招生		在校学生	
	数量	占比(%)	数量	占比(%)	数量	占比(%)	数量	占比(%)
建筑设备工程技术	82	17.56	3671	22.29	2995	19.25	10120	19.84
供热通风与空调工程技术	76	16.27	3255	19.76	2614	16.80	9289	18.21
建筑电气工程技术	104	22.27	2941	17.86	3295	21.18	10938	21.44
楼宇智能化工程技术	193	41.33	6175	37.49	6271	40.32	19315	37.87
工业设备安装工程技术	6	1.28	161	0.98	189	1.22	661	1.30
供热通风与卫生工程技术	3	0.64	218	1.32	153	0.98	414	0.81
机电安装工程	2	0.43	49	0.30	0	0.00	232	0.45
建筑设备类其他专业	1	0.21	0	0.00	38	0.24	38	0.07
合计	467	100.00	16470	100.00	15555	100.00	51007	100.00

从开办院校数分析，占比超过20%专业有2个，依次为楼宇智能化工程技术193所，占41.33%；建筑电气工程技术104所，占比22.27%；两个专业合计占比达63.60%。2014年，开办院校数占比超过20%的专业有2个，分别为楼宇智能化工程技术专业186所，占比40.79%；建筑电气工程技术专业100所，占比21.93%。

从毕业生数分析，占比超过20%专业有2个，依次为楼宇智能化工程技术6175人，占37.49%；建筑设备工程技术3671人，占比22.29%；2个专业合计9846人，占比达59.78%。2014年，毕业生数占比超过20%的专业有2个，分别为：楼宇智能化工程技术专业5833人，占比37.23%；供热通风与空调工程技术专业3280人，占比20.94%。

从招生数分析，占比超过 20% 专业有 2 个，依次为楼宇智能化工程技术 6271 人，占比 40.32%；建筑电气工程技术 3295 人，占比 21.18%；2 个专业合计 9566 人，占比达 61.50%。2014 年，招生数占比超过 20% 的专业有 3 个，分别为：楼宇智能化工程技术专业 6701 人，占比 37.23；建筑电气工程技术专业 3865 人，占比 21.47；建筑设备工程技术专业 3612 人，占比 20.07。

从在校生数分析，占比超过 20% 专业有 2 个，依次为楼宇智能化工程技术 19315 人，占比 37.87%；建筑电气工程技术 10938 人，占比 21.44%。2 个专业合计 30253 人，占比达 59.31%。2014 年，在校生数占比超过 20% 的专业有 2 个，分别为：楼宇智能化工程技术专业 19393 人，占比 36.91%；建筑设备工程技术专业 11080 人，占比 21.09%。

可见，楼宇智能化工程技术专业的开办院校数、毕业生数、招生数以及在校生数，都位居该类专业首位，是名副其实的主体专业。相对于 2014 年，建筑设备类专业的分布格局有所变化，但楼宇智能化工程技术专业始终居于首位。

(5) 工程管理类专业

2015 年，建筑设计类专业共 15 个，与 2014 年相同。各专业分布情况见表 1-28。

从开办院校数分析，占比超过 20% 专业有 2 个，依次为工程造价 701 所，占 50.07%；建筑工程管理 337 所，占 24.07%；两个专业合计占比达 74.17%。2014 年，开办院校数占比超过 20% 的专业有 2 个，分别为：工程造价专业 661 所，占比 49.89%；建筑工程管理专业 318 所，占比 24.00%。

从毕业生数分析，占比超过 20% 的专业只有工程造价，102284 人，占比 69.85%。2014 年，毕业生数占比超过 20% 的专业只有 1 个，即工程造价专业 95383 人，占比 68.59%。

从招生数分析，占比超过 20% 专业只有工程造价，100640 人，占比 71.95%。2014 年，毕业生数占比超过 20% 的专业只有 1 个，即工程造价专业 124324 人，占比 70.90%。

从在校生数分析，占比超过 20% 专业只有工程造价，358076 人，占比 82.41%。在校生人数前两位的专业为工程造价和建筑工程管理，在校生占该类专业在校生总数的比例为 89.74%。2014 年，在校生数占比超过 20% 的专业只有 1 个，即工程造价专业 353148 人，占比 70.76%。

可见，工程造价专业的开办院校数、毕业生数、招生数以及在校生数，都位居该类专业首位，是名副其实的主体专业。相对于 2014 年，工程管理类专业的分布格局没有变化，工程造价专业始终居于首位，且呈现一专业独大的局面。

2015年全国高等建设职业教育工程管理类专业学生培养情况 表 1-28

专业类别	开办学校数		毕业生		招生		在校学生	
	数量	占比 (%)	数量	占比 (%)	数量	占比 (%)	数量	占比 (%)
建筑工程管理	337	24.07	27854	19.02	24683	17.65	88439	17.88
工程造价	701	50.07	102284	69.85	100640	71.95	358076	72.41
建筑经济管理	66	4.71	4144	2.83	3177	2.27	10701	2.16
工程监理	255	18.21	10674	7.29	8780	6.28	30936	6.26
电力工程管理	7	0.50	373	0.25	123	0.09	691	0.14
工程质量监督与管理	2	0.14	152	0.10	21	0.02	202	0.04
建筑工程项目管理	5	0.36	94	0.06	282	0.20	877	0.18
建筑工程质量与安全技术管理	5	0.36	275	0.19	332	0.24	1123	0.23
建筑材料供应与管理	1	0.07	140	0.10	209	0.15	608	0.12
国际工程造价	1	0.07	50	0.03	0	0.00	50	0.01
建筑信息管理	3	0.21	145	0.10	179	0.13	419	0.08
安装工程造价	3	0.21	46	0.03	139	0.10	362	0.07
工程招标采购与投标管理	2	0.14	0	0.00	47	0.03	47	0.01
工程商务	1	0.07	29	0.02	54	0.04	160	0.03
工程管理类其他专业	11	0.79	184	0.13	1203	0.86	1809	0.37
合计	1400	100.00	146444	100.00	139869	100.00	494500	100.00

（6）市政工程类专业

2015年，市政工程类专业共7个，较2014年增加2个。各专业分布情况见表1-29。

2015年全国高等建设职业教育市政工程类专业学生培养情况 表 1-29

专业类别	开办学校数		毕业生		招生		在校学生	
	数量	占比 (%)	数量	占比 (%)	数量	占比 (%)	数量	占比 (%)
市政工程技术	109	48.44	3578	50.87	4713	54.22	13831	52.95
城市燃气工程技术	24	10.67	831	11.81	965	11.10	3220	12.33
给排水工程技术	65	28.89	2155	30.64	2220	25.54	6914	26.47
消防工程技术	17	7.56	346	4.92	478	5.50	1412	5.41
建筑水电技术	6	2.67	1	0.01	75	0.86	185	0.71
给排水与环境工程技术	2	0.89	25	0.36	17	0.20	70	0.27
市政工程类其他专业	2	0.89	98	1.39	225	2.59	490	1.88
合计	225	100.00	7034	100.00	8693	100.00	26122	100.00

从开办院校数分析,占比超过20%专业有2个,依次为市政工程技术109所,占48.44%；给排水工程技术65所,占比28.89%；两个专业合计占比达77.33%。2014年,开办院校数占比超过20%的专业有2个,分别为：市政工程技术专业102所,占比49.51%；给排水工程技术专业63所,占比30.58%。

从毕业生数分析,占比超过20%专业有2个专业,依次为市政工程技术3578人,占50.87%；给排水工程技术2155人,占比30.64%。2014年,毕业生数占比超过20%的专业有2个,分别为：市政工程技术专业3755人,占比53.74%；给排水工程技术专业2309人,占比33.05%。

从招生数分析,占比超过20%专业有2个专业,依次为市政工程技术4713人,占54.22%；给排水工程技术2220人,占比25.54%。2014年,招生数占比超过20%的专业有2个,分别为：市政工程技术专业4749人,占比52.83%；给排水工程技术专业2428人,占比27.01%。

从在校生数分析,占比超过20%专业有2个专业,依次为市政工程技术13831人,占52.95%；给排水工程技术6914,占比26.47%。在校生人数前两位的专业为市政工程技术和给排水工程技术,在校生占该类专业在校生总数的比例为79.42%。2014年,毕业生数占比超过20%的专业有2个,分别为：市政工程技术专业12821人,占比53.03%；给排水工程技术专业6894人,占比28.51%。

可见,在该类专业中,无论是开办院校数,还是毕业生数、招生数和在校生数,位居前两位的都是市政工程技术和给排水工程技术专业。因此,市政工程技术和给排水工程技术专业是市政工程类专业的主体专业,并且这种格局从2014～2015年没有发生变化。

（7）房地产类专业

2015年,房地产类专业共5个,与2014年相同。各专业分布情况见表1-30。

2015年全国高等建设职业教育房地产类专业学生培养情况　　表1-30

专业类别	开办学校数		毕业生		招生		在校学生	
	数量	占比(%)	数量	占比(%)	数量	占比(%)	数量	占比(%)
房地产经营与估价	222	47.54	9334	55.55	6012	49.50	23443	55.12
物业管理	234	50.11	7223	42.99	6059	49.88	18613	43.76
物业设施管理	7	1.50	197	1.17	54	0.44	385	0.91
酒店物业管理	1	0.21	0	0.00	1	0.01	3	0.01
房地产类其他专业	3	0.64	49	0.29	20	0.16	87	0.20
合计	467	100.00	16803	100.00	12146	100.00	42531	100.00

从开办院校数分析，占比超过 20% 专业有 2 个，依次为物业管理 234 所，占 50.11%；房地产经营与估价 222 所，占比 47.54%；两个专业合计占比达 97.65%。2014 年，开办院校数占比超过 20% 的专业有 2 个，分别为：物业管理专业 253 所，占比 50.10%；房地产经营与估价专业 237 所，占比 46.93%。

从毕业生数分析，占比超过 20% 专业有 2 个专业，依次为房地产经营与估价 9334 人，占 55.55%；物业管理 7223 人，占比 42.99%。2014 年，毕业生数占比超过 20% 的专业有 2 个，分别为：房地产经营与估价专业 10782 人，占比 55.79%；物业管理专业 8262 人，占比 42.75%。

从招生数分析，占比超过 20% 专业有 2 个专业，依次为物业管理 6059 人，占 49.88%；房地产经营与估价 6012 人，占比 49.50%。2014 年，招生数占比超过 20% 的专业有 2，分别为：房地产经营与估价专业 8143 人，占比 54.47%；物业管理专业 6413 人，占比 42.90%。

从在校生数分析，占比超过 20% 专业有 2 个专业，依次为房地产经营与估价 23443 人，占 55.12%；物业管理 18613 人，占比 43.76%。在校生人数前两位的专业为房地产经营与估价和物业管理，在校生占该类专业在校生总数的比例为 98.88%。2014 年，毕业生数占比超过 20% 的专业有 2 个，分别为房地产经营与估价专业 27049 人，占比 55.90%；物业管理专业 20465 人，占比 41.82%。

可见，在该类专业中，无论是开办院校数，还是毕业生数、招生数和在校生数，位居前两位的都是房地产经营与估价和物业管理专业。因此，房地产经营与估价和物业管理专业是房地产类专业的主体专业，并且这种格局从 2014 ~ 2015 年没有发生变化。

1.2.2　高等建设职业教育发展的趋势

《中国建设教育发展年度报告（2015）》指出，高等建设职业教育的发展趋势主要表现在，专业结构必将进行"大调整、大整合"，质量再提升必将成为真正的"主旋律"，人才培养模式的创新和办学领域的拓展将成为改革发展的主线。全面分析 2015 年全国高等建设职业教育发展的各种关键数据，并结合 2015 年全国高等职业教育发展的现状，可以发现目前高等建设职业教育发展，在 2014 年基础上，又呈现出以下新的趋势。

1.2.2.1　办学规模由快速增长转向开始下滑

10 余年来，受益于国民经济和住房城乡建设领域各行业的高速发展，高等建设职业教育经历了一个高速发展的阶段。从 2005 ~ 2014 年的短短十年间，土木建筑类专业的开办院校数从 757 所增加到 1238 所，在校生规模则更是从

39.80 万人增加到 120.00 万人，达到历史峰值。随着国民经济增速由高速转入中高速，住房城乡建设领域各行业的发展速度放缓，特别是对土木建筑类高职毕业生吸纳能力最大的建筑业出现了断崖式下滑，增速有原来的 10% 以上甚至个别年份 30% 以上下滑到去年的 6.9%。经过近三年的积累，行业的变化对土建类高职教育的负面影响开始变得明显：各行业对高职土建类毕业生的需求迅速下滑，就业的供不应求状况不复存在，学生报考意愿下降。从 2014～2015 年，虽然土建类专业开办院校数从 1238 所增长到 1256 所，有 1.45% 的微小增长，但在校生规模却从 120.00 万人减少到 118.20 万人，减少幅度为 1.52%。值得关注的是，2015 年华北五省（市、自治区）在校生人数全面下滑，减少幅度依次为北京 37.69%、河北 34.01%、内蒙古 29.19%、天津 19.49%、山西 7.11%。此外，东北三省除辽宁增长 4.66% 外，其余两省均减少，减少幅度依次为黑龙江 28.19%、吉林 21.4%。

1.2.2.2 各专业发展将趋向于相对均衡

从前面分析可知，无论是从地区分布，还是专业分布看，土木建筑类专业的发展都极不均衡。就专业分布而言，2015 年，工程管理类、建筑设计类、土建施工类三类专业的专业点数、毕业生数、招生数、在校生数，分别占土木建筑大类专业总数的 73.24%、88.36%、88.54%、89.18%。同时，城镇规划与管理类、土建施工类、工程管理类专业都存在一专业独大的问题，其中的城镇规划、建筑工程技术、工程造价专业的在校生分别占该类专业的 75.88%、95.26%、72.41%，并且，在校生规模最大的两个专业——工程造价和建筑工程技术的在校生总数达到 663910 人，占土木建筑大类学生总数的 56.17%。随着新型城镇化的深入，建筑产业化现代化、国际化程度的提高，以及 2015 年 10 月《普通高等学校高等职业教育（专科）专业目录 (2015 年)》的颁布实施，高等建设职业教育只有从盲目扩张、盲目跟风中转变过来，才可能适应时代新需求，这就必然推动各专业类在"发展与萎缩"并存的"新常态"中去"竞争"，以质量和特色为主去突围发展。这就必然导致建筑工程技术、工程造价等专业必然转入"压规模与提质量"的双线并进的发展周期。当然，在一部分过剩的传统专业萎缩的同时，一部分新兴专业也将"脱颖而出"，比如建筑钢结构工程技术、建设项目信息化管理、村镇建设与管理、环境卫生工程技术等，必将成为建设职业教育创新的"新空间"。

1.2.2.3 专业结构调整和教学改革将成为影响专业发展的关键

在新型城镇化背景下，建筑工业化、绿色化、信息化已成为无法逆转的趋势，BIM、装配化建筑、城市综合管廊、海绵城市等新技术日益普及，行业发展理念、生产方式正在发生深刻的甚至颠覆性的变革，而这种变革必然催生产业政策、行业形态、组织架构、技术标准、管理模式、操作工艺等一系列变化。这些变化对高等建设职业教育的影响是无法回避的。适者生存，作为人力资源市场中的供给侧，土建类专业要想在这场变革中处于上风，就必须对专业结构进行调整，并且对人才培养模式、教学内容、教学方法等进行改革，以培养真正符合行业需要的人才。

1.2.3 高等建设职业教育发展面临的问题

2015 年，全国高等建设职业教育办学规模稳中有升，但在校生人数略有下降。在"质量工程"的引领下，注重队伍和资源建设，人才培养质量不断提高，对我国建筑业的贡献度不断提升，服务行业、企业的能力有所增强，社会及学生的满意度也稳中有升。但在发展中仍存在诸多亟待解决的问题，与政府、行业、企业及学生的要求仍有一定的差距。

1.2.3.1 政策落实成为制约高等职业教育发展的核心问题之一

2014 年国务院发布《关于加快发展现代职业教育的决定》和全国职教会议以来，国家陆续出台了多项促进职业教育发展的政策，职业教育的社会认同度逐年提高，职业教育和院校的发展建设进入快车道，职业教育进入了发展的黄金时期。教育部《关于开展现代学徒制试点工作的意见》及《高等职业教育创新发展三年行动计划（2015～2017 年)》等指导性行动计划的发布，对今后一个时期职业教育的发展制定了明确的规划与路线图。

高职教育具有典型的"跨界教育"特色，受自身专业知识和技能的影响，高等建设职业教育对企业和社会资源参与教育的依托度较高，单靠院校的资源很难完成人才培养的全部任务，需要行业的重视、社会的普遍关注和建筑企业的全方位参与。目前，推进职业教育发展的顶层设计已初见成效，与之配套的政策、规定也陆续出台，但这些政策要么是具体的推进制度没有跟上，要么是没有形成"多家参与、多方协力、齐抓共管"的机制，在多部门协同制定推进性政策制度，校企合作制度建立与机制形成，调动企业积极性参与人才培养的配套政策，校外实训基地建设，学生获取职业岗位证书的可行性研究，企业专家参与学校专业论证及教学活动的有效途径与激励制度等方面均存在较大的政策空间。需要政府从国家的层面认真研究、积极推进，最终形成机制和文化，制定真正具有可操作性的扶持政策，使之早日"落地"。

1.2.3.2 高等建设职业教育的社会认同度亟待提升

高等职业教育作为我国高等教育的一种类型，长期以来受到学历层次局限在专科的限制，使学生在就业谋职、转岗提高等方面受到限制和歧视，这已成为制约部分优秀高职院校继续发展的瓶颈之一。当前，随着我国建筑业在

"十三五"期间从规模扩张向质量提升的转型发展，高等建设职业教育也面临生源数量不足、招生规模下降的形势。

近年来，部分高职院校（尤其是行业外院校及地市级院校）土建类专业录取分数贴近当地高职录取最低控制线，生源数量不足、难以完成招生计划、生源质量逐年下降。社会对从事基本建设行业工作的认同度较低，尤其是一线及沿海城市的考生不愿意报考土建类专业，部分面向一线生产岗位的专业也不受学生及家长青睐，部分存在"企业有需求，但招生有困难"的结构性失衡问题。受招生政策的制约，高职院校在与"三本"及民办本科高校在竞争时常常处于劣势，不断扩大的单独招生比例及技能高考的推进在吸引生源的同时又进一步加大了社会对高职教育认识的偏差，能否成为推进高职招生"可持续"动力，还需要时间的检验。

1.2.3.3　专业布局不够合理，人才培养质量与岗位要求存在差距

据统计，2015 年开设高等建设职业教育专业的院校达到 1256 所，占全国高职院总数的 93.66%，已经形成"全员办土建专业"的局面。在众多的办学点中不乏定位准确、资源配置合理、人才培养质量高、为行业贡献度大的优质院校，但也存在部分高职院校办学理念、专业设置、培养目标、课程体系及人才培养模式方面存在一定的偏差。习惯于关门办学，不关注行业发展的动态和趋势，人才规格与企业需求严重脱节。专业培养目标定位不准、描述不清，适应的岗位及岗位群轮廓不够清晰、合理。甘于"低成本办学"的现状，在队伍建设、基地建设、资源建设方面投入很少或盲目投入。培养的人才多属于粗放的"毛坯型"，与培养"毕业即能上岗、能顶岗"的成品型人才的目标存在相当大差距，学校没有真正完成"教书育人"的任务，把过多的岗前培训和继续教育的责任留给了用人单位,用旺盛的用人需求来掩盖人才培养的短板。课程体系创新不力，课程设置与培养目标契合度不高，课程内容和教学手段相对陈旧，仍然存在"随意设课、因师设课"的现象。没有引入人才质量行业认证的理念与做法，制定的课程标准、评价指标体系没有企业专家参与，评价结论不够科学、准确。

1.2.3.4　校企合作仍处于管理粗放、互动性不强的阶段

以顶岗实习为核心的企业实践教学，是高等建设职业教育重要的教学环节，校企合作教育是推动高等建设职业教育发展的必由之路。高等建设职业教育担负着为建筑生产一线培养适应基层技术及管理岗位要求技术技能型人才的责任，单靠学校的资源很难完成这个任务。自从我国大力发展高职教育以来，在国家政策的引领下，在经过不长的探索和比对期之后，大多数高职院校均把"校企合作、工学结合"作为人才培养的主攻方向，创建了"2+1"、"2.5+0.5"及"411"等多种人才培养模式，在实践中也取得了一定的成效。但在实践的"破冰期"

之后，这种模式在不同程度上遇到了合作水平提升不力、合作领域扩展不大、合作机制建设滞后的"天花板"。

大多数高职院校仍然停留在靠校友和感情维系校企合作、提供低成本劳动力来吸引企业的阶段，缺乏制度保障与可持续发展的推动力，也缺乏"利益共享、风险共担"的机制。校企合作动力和热情不均等，"学校热、企业冷"的现象普遍存在，"互动、共赢"的局面仍未形成。校企合作多数局限在学生顶岗实习这一环节，合作领域尚没有遍布教学全过程，合作水平也有待提升。在顶岗实习阶段，企业提供的岗位与学生实习的实习需求（岗位的对口率、轮岗的要求）往往存在偏差。顶岗实习过程管理不够严密，评价指标不够明确、系统和科学，评价主体多为院校教师，企业专家的参与度不高。

1.2.3.5 专业建设正规化程度不高，内涵建设有待加强

部分院校在专业内涵建设方面重视程度不高，尤其是在人才培养方案编制方面投入的思考不多、投入的力量不够，缺乏认真的市场调研和论证，满足于"拿来主义"，自身特色体现的不够充分。专业定位和课程体系同质化的现象比较普遍，与市场需求对接的不紧密。与人才培养方案配套的课程标准存在缺失或执行不严的现象，院校教学质量内部监控体系建设相对滞后，对教学设计、教学过程及教学结果的评价仍处于粗放型阶段，督导体系功能发挥的不够充分。部分院校在制定人才培养方案时没有认真关注行业的发展动态，仍然按照自身的行业背景和对专业的理解去设置课程体系，课程设置不够合理、内容陈旧，在一定程度上存在课程之间衔接、支撑不够，课程体系存在缺失，"链条效应"不够鲜明的问题。

在我国建筑业转型发展的大形势下，对行业关注度不够，对我国建筑业倡导的建筑信息化、装配式建筑、新型城镇化、绿色建筑及智慧城市的意义与内涵领会不深，在教学过程中体现的不够充分。教学手段相对滞后，多数仍在采用传统的教学模式。理论研究的成果没有在教学活动中得到有效实施，课程改革的效应仍然没有真正惠及广大学生。一线教师，尤其是"双师型"教师的数量存在缺口，师生比不够合理，教师的教学负担仍然较重。教师的教育理念和职业操守有待进一步提高，在教学中没有充分体现教师为主导、学生为主体的教学理念。对信息化教学手段的积极意义和对职业教育促进作用价值认识较为浮浅，往往局限在减轻教师工作负担和"表象化"的层面，注重表现、忽视内涵，没有从课程实效与学生需求的角度来有机应用。

1.2.3.6 院校办学实力与资源配置差异较大

当前，国家及省级示范校、骨干校以及行业内高职院校的办学实力及资源配置相对齐整，部分院校已达到国内先进水平。但仍有相当数量的院校存在办

学实力较弱，资源严重匮乏的现象。主要表现在以下四个方面：一是专业带头人水平不高。有些专业带头人不具备本专业教育背景，没有企业工作经历，自身实力较差，对专业发展建设的整体把控能力不强。二是师资不足。专任教师数量不足，专业方向不能成龙配套，普遍缺乏企业实践，不足以适应教学需求。三是配套教学资源严重匮乏。个别院校仍然依靠机房、定额、图集、少数低端仪器等简陋的辅助资源作为教学的支撑，教师"照本宣科"、学生"纸上谈兵"的现象普遍存在。有些院校虽然拥有部分校内教学资源，但配套水平低、共享度差、系统性不强、应用效果不够理想。四是存在投入不够或盲目投入的问题。少数院校仍然热衷于"白手起家、低成本办学"，在师资队伍建设和教学资源配置方面投入不足。有些院校对有限的建设资金使用的合理论证不够，资金的使用效率不高，使用效果不理想，存在"盲目投入、粗放建设"的现象。

1.2.3.7 院校间互动交流不够、层级不高

2015年，涉足高等建设职业教育的院校已达1256所，办学点遍布国内各个省区市，行业内院校在其中起到了骨干和引领作用，院校之间的沟通也较为频繁、有效，但总的说来院校之间交流互动仍然普遍存在"面不广、量不大"的现象，部分院校仍然处于"自娱自乐"的状态，缺乏眼光向外、抱团取暖的意识和行动。

目前参与中国建设教育协会高等职业与成人教育专业委员会活动的会员单位有170余个，这其中还包括部分出版单位及科技企业，全国住房和城乡建设职业教育教学指导委员会能够联系到的院校约有近400所。这其中多为行业内学校和办学规模大、办学历史长的院校，大多数院校尤其是地市及民办院校仍然游离在专业指导机构或学术社团的视线之外，处于"单打独斗、自我发展"的境地。这种局面导致院校之间信息不畅、沟通不力、互动交流不够，行业动态、人才新需求、专业建设与发展的前沿信息、新规范、新技术和最新的研究成果往往不能及时传递到大多数院校，导致专业指导机构、行业社团和核心院校的引领作用无法发挥也不利于形成团队的合力与共同发声的良好环境。

1.2.4 促进高等建设职业教育发展的对策建议

在当前职业教育发展的黄金时期，针对目前高等建设职业教育普遍存在的主要问题，应当在以下九个方面着重进行政策支持、行为规范与管理。

1.2.4.1 狠抓政策落实，加大政府对高等建设职业教育的扶持力度

把握当前职业教育发展的黄金时期，认真贯彻国务院《关于加快发展现代职业教育的决定》和全国职教会议确定发展职业教育的路线图，尤其要把《高等职业教育创新发展三年行动计划（2015～2017年）》作为促进高等建设职业

教育发展的有力抓手。在顶层设计规划完成之后，要把政策"尽快落地"当成重要的任务，要创新工作思路，出台配套的制度和规则。让有关政策和先进的职教理念得到配套政策的有力支持，使之早日进入学校，进入课堂，让学生受益。行业主管部门应继续保持和发扬重视教育，重视人才培养，重视队伍建设的优良传统，加大对高等建设职业教育的关注、指导和扶持力度。协调有关政府部门，出台能够真正调动企业积极性，有利于校企合作、共同培养人才的政策与制度。在混合所有制、现代学徒制、学分银行、校内外实训基地建设、各层级教育互通衔接、学生企业实践、学生在毕业时获取相应岗位证书或证书培训学习畅通渠道等方面为院校办学提供更加有力的政策支持。

1.2.4.2　适应建筑业转型发展，寻找人才培养新的增长点

中央城市工作会议和住房城乡建设部发布的《住房城乡建设事业"十三五"规划纲要》对今后一个时期我国住房城乡建设事业提出了转型发展的目标。建筑信息化、新型城镇化、装配式建筑、智慧城市、城市综合管廊、绿色建筑等新概念、新技术正在成为我国住房城乡建设领域可持续发展的新动力，建筑企业管理模式的改革也为我国住房城乡建设的发展提出了新要求。各院校应当密切关注、积极学习、主动适应这些新政策、新事物、新环境，并在其中有所作为。把握住发展新机遇，并做好应对挑战的准备。

1.2.4.3　适应技术发展前沿、主动变革，有所作为

建筑业作为我国国民经济的支柱产业之一，在拉动经济发展、造福民生的同时，也为高等建设职业教育提供了广阔的发展空间。全国住房和城乡建设职业教育教学指导委员会、中国建设教育协会应在住房城乡建设部、教育部的指导和统领下，利用各种渠道和媒介宣传、通报、推介建筑业的发展动态和趋势，使各院校了解、领会和掌握行业、企业对人才的需求。各院校也要对我国住房城乡建设事业转型发展的内涵进行认真学习、深入领会，密切关注新技术、新材料、新的施工方式的发展动态，并作出合理的预判。优化专业设置、革新人才培养方案、创新人才培养模式、构建优质教育教学资源，培养出更好、更多的创新创业人才，更好地为行业服务、为企业服务、为地方经济服务。

1.2.4.4　加强内涵建设，把握住发展机遇

要把加强内涵建设作为院校发展建设的不竭动力，调动各方面的积极性，结合院校发展的整体规划，在办学的全过程树立"质量第一、抓好内涵、创建品牌、持续发展"的理念。在世界主流教育思想的引领下，有机吸收国外（境外）的先进职教经验，并有所创新。积极探索在高等建设职业教育实施现代学徒制、CDIO教育模式、极限学习等新型人才培养和课程模式的有效途径，通过行之有效的人才培养过程来达到培养高质量创新创业人才的目标。

1.2.4.5 发挥核心院校作用，提高整体办学水平

要充分发挥示范校、骨干校和行业内院校的引领、骨干作用，整合核心院校的优质资源，归纳和优化先进院校办学的成功经验，并利用各种媒介加以推广。发挥全国住房和城乡建设职业教育教学指导委员会、中国建设教育协会的专家组织与社团组织的作用，及时向各院校传递行业发展动态和企业对人才需求方面的信息，通过多种形式宣贯有关的专业办学指导性文件，推广和交流先进的职教理念、教育教学模式，引领各院校根据自身的条件、资源、市场实际开展具有特色的建设，进一步提高规范办学的水平。组织有关的竞赛，引导师生注重应用能力和动手能力的培养，使人才规格和知识技能水平符合岗位的要求。

1.2.4.6 引入行业评价制度，提高人才培养质量

认真学习和领会教育部《校院人才培养质量"诊改"制度》的内涵和做法，借鉴土建类本科实施专业评估的成功经验，早日在高职院校引入人才培养质量的行业评价制度。用行业和企业的人才规格、业务要求、知识与技能水平作为评价人才培养质量的标尺，规范院校的办学行为，对不同院校进行分类指导，实现优胜劣汰，保证人才培养质量。

1.2.4.7 应用信息化技术，搞好资源建设

认真落实教育部《教育信息化"十三五"规划》，积极推进信息化技术融入专业、融入课程，实现"人人皆学、时时可学、处处能学"的氛围，通过信息化技术的应用，探索适应高等建设职业教育特点、适应高职学生学习习惯、有利于教师教学和学生学习的有效途径。充分利用职业教育发展的黄金时期和国家加大对职业教育投入的有利时机，以内涵建设为核心，搞好师资队伍、实训基地、教学资源配置的建设。关注和应对我国住房城乡建设转型发展的整体态势，在建筑信息化、装配式建筑、绿色建筑新技术应用于教学方面进行积极的探索和实践。不断更新教学手段，探索适应高职生源实际的教学情境和教学方法，因材施教，努力提高教学的增量效益。

1.2.4.8 畅通渠道，强化互动交流

充分发挥全国住房和城乡建设职业教育教学指导委员会"研究、指导、咨询、服务"的职能，发挥中国建设教育协会行业社团组织的优势，把拓展工作覆盖领域、提高工作效能、增强活动吸引力作为重点。通过细致的工作，搭建不同背景、不同体制、不同地域、不同规模院校之间的互动与交流平台，实现先进引领、协同发展、共同提高，为我国建筑业多做贡献的目标。

1.2.4.9 转变观念，提高服务能力和水平

高职院校应理性面对当前及今后一个时期在招生、就业方面存在的困难，在完成学历教育的同时，要眼光向外，转变观念，关注行业发展和人才需求，

真正把为行业服务、为地方经济服务作为今后院校发展新的增长点。在打造一支胜任教育培训需要，具备工程服务能力的"双师型"专任教师队伍方面有所作为，使院校的服务领域从全日制人才培养向教育培训、标准及工法研究、工程咨询与服务等领域扩展。通过服务能力的提高、服务领域的扩大、服务手段的更新来提升院校的社会认同度，促进院校的发展。

1.3 2015 年中等建设职业教育发展状况分析

1.3.1 中等建设职业教育发展的总体状况

中等职业教育是在高中教育阶段进行的职业教育，也包括一部分高中后职业培训，它是专门培养社会各行业所需技能性人才的教育领域，其特点是在完成初高中基础教育内容的同时，培养出各行业所需的技术能手，也同时进一步为各高等院校输送高素质的专门人才打下基础。因此，中等职业教育既承担着国家学历教育的职责，又肩负着培养各行业高素质技能型人才之重任。

我国中等职业教育体系中，开展中等职业教育的学校主要包括中等专业学校、中等技术学校、职业高级中学、成人中等职业学校和多种形式的短期职业技术培训机构，为社会输出初、中级技术人员及技术工人。

1.3.1.1 中等建设职业教育概况

根据国家统计局发布的 2015 年统计数据，全国中等职业教育共有学校 11202 所，其中普通中专 3456 所，成人中专 1294 所，职业高中 3907 所，技工学校 2545 所，另有其他中职机构 486 所。全国中等职业教育毕业生为 5678833 人，占高中阶段教育毕业生总数的 41.40%。其中，普通中专 2367455 人，成人中专 805105 人，职业高中 1560094 人，技工学校 946179 人。全国中等职业教育招生总数 6012490 人，占高中阶段教育招生总数的 43.01%。其中，普通中专 2599455 人，成人中专 646759 人，职业高中 1551960 人，技工学校 1214316 人。全国中等职业教育在校生总数 16567024 人，占高中阶段教育在校生总数的 41.03%。其中，普通中专 7327076 人，成人中专 1626741 人，职业高中 4398597 人，技工学校 3214610 人。

2015 年，开办中等职业教育土木建筑类专业学校共有 1737 所，比上年减少了 1871 所，占全国中职教育学校总数的 15.51%，比上年降低了 14.11 个百分点；开办专业数由上年的 3518 个减少到 2848 个，减少了 19.04%。毕业生数由上年的 181180 人增加到 192294 人，同比增加 6.13%，占全国中职教育毕业生总数的 3.39%，比上年增加了 0.48 个百分点；招生数由上年的 240140 人减少到 172671 人，同比减少 28.10%，占全国中职教育招生数的 2.87%，比上年降低了 1 个百分点；在校生数由 2014 年的 624010 人减少到 552389 人，同比减少 11.48%，占全国中职教育在校学生数的 3.33%，比上年降低了 0.23 个百分点，反映出中等建设职业教育的生源数有较大幅度的下降趋势。2015 年，中职学校土木建筑类专业学生的平均在校生数达到 318 人，办学规模得到较大提高。

表 1-31 给出了土木建筑类专业中职教育学生按学校类型的分布情况。从统计数据可看出，职业高级中学和中等技术学校培养土木建筑类专业学生在数量上已排在前列，其中开办学校数占比达 61.83%，开办专业数占比达 58.53%，毕业生人数占比达 67.27%，在校生人数占比达 63.51%。但招生人数不容乐观，占比仅为 16.70%。

土木工程类中职教育学生按学生类型分布情况　表 1-31

学校类型	开办学校		开办专业		毕业生		招生		在校生	
	数量	占比(%)	数量	占比(%)	数量	占比(%)	数量	占比(%)	数量	占比(%)
中等职业学校（调整后）	241	13.87	411	14.43	29544	15.36	6488	3.76	93644	16.95
成人中等专业学校	51	2.94	87	3.05	7303	3.80	62057	35.94	17061	3.09
职业高中学校	610	35.12	767	26.93	50987	26.52	24931	14.44	147140	26.64
中等技术学校	464	26.71	900	31.60	78355	40.75	3898	2.26	203658	36.87
中等师范学校	3	0.17	7	0.25	712	0.37	30295	17.54	1414	0.26
附设中职班	332	19.11	620	21.77	21626	11.25	44728	25.90	81377	14.73
其他中职机构	36	2.07	56	1.97	3767	1.96	274	0.16	8095	1.47
合计	1737	100.00	2848	100.00	192294	100.00	172671	100.00	552389	100.00

1.3.1.2 分专业学生培养情况

依据《中等职业学校专业目录（2010 年修订）》（以下简称"专业目录"），中等建设职业教育以土木水利类设置的建筑工程施工等 18 个专业为主，并包括各省市自治区开设专业目录外的土木水利类专业或专业目录外的专业（技能）方向。

2015 年，中等建设职业教育开展中职与高职教育的贯通培养进一步得到发展，包括中高职教育贯通培养、五年制和三年中职教育与二年高职教育分段培养等模式（以下统称"贯通培养"）。贯通培养的前三年按中等职业教育学生进行学籍管理，后两年按高等职业教育（专科）学生进行学籍管理。

2015 年全国中等建设职业教育分专业学生培养情况见表1-32。

2015 年全国中等建设职业教育分专业学生培养情况　　　表 1-32

专业	开办学校		毕业生		招生		在校生	
	数量	占比(%)	数量	占比(%)	数量	占比(%)	数量	占比(%)
建筑工程施工	1225	43.01	115259	59.94	96601	55.95	315402	57.10
建筑装饰	385	13.52	18904	9.83	21425	12.41	62640	11.34
古建筑修缮与仿建	4	0.14	47	0.02	23	0.01	156	0.03
城镇建设	30	1.05	814	0.42	1369	0.79	3349	0.61
工程造价	447	15.70	22466	11.68	20978	12.15	73283	13.27
建筑设备安装	51	1.79	1387	0.72	1407	0.81	4979	0.90
楼宇智能化设备安装与运行	85	2.99	1491	0.78	1857	1.08	5697	1.03
供热通风与空调施工运行	12	0.42	371	0.19	132	0.08	541	0.10
建筑表现	17	0.60	603	0.31	405	0.23	1504	0.27
城市燃气输配与应用	10	0.35	478	0.25	538	0.31	1350	0.24
给排水工程施工与运行	26	0.91	492	0.26	452	0.26	1364	0.25
市政工程施工	54	1.90	1803	0.94	1375	0.80	4691	0.85
道路与桥梁工程施工	108	3.79	6954	3.62	6479	3.75	19815	3.59
铁道施工与养护	25	0.88	3324	1.73	2702	1.56	8001	1.45
水利水电工程施工	88	3.09	5776	3.00	5196	3.01	16033	2.90
工程测量	142	4.99	6078	3.16	6289	3.64	18474	3.34
土建工程检测	30	1.05	965	0.50	997	0.58	2639	0.48
工程机械运用与维修	83	2.91	3630	1.89	3794	2.20	10586	1.91
土木水利类专业	26	0.91	1452	0.76	652	0.38	1885	0.34
合计	2848	100.00	192294	100.00	172671	100.00	552389	100.00

从 2015 年全国中等建设职业教育的统计数据可以看出，建筑工程施工、工程造价、建筑装饰专业开办学校数、毕业生数、招生数和在校生数的占比，均排列第一、第二和第三位。这三个专业开办学校数、毕业生数、招生数和在校生数的占比之和，分别达到 72.23%、81.45%、80.51% 和 81.71%。

1.3.1.3 按各专业的具体结构分析

（1）建筑工程施工专业

依据专业目录，建筑工程施工专业对应原"工业与民用建筑"专业，目录内设置"施工工艺与安全管理"、"工程质量与材料检测"和"工程监理"等专业（技能）方向。依据《普通高等学校高等职业教育（专科）专业目录》（以下简称"高职专业目录"），本专业继续学习所对应的高等职业教育（专科）专业（以下简称"高职专业"）包括：建筑工程技术（540301）、地下与隧道工程技术（540302）、建筑钢结构工程技术（540304）、水利水电工程技术（550202）、港口航道与治河工程（550206）、港口与航道工程技术（600307）、管道工程技术（600501）、城市轨道交通工程技术（600605）、室内艺术设计（650109）和环境艺术设计（650111）等。

2015年本专业开设的主要形式有：①按专业目录的专业名称设置；②按目录内的专业（技能）方向设置；③按目录外的专业名称或专业（技能）方向设置；④开展贯通培养。

按开办专业的主要形式进行归类统计，2015年中等建设职业教育建筑工程施工专业学生培养情况见表1-33。

2015年中等建设职业教育建筑工程施工专业学生培养情况　　　　表1-33

专业类别	开办学校		毕业生		招生		在校生	
	数量	占比（%）	数量	占比（%）	数量	占比（%）	数量	占比（%）
建筑工程施工	1138	92.90	110033	95.47	91665	94.89	297522	94.33
建筑工程技术	40	3.27	2023	1.75	2150	2.23	7776	2.46
基础工程技术	1	0.08	0	0	27	0.03	104	0.03
建筑工程施工（工业与民用建筑）	6	0.49	308	0.27	294	0.30	904	0.29
建筑工程施工（建筑工程管理）	7	0.57	336	0.29	401	0.41	1311	0.42
建筑工程施工（高中后1年制）	1	0.08	104	0.09	46	0.05	217	0.07
建筑工程管理	5	0.41	292	0.25	164	0.17	692	0.22
建筑施工管理与工程预决算	1	0.08	94	0.08	28	0.03	155	0.05
建筑工程管理（民族班）	1	0.08	0	0	0	0	28	0.01
建筑设计管理	1	0.08	0	0	0	0	2	0.00
工程监理	4	0.33	689	0.60	669	0.69	2229	0.71
建筑	2	0.16	153	0.13	172	0.18	548	0.17

续表

专业类别	开办学校		毕业生		招生		在校生	
	数量	占比(%)	数量	占比(%)	数量	占比(%)	数量	占比(%)
建筑工程技术（中高职贯通）	2	0.16	530	0.46	386	0.40	1506	0.48
建筑工程技术（5年制）	2	0.16	59	0.05	26	0.03	111	0.03
建筑工程施工（5年制）	5	0.41	10	0.01	234	0.24	888	0.28
工程监理（5年制）	1	0.08	12	0.01	0	0	82	0.03
建筑工程技术（3+2）	3	0.25	182	0.16	73	0.08	359	0.11
建筑工程施工（3+2）	5	0.41	434	0.38	266	0.27	968	0.31
合 计	1225	100.00	115259	100.00	96601	100.00	315402	100.00

由表 1-33 统计值，按专业目录内专业名称开设专业的学校数、毕业生数、招生数和在校生数的占比均接近或超过 95%，排列第一位。

建筑工程施工专业的开办学校数由 2014 年的 1546 所减少为 1225 所，同比减少 20.76%；毕业生数由 2014 年的 101419 人增加到 115259 人，同比增加 13.65%。招生数由 2014 年的 141187 人减少为 96601 人，同比减少 31.58%；在校生数由 2014 年的 361980 人减少为 315402 人，同比减少 12.87%。

2015 年，本专业有 18 所学校开展贯通培养，占专业开办学校数的 1.47%，比 2014 年的占比 1.10% 同比增幅 33.64%；毕业生数由 2014 年的 569 人增加到 1227 人，同比增加 115.64%。招生数由 2014 年的 1026 人减少为 985 人，同比减少 4.00%；在校生数由 2014 年的 2774 人增加为 3914 人，同比增加 41.10%。贯通培养的发展前景广阔。

（2）建筑装饰专业

依据专业目录，建筑装饰专业在目录内设置"建筑装饰施工"、"建筑装饰设计绘图"、"建筑模型制作"和"室内配饰"等专业（技能）方向。本专业继续学习所对应的高职专业包括：建筑设计（540101）、建筑装饰工程技术（540102）、室内艺术设计（650109）、展示艺术设计（650110）、环境艺术设计（650111）、民族民居装饰（650304）和城市轨道交通工程技术（600605）等。

2015 年本专业开设的主要形式有：①按专业目录的专业名称设置；②按目录内的专业（技能）方向设置；③按目录外的专业名称或专业（技能）方向设置；④开展贯通培养。

按开办专业的主要形式进行归类统计，2015 年中等建设职业教育建筑装饰专业学生培养情况见表 1-34。

2015 年中等建设职业教育建筑装饰专业学生培养情况　　　　表 1-34

专业类别	开办学校		毕业生		招生		在校生	
	数量	占比(%)	数量	占比(%)	数量	占比(%)	数量	占比(%)
建筑装饰	358	92.98	17874	94.55	19946	93.10	58231	92.96
建筑装饰工程技术	7	1.82	210	1.11	299	1.40	856	1.37
室内设计技术	5	1.30	276	1.46	446	2.08	1296	2.07
建筑设计技术	1	0.26	80	0.42	85	0.40	270	0.43
室内设计	1	0.26	0	0	14	0.06	14	0.02
装潢设计	1	0.26	40	0.21	51	0.24	187	0.30
装饰（潢）艺术设计	3	0.78	155	0.82	57	0.26	151	0.24
建筑装饰材料及检测	1	0.26	0	0	2	0.01	11	0.02
建筑装饰工程技术（中高职贯通）	2	0.52	120	0.63	210	0.98	607	0.97
建筑装饰工程技术（5 年制）	1	0.26	73	0.39	58	0.27	220	0.35
建筑装饰（5 年制）	3	0.78	22	0.12	119	0.55	428	0.68
建筑装饰工程技术（3+2）	1	0.26	0	0	66	0.31	206	0.33
建筑装饰（3+2）	1	0.26	54	0.29	72	0.34	163	0.26
合　计	385	100.00	18904	100.00	21425	100.00	62640	100.00

　　由表 1-34 统计值，按专业目录内专业名称开设专业的学校数、毕业生数、招生数和在校生数的占比额，均超过 92%。目录外专业或专业（技能）方向占比均较小。

　　建筑装饰专业的开办学校数由 2014 年的 454 所减少为 383 所，同比减少 15.64%；毕业生数由 2014 年的 17225 人增加到 18548 人，同比增加 7.68%。招生数由 2014 年的 26638 人减少为 21055 人，同比减少 20.96%；在校生数由 2014 年的 62477 人减少为 61444 人，同比减少 1.65%。增、减项的比值均优于全国中等建设职业教育的统计平均值。

　　2015 年，本专业有 8 所学校开展贯通培养，占专业开办学校数的 2.09%，比 2014 年的 1.54% 同比提高 35.71%；毕业生数由 2014 年的 28 人增加到 269 人，同比增加 860.71%。招生数由 2014 年的 146 人增加到 525 人，同比增加 259.59%；在校生数由 2014 年的 215 人增加到 1624 人，同比增加 655.35%。中高职教育合作开展的贯通培养规模得到大幅度提高，发展前景广阔。

　　（3）古建筑修缮与仿建专业

　　依据专业目录，古建筑修缮与仿建专业对应原"古建筑营造与修缮"专业，在目录内设置"古建筑保护与修缮"、"古建筑油漆彩画工艺技术"、"古建筑仿建"和"古建工程信息资料管理"等专业（技能）方向。本专业继续学习所对应的高职专业为：古建筑工程技术(540103)。截至 2015 年,本专业尚未开展贯通培养。

2015 年全国有 4 所学校开设古建筑修缮与仿建专业,当年毕业生有 47 人,招生人数为 23 人,在校生人数为 156 人,办学规模较小。

（4）城镇建设专业

依据专业目录,城镇建设专业在目录内设置"城镇建设施工"、"村镇规划"和"城镇建设估价"等专业（技能）方向。本专业继续学习所对应的高职专业为：村镇建设与管理（540202）。截至 2015 年,本专业尚未开展贯通培养。

2015 年本专业开设的主要形式有：①按专业目录的专业名称设置；②按目录内的专业（技能）方向设置；③按目录外的专业名称或专业（技能）方向设置。

按开办专业的主要形式进行归类统计,2015 年中等建设职业教育城镇建设专业学生培养情况见表 1-35。

2015 年中等建设职业教育城镇建设专业学生培养情况　　　　表 1-35

专业类别	开办学校		毕业生		招生		在校生	
	数量	占比（%）	数量	占比（%）	数量	占比（%）	数量	占比（%）
城镇建设	26	86.67	762	93.61	1332	97.30	3224	96.27
城镇规划	2	6.67	51	6.27	21	1.53	108	3.22
工业与民用建筑	1	3.33	1	0.12	0	0.00	1	0.03
环境艺术设计	1	3.33	0	0.00	16	1.17	16	0.48
合计	30	100.00	814	100.00	1369	100.00	3349	100.00

本专业的开办学校数由 2014 年的 32 所减少为 30 所,同比减少 6.25%；毕业生数由 2014 年的 1196 人减少到 814 人,同比减少 31.94%；招生数由 2014 年的 1591 人减少为 1369 人,同比减少 13.95%；在校生数由 2014 年的 4056 人减少到 3349 人,同比减少 17.43%。本专业的开办学校数、毕业生数、招生数和在校生数等项数据的降幅较大。

（5）工程造价专业

依据专业目录,工程造价专业对应原"建筑经济管理"专业,目录内设置"建筑计量与计价"、"安装计量与计价"和"装饰计量与计价"等专业（技能）方向。本专业继续学习所对应的高职专业为：工程造价（540502）、水利水电工程管理（550203）等。

2015 年本专业开设的主要形式有：①按专业目录的专业名称设置；②按目

录外的专业名称或专业（技能）方向设置；③开展贯通培养。按开办专业的主要形式进行归类统计，2015年中等建设职业教育工程造价专业学生培养情况见表1-36。

2015年中等建设职业教育工程造价专业学生培养情况　　　　表1-36

专业类别	开办学校		毕业生		招生		在校生	
	数量	占比（%）	数量	占比（%）	数量	占比（%）	数量	占比（%）
工程造价	436	97.54	21994	97.90	20517	97.80	71781	97.95
工程监理	1	0.22	4	0.02	0	0.00	0	0.00
工程造价（中高职贯通）	1	0.22	147	0.65	194	0.93	638	0.87
工程造价（5年制）	4	0.90	102	0.45	26	0.12	216	0.30
工程造价（3+2）	5	1.12	219	0.98	241	1.15	648	0.88
合计	447	100.00	22466	100.00	20978	100.00	73283	100.00

由表1-36统计值，按专业目录内专业名称开设专业的学校数、毕业生数、招生数和在校生数的占比额，均超过97%。目录外的专业（技能）方向占比很小。

工程造价专业的开办学校数由2014年的489所减少为447所，同比减少8.59%；毕业生数由2014年的19806人增加到22466人，同比增加13.43%；招生数由2014年的30225人减少为20978人，同比减少30.59%；在校生数由2014年的77897人减少为73283人，同比减少5.92%。除招生数递减比值大于全国均值外，另三项均较大幅度优于全国均值。

2015年，本专业有10所学校开展贯通培养，占专业开办学校数的2.24%，比2014年的1.84%同比提高21.74%；毕业生数由2014年的340人增加到468人，同比增加37.65%。招生数由2014年的324人增加到461人，同比增加42.28%；在校生数由2014年的759人增加到1502人，同比增加97.89%。中高职教育合作开展的贯通培养规模得到较大幅度提高，并能继续向水利水电领域拓展。

（6）建筑设备安装专业

依据专业目录，建筑设备安装专业对应原"电气设备安装"专业，在目录内设置"供热系统的安装与调试"、"建筑水电设备的维护"和"建筑水电安装计量与计价"等专业（技能）方向。本专业继续学习所对应的高职专业为：建筑电气工程技术（540403）。截至2015年，本专业尚未开展贯通培养。

2015年本专业开设的主要形式有：①按专业目录的专业名称设置；②按目录外的专业名称或专业（技能）方向设置。按开办专业的主要形式进行归类统计，2015年中等建设职业教育建筑设备安装专业学生培养情况见表1-37。

2015 年中等建设职业教育建筑设备安装专业学生培养情况　表 1-37

专业类别	开办学校		毕业生		招生		在校生	
	数量	占比（%）	数量	占比（%）	数量	占比（%）	数量	占比（%）
建筑设备安装	49	96.08	1303	93.94	1312	93.25	4700	94.40
建筑设备工程技术	1	1.96	28	2.02	70	4.98	169	3.39
建筑工程技术	1	1.96	56	4.04	25	1.78	110	2.21
合计	51	100.00	1387	100.00	1407	100.00	4979	100.00

本专业的开办学校数由 2014 年的 70 所减少为 51 所，同比减少 27.14%；毕业生数由 2014 年的 1770 人减少到 1387 人，同比减少 21.64%；招生数由 2014 年的 2188 人减少为 1407 人，同比减少 35.69%；在校生数由 2014 年的 6192 人减少到 4979 人，同比减少 19.59%。

（7）楼宇智能化设备安装与运行专业

依据专业目录，楼宇智能化设备安装与运行专业对应原"电气设备安装"专业，目录内设置"建筑智能化系统安装与调试"、"安防系统安装与调试"、"建筑智能化设备运行与管理"和"建筑智能化工程计量与计价"等四个专业（技能）方向。本专业继续学习所对应的高职专业为：建筑智能化工程技术（540404）。

2015 年本专业开设的主要形式有：①按专业目录的专业名称设置；②按目录内的专业（技能）方向设置；③按目录外的专业名称或专业（技能）方向设置。目前本专业仅在 1 所学校开展贯通培养，尚无毕业生。

按开办专业的主要形式进行归类统计，2015 年中等建设职业教育楼宇智能化设备安装与运行专业学生培养情况见表 1-38。

2015 年中等建设职业教育楼宇智能化设备安装与运行专业学生培养情况　表 1-38

专业类别	开办学校		毕业生		招生		在校生	
	数量	占比（%）	数量	占比（%）	数量	占比（%）	数量	占比（%）
楼宇智能化设备安装与运行	74	87.06	1303	87.39	1661	89.45	5004	87.84
楼宇智能化工程技术	4	4.71	83	5.57	45	2.42	182	3.19
楼宇智能化设备安装与运行（高级）	1	1.18	29	1.95	48	2.58	109	1.91
楼宇自动控制设备安装与维修	1	1.18	30	2.01	38	2.05	135	2.37
楼宇智能化设备	1	1.18	0	0.00	0	0.00	32	0.56
智能楼宇管理	1	1.18	0	0.00	20	1.08	20	0.35
楼宇智能	1	1.18	42	2.82	31	1.67	120	2.11

续表

专业类别	开办学校		毕业生		招生		在校生	
	数量	占比(%)	数量	占比(%)	数量	占比(%)	数量	占比(%)
电梯安装与维修	1	1.18	4	0.27	14	0.75	26	0.46
楼宇智能化设备安装与运行(5年制)	1	1.18	0	0.00	0	0.00	69	1.21
合计	85	100.00	1491	100.00	1857	100.00	5697	100.00

由表1-38统计值，按专业目录内专业名称开设专业的学校数、毕业生数、招生数和在校生数的占比额均超过87%，目录外专业或目录内和目录外专业（技能）方向均占比较小。

本专业的开办学校数由2014年的76所增加到85所，同比增加11.84%；毕业生数由2014年的1220人增加到1491人，同比增加22.21%；招生数由2014年的1961人减少为1857人，同比减少5.30%；在校生数由2014年的5629人增加到5697人，同比增加1.21%。

(8) 供热通风与空调施工运行

依据专业目录，供热通风与空调施工运行专业对应原"供热通风与空调"专业，目录内设置"采暖通风系统施工与管理"和"空调制冷系统运行与管理"专业（技能）方向。本专业继续学习所对应的高职专业为：供热通风与空调工程技术（540402）、管道工程技术（600501）等。截至2015年，本专业尚未开展贯通培养。

2015年，全国有12所学校开设供热通风与空调施工运行专业，比2014年的17所同比减少29.41%；当年毕业生有371人，比2014年的591人，同比减少37.23%；当年招生人数为132人，比2014年的215人，同比减少38.60%；在校生人数为541人，比2014年的855人，同比减少36.73%。本专业以上四项数据的降幅很大。

(9) 建筑表现专业

建筑表现专业为专业目录中的新增专业，目录内设置"建筑建模与渲染"、"建筑信息建模与管理"和"建筑动画与后期制作"专业（技能）方向。本专业继续学习所对应的高职专业为：建筑动画与模型制作（540107）、室内艺术设计（650109）、展示艺术设计（650110）和环境艺术设计（650111）等。截至2015年，本专业尚未开展贯通培养。

2015年本专业开设的主要形式有：①按专业目录的专业名称设置；②按目录外的专业名称或专业（技能）方向设置。按开办专业的主要形式进行归类统计，

2015 年中等建设职业教育建筑表现专业学生培养情况见表 1-39。

2015 年中等建设职业教育建筑表现专业学生培养情况　表 1-39

专业类别	开办学校		毕业生		招生		在校生	
	数量	占比 (%)	数量	占比 (%)	数量	占比 (%)	数量	占比 (%)
建筑表现	15	88.24	603	100.00	312	77.04	1220	81.12
平面设计	1	5.88	0	0.00	13	3.21	69	4.59
建筑经济管理	1	5.88	0	0.00	80	19.75	215	14.30
合计	17	100.00	603	100.00	405	100.00	1504	100.00

本专业的开办学校数 17 所与 2014 年持平；毕业生数由 2014 年的 351 人增加到 603 人，同比增加 71.79%；招生数由 2014 年的 720 人减少为 405 人，同比减少 43.75%；在校生数由 2014 年的 1926 人减少为 1504 人，同比减少 21.91%。

（10）城市燃气输配与应用

城市燃气输配与应用专业为专业目录中的新增专业，目录内设置"燃气场站运行与管理"、"燃气管网运行与维护"和"燃气市场营销与服务"专业（技能）方向。本专业继续学习所对应的高职专业为：城市燃气工程技术（540602）、管道运输管理（600502）等。截至 2015 年，本专业尚未开展贯通培养。

2015 年，全国有 10 所学校开设城市燃气输配与应用专业，比 2014 年的 8 所同比增加 25%；当年毕业生有 478 人，比 2014 年的 310 人，同比增加 54.19%；当年招生人数为 538 人，比 2014 年的 374 人，同比增加 43.85%；在校生人数 1350 人，比 2014 年的 1446 人，同比减少 6.64%。办学规模较小。

（11）给排水工程施工与运行专业

依据专业目录，给排水工程施工与运行专业对应原"给水与排水"专业，目录内设置"给水排水运行与维护"、"给水排水工程施工"、"水处理厂机电设备安装与维修"和"供水营销与管理"等专业（技能）方向。本专业继续学习所对应的高职专业为：给排水工程技术（540603）、建筑设备工程技术（540401）、水利工程（550201）、水利水电建筑工程（550204）、机电排灌工程技术（550205）、水务管理（550207）、管道工程技术（600501）、管道运输管理（600502）等专业。截至 2015 年，本专业尚未开展贯通培养。

2015 年本专业开设的主要形式有：①按专业目录的专业名称设置；②按目录内的专业（技能）方向设置；③按目录外的专业名称设置。按开办专业的主要形式进行归类统计，2015 年中等建设职业教育给排水工程施工与运行专业学生培养情况见表 1-40。

2015 年中等建设职业教育给排水工程施工与运行专业学生培养情况　　表 1-40

专业类别	开办学校		毕业生		招生		在校生	
	数量	占比（%）	数量	占比（%）	数量	占比（%）	数量	占比（%）
给排水工程施工与运行	24	92.31	446	90.65	361	79.87	1189	87.17
供排水工程施工	1	3.85	0	0.00	53	11.73	53	3.89
给排水	1	3.85	46	9.35	38	8.41	122	8.94
合计	26	100.00	492	100.00	452	100.00	1364	100.00

本专业的开办学校数由 2014 年的 33 所减少为 26 所，同比减少 21.21%；毕业生数由 2014 年的 580 人减少为 492 人，同比减少 15.17%；招生数由 2014 年的 603 人减少为 452 人，同比减少 25.04%；在校生数由 2014 年的 2335 人减少为 1364 人，同比减少 41.58%。

（12）市政工程施工专业

依据专业目录，市政工程施工专业在目录内设置"市政道路桥梁施工与维护"、"市政管道施工与维护"、"市政轨道交通工程施工"和"市政工程质量安全管理"等专业（技能）方向。本专业继续学习所对应的高职专业为：市政工程技术（540601）、道路桥梁工程技术（600202）、道路养护与管理（600204）、港口与航道工程技术（600307）、管道工程技术（600501）等。

2015 年本专业开设的主要形式有：①按专业目录的专业名称设置；②按目录外的专业名称设置；③开展贯通培养。按开办专业的主要形式进行归类统计，2015 年中等建设职业教育市政工程施工专业学生培养情况见表 1-41。

2015 年中等建设职业教育市政工程施工专业学生培养情况　　表 1-41

专业类别	开办学校		毕业生		招生		在校生	
	数量	占比（%）	数量	占比（%）	数量	占比（%）	数量	占比（%）
市政工程施工	50	92.59	1737	96.34	1251	90.98	4318	92.05
市政工程技术	2	3.70	66	3.66	75	5.45	261	5.56
工程监理	1	1.85	0	0.00	16	1.16	16	0.34
市政工程施工（5 年制）	1	1.85	0	0.00	33	2.40	96	2.05
合计	54	100.00	1803	100.00	1375	100.00	4691	100.00

本专业的开办学校数由 2014 年的 58 所减少为 54 所，同比减少 6.90%；毕业生数由 2014 年的 2152 人减少为 1803 人，同比减少 %16.22；招生数由 2014 年的 2177 人减少为 1375 人，同比减少 36.84%；在校生数由 2014 年的 5732 人减少为 4691 人，同比减少 18.16%。

（13）道路与桥梁工程施工专业

依据专业目录，道路与桥梁工程施工专业对应原"公路与桥梁"专业，目录内未设置专业（技能）方向。本专业继续学习所对应的高职专业为：道路桥梁工程技术（600202）、道路养护与管理（600204）、公路机械化施工技术（600205）、港口与航道工程技术（600307）、港口航道与治河工程（550206）等。

2015 年本专业开设的主要形式有：①按专业目录的专业名称设置；②按目录外的专业名称设置；③开展贯通培养。按开办专业的主要形式进行归类统计，2015 年中等建设职业教育道路与桥梁工程施工专业学生培养情况见表 1-42。

2015 年中等建设职业教育道路与桥梁工程施工专业学生培养情况　　表 1-42

专业类别	开办学校		毕业生		招生		在校生	
	数量	占比（%）	数量	占比（%）	数量	占比（%）	数量	占比（%）
道路与桥梁工程施工	99	91.66	6031	86.73	5646	87.14	17466	88.15
道路桥梁工程技术	1	0.93	32	0.46	39	0.60	107	0.54
公路与桥梁	4	3.70	623	8.96	551	8.51	1314	6.63
道路与桥梁工程施工（5 年制）	1	0.93	9	0.13	0	0.00	0	0.00
道路桥梁工程技术（5 年制）	2	1.85	214	3.07	203	3.13	807	4.07
道路桥梁工程技术（3+2）	1	0.93	45	0.65	40	0.62	121	0.61
合　计	108	100.00	6954	100.00	6479	100.00	19815	100.00

由表 1-42 统计值，按专业目录内专业名称开设专业的学校数占比额超过 90%，毕业生数、招生数和在校生数的占比额均超过 85%，目录外专业或专业（技能）方向占比较小。

本专业的开办学校数由 2014 年的 140 所减少为 108 所，同比减少 22.86%；毕业生数由 2014 年的 9191 人减少为 6954 人，同比减少 24.34%；招生数由 2014 年的 7785 人减少为 6479 人，同比减少 16.78%；在校生数由 2014 年的 23341 人减少为 19815 人，同比减少 15.11%。

（14）铁道施工与养护

依据专业目录，铁道施工与养护专业在目录内设置"铁道桥隧施工与养护"、"铁道线路施工与养护"和"城市轨道施工与养护"等专业（技能）方向。本专业继续学习所对应的高职专业为：铁道工程技术（600104）、铁路桥梁与隧道工程技术（600110）、高速铁道工程技术（600111）城市轨道交通工程技术（600605）等。

2015 年，全国有 25 所学校开设铁道施工与养护专业，比 2014 年的 52 所同比减少 51.92%；当年毕业生有 3324 人，比 2014 年的 5459 人，同比减少 39.11%；当年招生人数为 2702 人，比 2014 年的 3318 人，同比减少 18.57%；在校生人数 8001 人，比 2014 年的 11862 人，同比减少 32.55%。2015 年本专业的办学规模降幅较大，尚未开展贯通培养。

（15）水利水电工程施工专业

依据专业目录，水利水电工程施工专业对应原"水利水电工程技术"专业和"水电工程建筑施工"专业，在目录内设置"水利工程运行与维护"和"施工工艺与安全管理"、"工程质量与材料检测"、"施工监理"和"水利水电工程造价"等专业（技能）方向。本专业继续学习所对应的高职专业为：水利工程（550201）、水利水电工程技术（550202）、水利水电工程管理（550203）水利水电建筑工程（550204）、港口航道与治河工程（550206）、水务管理（550207）、港口与航道工程技术（600307）等。

2015 年本专业开设的主要形式有：①按专业目录的专业名称设置；②按目录外的专业名称或专业（技能）方向设置；③开展贯通培养。按开办专业的主要形式进行归类统计，2015 年中等建设职业教育水利水电工程施工专业学生培养情况见表 1-43。

2015 年中等建设职业教育水利水电工程施工专业学生培养情况　　　表 1-43

专业类别	开办学校		毕业生		招生		在校生	
	数量	占比（%）	数量	占比（%）	数量	占比（%）	数量	占比（%）
水利水电工程施工	81	92.04	5646	97.75	4957	95.40	15413	96.13
水利水电建筑工程	3	3.40	79	1.37	58	1.12	87	0.54
水利水电工程管理	1	1.14	32	0.55	24	0.46	126	0.79
水电站动力设备与管理	1	1.14	0	0	43	0.83	112	0.70
水利工程	1	1.14	0	0	114	2.19	286	1.78
水利工程监理（5 年制）	1	1.14	19	0.33	0	0	9	0.06
合计	88	100.00	5776	100.00	5196	100.00	16033	100.00

由表 1-43 统计值，按专业目录内专业名称开设专业的学校数占比额超过 92%，毕业生数、招生数和在校生数的占比额均超过 95%，目录外专业或专业（技能）方向占比较小。

本专业的开办学校数由 2014 年的 111 所减少为 88 所，同比减少 20.72%；

毕业生数为5776人，与2014年的5770人基本持平；招生数由2014年的6953人减少为5196人，同比减少25.27%；在校生数由2014年的17925人减少为16033人，同比减少10.56%。

（16）工程测量专业

依据专业目录，工程测量专业对应原"测量工程技术"专业，目录内设置"工程勘测"和"地形地籍测绘"专业（技能）方向。本专业继续学习所对应的高职专业为：工程测量技术（520301）、摄影测量与遥感技术（520302）、测绘地理信息技术（520304）、地籍测绘与土地管理（520305）、矿山测量（520306）、测绘与地质工程技术（520307）、地图制图与数字传播技术（520309）、地理国情监测技术（520310）、国土测绘与规划（520311）等。

2015年本专业开设的主要形式有：①按专业目录的专业名称设置；②按目录外的专业名称或专业（技能）方向设置；③开展贯通培养。按开办专业的主要形式进行归类统计，2015年中等建设职业教育工程测量专业学生培养情况，如表1-44所示。

2015年中等建设职业教育工程测量专业学生培养情况　　表1-44

专业类别	开办学校		毕业生		招生		在校生	
	数量	占比（%）	数量	占比（%）	数量	占比（%）	数量	占比（%）
工程测量	135	95.07	6004	98.78	6090	96.84	18086	97.90
工程测量技术	1	0.704	1	0.02	11	0.17	33	0.18
测绘工程技术	1	0.704	0	0.00	53	0.84	93	0.50
建筑测量	1	0.704	0	0.00	0	0.00	32	0.17
公路监理	1	0.704	42	0.69	0	0.00	74	0.40
工程测量（5年制）	1	0.704	25	0.41	117	1.86	117	0.64
工程测量（3+2）	2	1.41	6	0.10	18	0.29	39	0.21
合　计	142	100.00	6078	100.00	6289	100.00	18474	100.00

由表1-44统计值，按专业目录内专业名称开设专业的学校数、毕业生数、招生数和在校生数的占比额均超过95%,目录外专业或专业（技能）方向占比较小。

本专业的开办学校数由2014年的188所减少为142所，同比减少24.47%；毕业生数由2014年的6857人减少为6078人，同比减少11.36%；招生数由2014年的7196人减少为6289人，同比减少12.60%；在校生数由2014年的20297人减少为18474人，同比减少8.98%。

（17）土建工程检测专业

依据专业目录，土建工程检测专业对应原"土建工程与材料质量检测"专业，目录内设置"土建工程材料检测"和"土建工程质量控制"等专业（技能）方向。本专业继续学习所对应的高职专业为：土木工程检测技术（540303）、水利水电工程技术（550202）、水利水电工程管理（550203）。截至2015年，本专业尚未开展贯通培养。

2015年本专业开设的主要形式有：①按专业目录的专业名称设置；②按目录外的专业名称或专业（技能）方向设置。按开办专业的主要形式进行归类统计，2015年中等建设职业教育土建工程检测专业学生培养情况见表1-45。

2015年中等建设职业教育土建工程检测专业学生培养情况　　　表1-45

专业类别	开办学校		毕业生		招生		在校生	
	数量	占比（%）	数量	占比（%）	数量	占比（%）	数量	占比（%）
土建工程检测	27	90.00	932	96.58	979	98.19	2524	95.64
工程监理	2	6.67	19	1.97	18	1.81	115	4.36
建筑工程监理	1	3.33	14	1.45	0	0.00	0	0.00
合　计	30	100.00	965	100.00	997	100.00	2639	100.00

由表1-45统计值，按专业目录内专业名称开设专业的学校数占90%，毕业生数、招生数和在校生数的占比额均超过95%，目录外专业或专业（技能）方向均占比较小。

本专业的开办学校数由2014年的44所减少为30所，同比减少31.82%；毕业生数由2014年的1245人减少为965人，同比减少22.49%；招生数由2014年的1208人减少为997人，同比减少17.47%；在校生数由2014年的2904人减少为2639人，同比减少9.13%。

（18）工程机械运用与维修专业

依据专业目录，工程机械运用与维修专业对应原"工程施工机械运用与维修"专业，目录内设置"工程机械营销与租赁"、"工程机械维修与管理"和"建筑起重机械装卸与操作"等专业（技能）方向。本专业继续学习所对应的高职专业为：工程机械运用技术（600206）、铁道机械化维修技术（600105）和土木工程检测技术（540303）等。

2015年本专业开设的主要形式有：①按专业目录的专业名称设置；②按目录外的专业名称或专业（技能）方向设置；③开展贯通培养。按开办专业的主要形式进行归类统计，2015 年中等建设职业教育工程机械运用与维修专业学生培养情况见表 1-46。

2015 年中等建设职业教育工程机械运用与维修专业学生培养情况　　表 1-46

专业类别	开办学校		毕业生		招生		在校生	
	数量	占比（%）	数量	占比（%）	数量	占比（%）	数量	占比（%）
工程机械运用与维修	79	95.18	3134	86.34	3276	86.35	9178	86.70
工程机械驾驶与维修	1	1.20	400	11.02	431	11.36	1157	10.93
挖掘机驾驶	1	1.20	0	0.00	39	1.03	39	0.37
工程机械	1	1.20	96	2.64	0	0.00	0	0.00
工程机械运用与维修（5 年制）	1	1.20	0	0.00	48	1.27	212	2.00
合计	83	100.00	3630	100.00	3794	100.00	10586	100.00

由表 1-46 统计值，按专业目录内专业名称开设专业的学校数占比超过 95%，毕业生数、招生数和在校生数的占比额均超过 86%，目录外专业或专业（技能）方向均占比较小。

本专业的开办学校数由 2014 年的 110 所减少为 83 所，同比减少 24.55%；毕业生数由 2014 年的 3819 人减少为 3630 人，同比减少 4.95%；招生数由 2014 年的 3480 人增加到 3794 人，同比增加 9.02%；在校生数由 2014 年的 10561 人增加到 10586 人，同比增加 0.24%。

（19）土木水利类专业

住房城乡建设职业教育教学指导委员会（以下简称"行指委"）、住房城乡建设部中等职业教育专业指导委员会（以下简称"专指委"）承担行业管理的专业还包括：财经商贸类中的房地产营销与管理专业（122000），公共管理与服务类中的物业管理专业（180700），农林牧渔类中的园林技术专业（011500）和园林绿化（011600）专业等。

中等建设类职业学校开设的与行业相关的专业还包括：加工制造类中的工程材料检测技术专业（050300）、建筑与工程材料专业（050800）、电气技术应用专业（053100 建筑电气安装与维护专业方向）；交通运输类中的城市轨道交通运营管理专业（080700）、城市轨道交通车辆运用与检修专业（080800）等。

按开办专业的主要形式进行归类统计，2015 年中等建设职业教育土木水利类专业及行业相关专业的学生培养情况见表 1-47。

2015 年中等建设职业教育土木水利类专业学生培养情况　　表 1-47

专业类别	开办学校		毕业生		招生		在校生	
	数量	占比(%)	数量	占比(%)	数量	占比(%)	数量	占比(%)
土木水利类专业	24	92.308	1452	100.00	611	93.71	1737	92.15
消防工程技术	1	3.846	0	0.00	0	0.00	88	4.67
园林工程技术	1	3.846	0	0.00	41	6.29	60	3.18
合　计	26	100.00	1452	100.00	652	100.00	1885	100.00

1.3.1.4　分地区中等建设职业教育情况

2015 年中等建设职业教育在各地区的分布情况见表 1-48。

2015 年中等建设职业教育各地区分布情况　　表 1-48

地区	开办学校		开办专业		毕业生		招生		在校生		招生数较毕业生数增幅(%)
	数量	占比(%)	数量	占比(%)	数量	占比(%)	数量	占比(%)	数量	占比(%)	
北京	13	0.75	30	1.05	1763	0.92	1025	0.59	3614	0.65	−41.86
天津	4	0.23	14	0.49	932	0.48	918	0.53	2291	0.41	−1.50
河北	95	5.47	133	4.67	7199	3.74	7017	4.06	23734	4.30	−2.53
山西	48	2.76	71	2.49	5507	2.86	3503	2.03	12307	2.23	−36.39
内蒙古	80	4.61	125	4.39	6170	3.21	3000	1.74	11510	2.08	−51.38
辽宁	42	2.42	71	2.49	2908	1.51	2257	1.31	6165	1.12	−22.39
吉林	48	2.76	69	2.42	2068	1.08	1583	0.92	5333	0.97	−23.45
黑龙江	48	2.76	90	3.16	2707	1.41	1952	1.13	6997	1.27	−27.89
上海	9	0.52	27	0.95	1887	0.98	1937	1.12	6274	1.14	2.65
江苏	94	5.41	170	5.97	13891	7.22	10425	6.04	38624	6.99	−24.95
浙江	64	3.68	124	4.35	9141	4.75	8767	5.08	28111	5.09	−4.09
安徽	90	5.18	126	4.42	11528	5.99	14206	8.23	28497	5.16	23.23
福建	90	5.18	188	6.60	8350	4.34	8896	5.15	27842	5.04	6.54
江西	41	2.36	78	2.74	4569	2.38	3403	1.97	13643	2.47	−25.52
山东	113	6.51	170	5.97	10553	5.49	9494	5.50	33633	6.09	−10.04
河南	150	8.64	237	8.32	17519	9.11	16371	9.48	52643	9.53	−6.55
湖北	45	2.59	67	2.35	4487	2.33	4322	2.50	11514	2.08	−3.68
湖南	60	3.45	85	2.98	4741	2.47	5105	2.96	18321	3.32	7.68
广东	47	2.71	75	2.63	7503	3.90	6049	3.50	19091	3.46	−19.38

地区	开办学校		开办专业		毕业生		招生		在校生		招生数较毕业生数增幅（%）
	数量	占比（%）	数量	占比（%）	数量	占比（%）	数量	占比（%）	数量	占比（%）	
广西	34	1.96	56	1.97	5301	2.76	6530	3.78	20296	3.67	23.18
海南	13	0.75	29	1.02	1011	0.53	710	0.41	2331	0.42	−29.77
重庆	51	2.94	75	2.63	7808	4.06	7152	4.14	25934	4.69	−8.40
四川	118	6.79	169	5.93	19950	10.37	14983	8.68	47967	8.68	−24.90
贵州	69	3.97	114	4.00	7453	3.88	9576	5.55	28893	5.23	28.49
云南	85	4.89	176	6.18	10125	5.27	11613	6.73	35118	6.36	14.70
西藏	4	0.23	8	0.28	1141	0.59	337	0.20	771	0.14	−70.46
陕西	54	3.11	77	2.70	4108	2.14	1817	1.05	8065	1.46	−55.77
甘肃	51	2.94	67	2.35	4550	2.37	2916	1.69	10955	1.98	−35.91
青海	9	0.52	15	0.53	507	0.26	789	0.46	2257	0.41	55.62
宁夏	15	0.86	27	0.95	1498	0.78	1613	0.93	5054	0.91	7.68
新疆	53	3.05	85	2.98	5419	2.82	4405	2.55	14604	2.64	−18.71
合计	1737	100.00	2848	100.00	192294	100.00	172671	100.00	552389	100.00	−10.20

从表1-48可以看出，在开办学校数量上，占比超过5%的有河北、江苏、安徽、福建、山东、河南、四川等七个地区，占比不足1%的地区有京津沪和宁夏、海南、青海、西藏等七个地区。在开办专业数量上，占比超过5%的有河南、福建、云南、江苏、山东、四川等六个地区，占比不足1%的地区有上海、宁夏、天津、青海、西藏等五个地区。在毕业生数量上，占比超过5%的有四川、河南、江苏、安徽、山东、云南等六个地区，占比不足1%的地区有京津沪和宁夏、西藏、海南、青海等七个地区。在招生数量上，占比超过5%的有河南、四川、安徽、云南、江苏、贵州、山东、福建、浙江等九个地区，占比不足1%的地区有宁夏、吉林、北京、天津、青海、海南、西藏等七个地区。在在校生数量上，占比超过5%的有河南、四川、江苏、云南、山东、贵州、安徽、浙江、福建等九个地区，占比不足1%的地区有吉林、宁夏、北京、海南、天津、青海、西藏等七个地区。

从招生数较毕业生数的增幅看，青海（55.62%）、贵州（28.49%）、安徽（23.23%）、广西（23.18%）、云南（14.70%）位列前五。降幅在50%以上的有西藏（−70.46%）、陕西（−55.77%）、内蒙古（−51.38%）等三个地区；降幅在30%以上的有北京（−41.86%）、山西（−36.39%）、甘肃（−35.91%）等三个地区；降幅在 20% 以上的有海南（−29.77%）、黑龙江（−27.89%）、江西（−25.52%）、江苏（−24.95%）、四川（−24.90%）、吉林（−23.45%）、辽宁（−22.39%）等七个地区。降幅在 10% 以上的地区，从 2014 年的 7 个扩大到 16 个。招生数较毕业生数的平均增幅由 2014 年的 32.54% 变化为 2015 年的 −10.20%。

根据华北（含京、津、冀、晋、蒙）、东北（含辽、吉、黑）、华东（含沪、苏、浙、皖、闽、赣、鲁）、中南（含豫、鄂、湘、粤、桂、琼)、西南（含渝、川、贵、云、藏）、西北（含陕、甘、青、宁、新）等 6 个板块的区域划分，2015 年全国中等建设职业教育在各板块的分布情况见表 1-49。

2015 年全国中等建设职业教育各版块分布情况　　　　表 1-49

板块	开办学校		开办专业		毕业生		招生		在校生		招生数较毕业生数增幅（%）
	数量	占比（%）	数量	占比（%）	数量	占比（%）	数量	占比（%）	数量	占比（%）	
华北	240	13.82	373	13.10	21571	11.22	15463	8.96	53456	9.68	−28.32
东北	138	7.94	230	8.08	7683	4.00	5792	3.35	18495	3.35	−24.61
华东	501	28.84	883	31.00	59919	31.16	57128	33.08	176624	31.97	−4.66
中南	349	20.09	549	19.28	40562	21.09	39087	22.64	124196	22.48	−3.64
西南	327	18.83	542	19.03	46477	24.17	43661	25.29	138683	25.11	−6.06
西北	182	10.48	271	9.52	16082	8.36	11540	6.68	40935	7.41	−28.24
合计	1737	100.00	2848	100.00	192294	100.00	172671	100.00	552389	100.00	−10.20

从表 1-49 可以看出，中等建设职业教育的区域发展情况与区位优势和经济发展水平、人口规模和人文与外部环境、与较为有效的政策措施和多年来发展职业教育所奠定的基础等诸多因素有关，能反映出中等建设职业教育在各区域的发展规模水平、结构协调水平和拥有资源水平等方面的状况。

表 1-49 中，在开办学校数和开办专业数这两项指标上，华东、中南两个区域继 2014 年后继续保持中等建设职业教育的前列，合计拥有开办学校总数和开办专业总数的占比分别达到 48.93%、50.28%，西南与华北地区位列第三和第四。

表 1-49 中，在毕业生数、招生数和在校生数这三项指标上，2015 年西南地区均超越中南地区，与华东地区共同进入中等建设职业教育的前列，合计拥有毕业生数、招生数和在校生数的占比分别达到 55.33%、58.37% 和 57.08%，中南与华北地区位列第三和第四。

对比表 1-49 中的招生数较毕业生数的增幅指标，华北和东北地区继 2014

年增幅分别从 -10.49%、-11.88% 扩大为 -8.32% 和 -24.61%，降幅值位列 2015 年全国中等建设职业教育的前两位。华东、中南、西南、西北等四个地区均由 2014 年的增幅 31.56%、35.52%、86.39%、11.20% 调整为 2015 年的降幅。

招生数较毕业生数增幅指标的大幅度波动，通过与 2014 年的相关统计数据作分析比较，主要有两类情况，一是毕业生数增加而招生数有较大幅度减少，例如西南地区：毕业生数由 2014 年的 34612 人增加到 46477 人，招生数由 2014 年的 64514 人减少到 43661 人，该指标由 86.39% 变化到 -6.06%。二是招生数的降幅远大于毕业生数的降幅，例如华北地区：毕业生数由 2014 年的 25271 人减少到 21571 人，降幅 14.64%；招生数由 2014 年的 22619 人减少到 15463 人，降幅 31.64%；该指标由 -10.49% 扩大到 -28.32%。

1.3.2 中等建设职业教育发展的趋势

国务院关于加快发展现代职业教育的决定为我国职业教育发展明确了推进目标，职业教育进入新的发展时期。为建设行业企业培养输送大批适合工程建设需要的技能型人才，包括建设行业产业链核心环节中的勘察设计（含施工图审查）、工程施工、工程咨询服务（含工程监理、工程造价、工程招标代理）、工程检测、建材等五个子行业所需要的专门人才，将为中等建设职业教育的发展带来新的机遇和挑战。

随着工程建设领域在新技术、新工艺、新材料、新设备等方面的高速发展，推进"绿色建筑"发展计划的落地，在钢结构的制作与安装、装配式结构的制作与安装、建筑信息模型（BIM）技术的推广与应用、既有建筑的节能改造、公共建筑的节能监管体系和可再生能源的应用等方面；在贯穿规划、设计、建造、运营、改造、拆除等全寿命周期的绿色建筑标准体系，全面提高绿色、节能、环保水平等方面，对专业技术岗位工作的综合职业能力提出更高的要求，对培养具有高素质高技能的建设类技术人才提出更新的标准。

住房城乡建设部在《关于推进建筑业发展和改革的若干意见》中提出：建立以市场为导向、以关键岗位自有工人为骨干、劳务分包为主要用工来源、劳务派遣为临时用工补充的多元化建筑用工方式，要求施工总承包和专业承包企业要拥有一定数量的技术骨干工人。行业管理的指导性意见，对企业重视技术技能人才的培养工作，加强与职业学校合作开展技术技能人才培养培训，构建有利于形成建筑产业工人队伍的长效机制，提供了新的契机。

2015 年 6 月，受教育部委托的行业职业教育教学指导委员会完成换届工作。通过住房城乡建设职业教育教学指导委员会（2015～2019 年）对建设行业职业教育教学工作组织行业指导，分析研究国家经济发展方式转变和产业结构调整升级对本行业职业岗位变化和人才需求的影响，提出本行业职业教育人才培养的职业道德、知识和技能要求；指导推进相关职业院校与企业校企合作、联合办学，校企一体化和行业职业教育集团建设；指导推进本行业相关专业职业院校教师到企业实践工作，提高教师专业技能水平和实践教学能力；推进职业院校相关专业实施"双证书"制度；研究本行业职业教育的专业人才培养目标、教学基本要求和人才培养质量评价方法，对专业设置、教学计划制定、课程开发、教材建设提出建议；开展本行业职业教育教学基本文件、专业教学标准、实训教学仪器设备配备标准和教学评估标准及方案制定工作；开展职业教育国家级教学成果奖励实施工作；组织本行业相关专业教学经验交流等活动，开展相关服务，必将加快推进现代建设职业教育的发展。

1.3.3　中等建设职业教育发展面临的问题

《中等建设教育发展年度报告（2014 年）》中剖析了中等建设职业教育发展所面临的主要问题，包括区域中职教育办学资源的不平衡，使得专业资源分布不平衡；中职教育办学资金短缺，使得专业建设投入不足，影响专业建设水平、专业教学质量和专业发展能力的提高；校企合作的制约因素尚未打通，与产教融合的要求相距甚远，教学仍然滞后于生产实际；教师的生产实践能力、学校的实训条件与专业教育对学生职业能力所规定的培养要求相距甚远，影响学生就业能力与发展能力的提高；随着初中应届毕业生数量的减少，中职学校的生源数量日益减少，部分专业招生陷入困境，无法稳定招生，影响专业的健康发展；随着高中阶段教育的逐步普及，入学率的不断提高，由于中职教育的招生录取在普通高中之后，甚至不设分数线，具有普及高中阶段教育的托底功能，而国家对中等职业教育文化素养的教育标准在提高，使得实现培养高素质劳动者的教学目标，任重道远。

此外，中等建设职业教育发展还面临以下问题：

（1）中级技工学校办学规模严重萎缩

进入 21 世纪以来，由当地教育部门或行业主管部门主办的中等专业学校、由当地教育部门主办的职业高级中学以及主要由人力资源和社会保障部门主办的中级技工学校，国家拟通过职业教育改革、布局结构调整和资源整合等方式逐步打破部门界限，推动走向融合。

2010 年教育部相继印发《中等职业学校专业目录（2010 年修订）》和《中等职业学校设置标准》，中等职业教育中主要承担职前教育的三类学校，培养目标逐步趋同，办学形式也日益接近。中级技工学校中以工种为主要特征的专业设置，基本由以技术、管理和服务为特征的专业设置所替代。许多开办技工院校的国有大中型土建施工企业，由于企业整体上市，或国资划转地方教育部门，或企业减员增效，或招生生源锐减等各种原因，不再承担办学的社会责任，纷纷停办学校，数量骤减，对中等职业教育推进现代学徒制具有一定影响。

（2）专业教师队伍建设问题

关于生师比。承担高中阶段教育的学校，地方教育行政管理部门对普通高中的生师比有限制性控制，教师配备数量一般能得到有效保障。中等建设职业学校的在校生数与教师数的比例普遍过高，教学工作量高，教学任务繁重，而工资性收入相对较低，对优秀的大学毕业生缺乏吸引力，尤其对男性大学毕业生缺乏吸引力，男性教师在建设类中等职业学校的任职数越来越低，专业教师队伍的数量和结构，与建设行业土木建筑类专业的特点不相匹配。

国家和地方教育行政管理部门对中等职业学校的生师比不作强制性限定，确定学校编制数缺乏合理的依据，形成中等建设职业学校的实际生师比过高，使得按照国家规定必须安排的专业教师业务培训和企业实践，在时间的量化指标和内容的质量指标等方面均难以达标，提高教师职业素养和专业岗位职业能力的效果与国家对提高职业教育质量的要求尚有差距。

校企合作、产教融合的普遍现状与国家要求之间尚存在较大差距，学校闭门教学、教学滞后于企业生产实际的状况仍然较为常态。校企间尚缺乏真实的战略合作纽带，专业教师到企业参加生产实践仍处于要求阶段，实施的保障性政策措施缺失，使专业教师生产实践方面的教学能力与企业要求相距较远，致使学校培养的学生难以做到与职业岗位的零对接。

（3）专业建设管理问题

依据教育部《中等职业学校专业目录（2010 年修订）》，自 2011 年秋季起对中等职业学校开设的专业进行调整更新工作，在中等职业学校相关管理、统计和招生等工作应使用专业目录所列专业名称。从全国性统计报表中提取的表1-34 ~表 1-48 数据中可以看出，中等建设职业学校开设土木建筑类专业的专业名称，有继续沿用原专业名称的情况，目录外专业或专业（技能）方向的名称存在跨专业的情况，不够规范，不利于按照教育部发布的专业教学标准实施教学质量监控与督导，不利于专业建设管理。

各省市自治区经论证需开办的目录外专业或专业（技能）方向，应按照专业目录规定的全国统一专业代码进行编码，纳入国家统计。对实行四年学制情况应作注明。按要求需进行调整更新的工作，尚待完善。

从全国性统计报表中还可以看出，实施中高职衔接贯通培养（含 5 年学制、3 年 +2 年学制）的专业，有按中职专业目录确定专业名称，也有按照高职专业目录确定专业名称，不利于开展中高职教育衔接的专业建设管理，应由国家教育行政管理部门提出指导性意见。

（4）信息化专业教学资源建设问题

近年来，国家和地方教育行政管理部门对中等职业学校信息化建设的投入逐年提高，建设职业教育中的建设类专业信息化教学资源建设水平也同步得到逐年提高，信息化教学应用基本普及。然而，专业信息化教学资源建设存在各地各校在低水平上重复建设，地区之间、城乡之间信息化基础支撑环境的发展还很不均衡，中等职业学校专业教师的信息技术教学应用能力仍然较弱，需要在行业教指委的组织协调下，联合行业企业、中职和高职院校，健全中高职教育衔接研究与实践的工作机制，统筹、合作推进中高职教育衔接一体化的建设类专业信息化教学资源建设工作，切实改变低水平重复建设，逐步实现建设投入的效益最大化。

（5）生源数下降幅度继续增大问题

近年来，全国初中毕业生总数进入新一轮下降，中等职业学校入学生源数也同步大幅下降。据教育部 2014 年全国教育事业发展统计公报的数据显示，2014 年初中阶段教育的招生人数为 1447.82 万人，比上年减少 48.27 万人；在校生人数为 4384.63 万人，比上年减少 55.50 万人；全国初中毕业生人数为 1413.51 万人，比上年减少 148.03 万人，降幅近 10%。

近年来，中等职业学校入学生源的结构和质量等生源状况也发生较大变化。为了提高我国的全民文化素质，中等职业教育还具有高中阶段教育的托底作用，入学分数逐年降低，生源的文化水平和素养参差不齐、波动幅度很大，在职业高级中学和中级技工学校中尤为突出。2014 年全国的初中毕业生平均升学率已达到 95.1%，在高中阶段教育资源相对生源数较为丰富的地区，中等职业教育已取消入学的考分限制，对在校生的教育教学质量要达到培养目标的要求，任务十分艰难。

中等建设职业学校的生源以应届初中毕业生为主，包括少量的历届初中毕业生、应届或历届高中毕业生和社会从业人员。生源数量、结构和质量等生源状况所面临的变化和困难，对中等建设职业教育的专业建设和稳定发展形成新的挑战，这方面在技工学校中尤为突出。

1.3.4　促进中等建设职业教育发展的对策建议

（1）加强素质教育，提高文化素养

按照习总书记关于"更加注重加强教育和提高人力资本素质"的要求，在"十三五"时期，要把提高教育质量摆在更加重要的战略位置。

国务院关于加快发展现代职业教育的决定中指出，要继续完善职业教育人才多样化成长的渠道。要健全"文化素质＋职业技能"、单独招生、综合评价招生和技能拔尖人才免试等考试招生办法，为学生接受不同层次高等职业教育提供多种机会。要健全对初中毕业生实行中高职贯通培养的考试招生办法，在2020 年前"适度提高专科高等职业院校招收中等职业学校毕业生的比例、本科高等学校招收职业院校毕业生的比例"等有利政策的引导下，努力推进中等建设职业教育大力开展中高职贯通培养，加强培育学生的文化素养和建设行业职业素养，养成健康体魄，为学生在建设行业的职业生涯发展奠定良好急促，切实保障学生技术技能的培养质量，同步实现就业有能力、升学有基础、发展有潜能。

（2）加强行业指导，促进校企合作

依据到 2020 年加快发展现代职业教育的目标任务，形成适应发展需求、产教深度融合、中职高职衔接、职业教育与普通教育相互沟通，体现终身教育理念，具有中国特色、世界水平的现代职业教育体系。在教育结构方面更趋合理，总体保持中等职业学校和普通高中招生规模大体相当，中等职业教育在校生达到 2350 万人，比 2014 年递增 33.88%。

中等建设职业教育要在建设行业教学指导委员会的指导下，按照本行业制定和颁布的行业职业岗位专业人员职业标准要求，依托行业企业，深化产教融合、校企合作，不断完善校企合作育人机制，探索现代学徒制等技术技能人才培养模式，推进工学结合与知行合一，把提高职业技能和培养职业精神高度融合，全面提升中等建设职业教育培养符合行业需要的技术技能人才的能力和水平。

（3）进一步加大对中等职业教育的财政投入

中等职业教育实训教学环节的优劣，在专业人才的技能培养方面具有关键作用。从职业学校培养一名合格的技术工人，在其教学实训中的人财物投入是十分巨大的，教育成本绝不低于一般大学文科专业。国家财政现在对中级技工学校的投入尤其不足，就生均经费一项，约为高等职业院校的 1/2、大学本科专业的 1/3，与实际需求投入额相差甚远。

按照国家在职业教育中推进现代学徒制办学模式的有关要求，除在深化校企合作、产教融合、师资队伍建设等方面的推进外，必须进一步加大对中等职业教育的财政投入。

（4）进一步理顺管理体制，推进实施现代学徒制

实现中等职业教育的有序发展，高效提升办学质量，应进一步加快理顺各地教育管理部门、行业主管部门、人力资源社会保障部门三方之间在中等职业教育管理方面的职责，真正实现分工、合作与融合，体现高效管理。

力求实现中等技工教育纳入教育部门管理，改变社会认为技工教育不属于

国民系列教育的误解与偏见，从国家层面出台提升技术工人社会地位的相关政策，吸引更多的社会精英从事技术技能型职业岗位工作，为实现"中国智造"奠定技术人才的资源保障。

进一步推进中等职业教育的招生制度改革，为实现校企合作招生招工、合作开展人才培养、推进现代学徒制的实施等，建立基础性保障。

2.1 2015年建设行业执业人员继续教育与培训发展状况分析

2.1.1 建设行业执业人员继续教育与培训的总体状况

2.1.1.1 执业人员概况

执业资格是"政府对某些责任较大，社会通用性强，关系公共利益的专业技术工作实行的准入控制，是专业技术人员依法独立开业或独立从事某种专业技术工作学识、技术和能力的必备标准"（原人事部人职发 [1995] 6 号文《职业资格证书制度暂行办法》）。从 20 世纪 80 年代末，按照国际通行做法，建设部对工程建设领域事关工程质量安全，关系国家公众财产、生命安全的专业实行专业技术人员执业市场准入制度，陆续建立了监理工程师、房地产估价师、注册建筑师、造价工程师、注册城市规划师、勘察设计注册工程师、房地产经纪人、建造师和物业管理师等 9 项执业资格制度，形成了比较完整的执业资格制度体系。近年来，随着政府简政放权、行政审批改革的不断深入，有些专业的执业资格制度也在发生调整和变化。据统计，截至 2015 年底，全国约 135.41 万人取得各类建设行业一级执业资格，其中约 103.10 万人完成注册，分别比上年增加 3%、11%。需要说明的是，2015 年 2 月 24 日，根据国发 [2015] 11 号文，国务院决定取消物业管理师注册执业资格认定，因此物业管理师资格并未在本年度统计之列。

2.1.1.2 执业人员考试与注册情况

1. 执业人员考试情况

根据国务院取消和调整部分行政审批事项的有关决定和全国人大常务委员会关于修改《中华人民共和国城乡规划法》的决定，2015 年停止了物业管理师执业资格考试工作，暂停了一级注册建筑师和注册城市规划师执业资格考试工作。受财政部和国家发改委有关收费项目改革影响，2015 年未能按计划组织勘察设计注册工程师执业资格考试。整体考生人数较上年有大幅下降，其他考试如期进行。

住房城乡建设部相关部门和有关行业协会、学会高度重视执业资格考试工作。一是积极推进执业资格考试大纲修订工作，开展国外考试大纲研究，加强考试改革研究工作。部执业资格注册中心承担了部人事司委托的年度重点工作，编制完成了《关于通过土木工程专业评估高校毕业生减免一级注册结构工程师基础考试（上午段：公共基础）的实施方案》，并配合有关部门开展建造师考试改革方案研究。二是加强对考试结果总结和数据分析，指导专家提高命题水平，确保命题质量和通过率稳定。三是统筹安排，提高效率，配合人社部全力做好考试大纲编制、教材出版、命题、阅卷等工作。四是继续强化命题专家和考试工作人员的保密教育，保证各类执业资格考试工作的规范有序开展。同时，各省（区、市）建设主管部门与人社部门通力协作，精心组织专家推荐、报名资格审查、考务组织实施等具体工作，认真执行考试制度和保密规定，为执业资格考试工作的正常开展作出了积极贡献。

2015 年，全国共有 117.59 万人参加建设类一级执业资格考试（一级建造师以参加实务科目考生为基准统计），约 12.33 万人取得资格，平均通过率 10.48%。参考人数最多的是一级建造师，约 99.39 万人参加了实务科目的考试。2015 年，全国二级注册建筑师、二级注册结构工程师未组织考试，约 170.24 万人报考二级建造师实务科目，累计 457.34 万人次报考二级建造师的各科考试。

2015 年取得各类一级执业资格人员情况见表 2-1。

2015 年各类注册师取得资格情况统计表　　　　表 2-1

序号	类别	2015 年取得资格人数	比例（%）
1	一级建造师	90535	73.44
2	监理工程师	17906	14.52
3	造价工程师	10898	8.84
4	房地产估价师	2343	1.90
5	房地产经纪人	1596	1.29
	总计	123278	100

2. 执业人员注册情况

2015 年，各有关部门及各省（区、市）认真贯彻落实《行政许可法》和有关注册管理规定，按照"公开、公平、公正、便民、高效"的原则，不断规范简化注册审批程序，加快信息化建设，进一步提高了工作效率和服务水平。一是严格审批程序，修订有关注册规程，简化审批手续，强化审批时限。二是为便于管理和减轻注册管理机构和注册人员负担，提高注册审批效率和审批过程透明度，开展电子化注册审批和相关注册软件整合的研究。三是加大对违规注册的查处力度，加强投诉举报受理核查工作。

2015 年 2 月起停止物业管理师注册工作，5 月起暂停注册城市规划师初始注册（登记）工作。全国办理一级执业人员各类注册（包括初始注、延续注册、变更注册等）约 23.13 万人。根据住房城乡建设部对北京、河北、山西、内蒙古、辽宁、吉林、上海、江苏、浙江、安徽、福建、江西、河南、湖北、湖南、广东、海南、重庆、四川、贵州、云南、陕西、甘肃、青海等24个省（区、市）的调查，24个省（区、市）累计有24.09万人完成二级注册结构工程师和二级建造师执业资格的初始注册。

2015年各类一级执业人员累计取得资格人数和注册人数对比见表2-2。

2015年住房城乡建设领域执业资格人员专业分布情况统计表　　表2-2

序号	类别	取得资格人数	注册人数
1	一级注册建筑师	32542	32501
2	勘察设计注册工程师	152454	110482
3	一级建造师	643500	476580
4	监理工程师	251779	173187
5	造价工程师	142960	140315
6	房地产估价师	53681	48691
7	房地产经纪人	54032	30664
8	注册城市规划师	23191	18532
	总计	1354139	1030952

2.1.1.3　执业人员继续教育情况

2015年10月11日，国务院发布《关于第一批清理规范89项国务院部门行政审批中介服务事项的决定》（国发〔2015〕58号），要求勘察设计工程师、注册监理工程师、建造师、造价工程师等执业资格继续教育培训"申请人按照继续教育的标准和要求可参加用人企业组织的培训，也可参加有关机构组织的培训，审批部门不得以任何形式要求申请人必须参加特定中介在机构组织的培训"，这个决定对执业人员继续教育工作产生深远影响，相关部门和各地都在探讨如何落实国务院要求，平稳衔接继续教育市场。在具体办法出台之前，部分省份的执业人员继续教育工作暂缓。住房城乡建设部建筑市场监管司于2015年12月15日发布《关于勘察设计工程师、注册监理工程师继续教育有关问题的通知》（建市监函〔2015〕202号），要求各地区、各部门在开展继续教育工作过程中，不得指定勘察设计工程师、注册监理工程师继续教育培训单位，同时着手修订相关办法。根据相关行业协会提供的25个省(区、市)的培训统计数据，2015年，北京、河北等25省（区、市）共开展各类二级执业资格注册人员继续教育23.53万人（表2-3），其中上海、江苏、浙江、福建、广东、广西、云南、陕西、新疆等省（区、市）参训人数突破万人，参训人数最多的执业人员是二级建造师，约占总参训人数的92%。

2015 年 25 省（区、市）二级注册执业人员继续教育情况统计表　　表 2-3

地区	二级结构师	二级建造师	合计
北京	0	6046	6046
河北	197	5783	5980
山西	172	0	172
内蒙古	30	890	920
辽宁	180	8000	8180
吉林	0	2457	2457
上海	36	11160	11196
江苏	530	37996	38526
浙江	255	15688	15943
安徽	90	7019	7109
福建	71	21901	21972
江西	515	6000	6515
河南	151	4517	4668
湖北	235	1485	1720
湖南	570	2774	3344
广东	382	17883	18265
广西	8131	8263	16394
海南	85	4236	4321
重庆	85	5840	5925
四川	845	0	845
贵州	135	1000	1135
云南	120	28733	28853
陕西	121	11042	11163
青海	40	800	840
新疆	6040	6728	12768
合计	19016	216241	235257

建设行业执业人员继续教育的内容，主要围绕国家产业政策和住房城乡建设部中心工作，涉及国内外行业技术、经济、管理、法规等方面的发展，以及与注册人员专业相关的新理论、新技术、新标准、新信息等。通过继续教育，使注册人员及时了解国家和建设行业的产业政策、新技术、新规范，更新、拓展和提高注册人员的知识和技能，对保证工程质量和注册人员执业水平起到积

极的促进作用。2015 年，在住房城乡建设部的领导下，全国各省（区、市）有关单位、行业协会、学会，克服困难，大胆探索，在积极应对改革、理顺体制机制、提高培训质量、推进信息化建设等方面作了一些有益的探索和尝试。

（1）落实国务院精神，积极应对改革。住房城乡建设部、各省（区、市）应对行政审批改革要求，积极采取措施，完善各项制度。国发［2015］58 号文发布后，住房城乡建设部和有关单位、行业协会、学会积极落实，着手梳理建设行业执业人员继续教育相关制度。全国勘察设计注册工程师管理委员会秘书处（住房城乡建设部执业资格注册中心）于 2015 年 10 月 19 日至 20 日在北京召开了"清理规范行政审批中介服务事项工作座谈会"，河北、山东、北京、辽宁等省市注册管理机构参加了会议。会上各地会议代表围绕勘察设计注册工程师继续教育的改革方向和改革措施，各抒己见，畅所欲言。会议结束后，注册中心综合各地的意见，向部有关司局提出了下一步做好勘察设计注册工程师继续教育工作的建议。北京勘察设计协会积极研究落实国发［2015］58 号文的措施，提出《北京市注册建筑师继续教育管理建议》。

（2）探索完善制度，理顺体制机制。2015 年，各省（区、市）结合执业人员工作实际，积极推进执业人员继续教育制度化建设，持续规范管理改进作风。广西贯彻落实国务院新政，草拟《广西住房城乡建设执业资格专业技术人员继续教育培训实施办法（试行）》等文件。通过推进制度化建设，一方面规范培训考试管理，激发企业创新活力，另一方面，有效禁止乱办班行为，切实把中央关于改进工作作风有关规定落到实处。北京市组织召开二级建造师继续教育工作研讨会，明确了关于多专业二级建造师继续教育的相关问题。北京勘察设计协会组织召开行业培训专家座谈会和部分会员单位培训负责人工作会，不仅收集了大量的行业发展信息及学员需求，还深入讨论了培训发展模式。

（3）抓好培训教学，提高培训质量。2015 年，各省（区、市）通过加强教学内容调研、师资培训、课件开发、培训机构评估等方式，努力抓好培训教学，不断提高培训质量。北京市完成了二级建造师新教材 6 个科目共计 150 学时配套视频课件的录制工作。广西注重师资队伍建设，举办师资培训班，提升授课教师专业化水平；加强对培训机构监管，定期开展综合评估，实行动态管理；组织专家编修教材，突出实用性和针对性；注重资源共享，实现培训常态化管理。山东省住建厅执业资格注册中心在继续教育工作中注意听取执业人员意见和建议，对培训内容及时调整，在对培训班严格管理的同时，认真为学员解决培训中以及工作中遇到的困难和问题。

（4）推进信息化建设，提升管理服务水平。2015 年，各省（区、市）继续探索互联网＋服务方式，信息化建设持续创新，努力减轻工学矛盾，推进网络教育，为注册人员提供可自由选择的培训形式和内容。部分行业协会、学会利用互联网技术，积极开展网络远程继续教育。广西实现注册建造师等执业注册人员继续教育网络化管理，实施网络教学管理，实现继续教育培训证书网络打印，继续教育数据库与证书管理信息共享。通过提升信息化水平，既提高了工作效率，又较好地解决了工学矛盾，减轻了企业负担，得到广泛好评。北京市加大二级建造师继续教育现场测试频次，方便企业及时办理各项业务，2015年二级建造师（含临时）继续教育现场测试频次增加到10次，全年有6046名二级建造师参加了网络教育，完成课时并及时参加了二级（含临时）建造师继续教育现场测试工作。安徽开发建设了安徽省住房城乡建设领域专业人员信息管理系统，实现了网上报名、资格审查、证书管理、信息查询等在线功能，并与安徽省工程建设信息网（安徽省工程建设监管和信用管理平台）初步实现了数据共享和对接，提高了工作效率和管理水平，形成了人员管理与行业管理共同推进的工作格局。

2.1.2 建设行业执业人员继续教育与培训存在的问题

2015年，建设行业执业人员继续教育与培训工作取得了一定的进展，但仍存在不少问题和困难，需要进一步加强研究，探索解决之路。

（1）体制机制待完善。一是随着国发［2015］8号文的发布，相关继续教育管理规定需要及时修订更新，同时对继续教育的标准和要求，培训机构、师资的入门条件等需要明确，以确保继续教育的质量。二是执业人员继续教育多头承办，质量不一，难以统管。建设行业执业资格人员继续教育按类别、专业及上下对应不同，各省（区、市）由住建厅或厅管社团、厅直属单位分别负责，不同省份的管理机构也不尽相同，在项目收费、培训课时、组织形式、培训单位认定等方面难以形成统一有效的管理。

（2）培训效果待提高。一是培训针对性、实用性还需要加强。要充分考虑地区差距和不同岗位需要差异。继续教育内容还需进一步结合实践。传统培训教材的更新慢，有的专业存在一本教材学三年的情况，不能适应建设行业发展需求。二是培训机构和师资水平不一，培训队伍整体素质和服务水平还有待进一步提升。三是培训形式和教学方式较为单一。虽然很多省份都已开始探索网上教育，但总的说来继续教育培训还是以课堂教学为主。同时，不论是网上培训的课件还是面授时，都比较缺乏与参训人员的互动交流，与现场实践紧密结合的课程较少，参训人员学习的积极性、主动性调动不够，影响培训效果。

（3）培训监管难度大。一是对培训质量监管手段少，实施监管难度大。培训单位存在重利益、轻服务的现象。培训市场仍有挂靠、转让资质等不规范行为发生，损害了受培训者的合法权益，造成培训行业整体公信力的下降。二是由于培训市场化，对培训数据难以掌握，对培训机构也缺乏有效的管理和指导措施。放开培训市场后，对培训机构的事中事后监管缺乏经验。三是管理还不够精细，培训效果的考核评价制度不到位。

（4）工学矛盾仍突出。一是部分专业执业人员继续教育的学时安排比较长，且大多采取现场面授的形式连续授课，与部分专业执业人员现场施工赶工期、参加工程招投标等工作实际相冲突。二是各专业执业人员继续教育管理单位不同，存在收费标准不统一，且部分专业收费偏高的情况，不同程度地增加了参训人员和企业的负担。三是我国幅员辽阔，各省（区、市）地域面积、交通便利、经济水平不一，有些省份开展继续教育难度很大。比如内蒙古自治区东西区域跨度大，集中培训有难度，计算机培训操作上也有难度。

2.1.3　促进建设行业执业人员继续教育与培训发展的对策建议

当前，随着中央简政放权、放管结合、优化服务和转变政府职能工作的不断推进，执业人员继续教育发展面临着市场化的新形势，管理上面临着新的挑战。同时，随着建设行业的发展，各地新型城镇化、海绵城市建设、地下综合管廊建设、装配式建筑等的不断推进，对执业人员的综合素质和专业能力提出了更新、更高的要求。执业人员继续教育工作应着力在加强顶层设计、加强培训监管、提高教育质量和转变培训方式等方面下功夫，充分发挥继续教育应有之作用，为建设事业的发展提供有力的智力支撑。

（1）完善现行制度，加强顶层设计。适应继续教育市场化的转变，放管结合，进一步加强顶层设计。在人社部 2015 年 10 月 1 日施行的《专业技术人员继续教育规定》（人力资源社会保障部令第 25 号）等有关规定指导下，进一步完善各专业执业资格继续教育管理规定，探索建立统一的建设行业执业资格继续教育管理规定，加强对执业人员继续教育工作的指导和监督，切实发挥执业人员继续教育的作用。

（2）调整管理方式，加强培训监管。调整对继续教育培训机构的管理方式，加强对培训机构的监管。一是定期向社会公示符合继续教育标准和要求的继续教育培训单位名单及培训信息。二是建立、完善继续教育培训单位的考核评价机制，定期向社会公示考评结果，及时清理不符合继续教育标准和要求的培训机构，为注册人员营造学习资源丰富、能自由选择培训机构、成本低的学习环境。三是对培训考核内容、培训考核组织等采取随机抽取被检查对象、随机选派检查人员的"双随机"巡查制度，加强过程管理，确保培训考核工作规范进行。

（3）夯实基础工作，提高教育质量。加强基础建设，切实提高执业人员继续教育质量。一是加强师资队伍建设，完善师资库管理制度，充分利用高校、科研单位、大型企业的教育资源，特别是一线的专家队伍，建立稳定、灵活、高水平的师资队伍。二是加强教材、课件和培训大纲建设，确保教材、课件和培训大纲具有前瞻性、针对性、实用性和时效性。增加案例教学和现场教学比例，使培训内容真正和工程实践相结合，提高参训人员的学习积极性。三是加强课程评价体系建设，对培训师资、培训管理、培训内容和培训效果等进行全方位评价和反馈，不断总结和提高。

（4）加强各地交流，转变培训方式。加强各地之间的交流，互通有无，资源共享，积极转变培训方式。一是大力推进互联网＋继续教育的模式，丰富培训内容，实现菜单式培训服务，让执业人员根据自身情况有更多选择。结合不同专业执业人员的工作实际，引入碎片化的教学模式，采取网络远程教育、微课、慕课、手机 APP 等多种形式实施执业人员继续教育，充分调动执业人员的学习兴趣，实现参训人员随时随地参加培训、自主选择培训内容的目标。二是推进各地优质课件和培训信息共享，加强数据资源整合，探索异地继续教育培训与注册的认定渠道。三是加大研究力度，探讨符合各地、各专业实际的面授与在线教学相结合的培训方式，构建线上线下并行的同步课堂学习模式。

2.2　2015 年建设行业专业技术人员继续教育与培训发展状况分析

2.2.1　建设行业专业技术人员继续教育与培训的总体状况

2015 年，全国 25 省（区、市、兵团）共有 272.19 万人次参加各类专业技术人员继续教育与培训，其中各类培训 170.27 万人、继续教育 101.92 万人，北京、吉林、江西、湖北、重庆、四川、陕西等省份培训人数均突破 10 万人，人数最多的是湖北，达到 20.79 万人。山西、内蒙古、浙江、福建、河南等省份培训人数也突破了 5 万人。2015 年 25 省（区、市）专业技术人员有效期内持证人员约 700 万人左右。

2015 年 25 省（区、市）各类培训和继续教育人数占比情况如图 2-1 所示，专业技术人员培训和继续教育总人数如图 2-2 所示，专业技术人员培训和继续教育开展情况如图 2-3 所示。

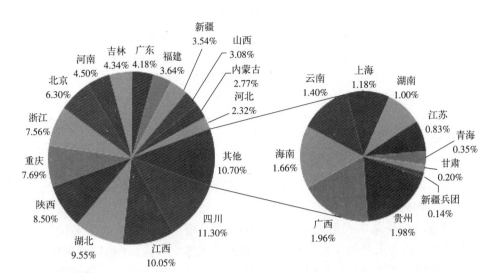

图 2-1　2015 年 25 省（区、市、兵团）各类培训和继续教育人数占比情况

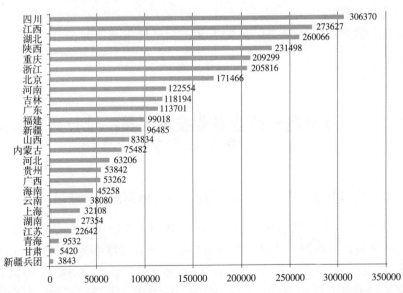

图 2-2　2015 年 25 省（区、市、兵团）专业技术人员培训和继续教育总人数

2.2.1.1　专业技术人员培训情况

2015 年，全国 21 省（区、市、兵团）共有 170.27 万人参加各类专业技术人员培训，其中施工员、质量员、造价员（预算员）、资料员、安全员、安全 B 类、安全 C 类和其他人员培训人数突破 10 万人，培训人数最多的是施工员，达到

29.12 万人。北京、吉林、江西、湖北、重庆、四川、陕西等省份培训人数均突破 10 万人。具体见表 2-4。

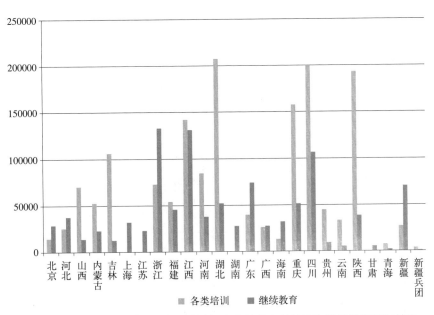

图 2-3 2015 年 25 省（区、市、兵团）专业技术人员培训和继续教育开展情况

2.2.1.2 专业技术人员考核评价情况

2015 年，各省（区、市）按照住房城乡建设部《关于贯彻实施住房和城乡建设领域现场专业人员职业标准的意见》（建人 [2012]19 号）和《关于做好住房城乡建设领域现场专业人员职业标准实施工作的通知》（建人专函 [2013]36 号）要求，以落实职业标准为抓手，配合部人事司组织开展的调研评估，围绕施工现场管理人员岗位培训考核制度的建设和实施，结合地方工作实际，积极构建机制、完善制度、夯实基础、搭建平台。河北省印发了《关于 2015 年度住房城乡建设领域现场专业人员统一考核评价工作有关事项的通知》（冀建人 [2015] 7 号），对落实职业标准有关工作及 2015 年工作计划进行明确和细化。印发了《关于规范全省住房城乡建设领域现场专业人员岗位考核评价工作有关事项的通知》（冀建办人 [2015] 251 号），在考核岗位、考核方式、报名程序、证书变更及质量员证书换发等方面进行了具体明确。同时，还制定了《河北省住建领域专业人员岗位考核违纪违规行为处理办法（试行）》，进一步规范了现场专业人员统考工作；重庆市印发了《关于启用住房城乡建设领域专业人员和建筑工人新版培训合格证书相关事宜的通知》，统一了建设行业专业人员、建筑工人岗位、工种名

表 2-4

2015 年 21 省（区、市、兵团）专业技术人员培训工作开展情况统计表

地区	施工员	质量员	安全员	材料员	标准员	机械员	劳务员	资料员	造价员（预算员）	安全 A 类	安全 B 类	安全 C 类	其他	合计
北京	19000	16000	0	7000	0	5000	6500	10000	20000	2000	12000	30000	15000	142500
河北	0	0	0	0	0	0	0	0	0	2355	10422	12860	0	25637
山西	8005	5700	5000	3717	1661	2310	2991	4671	1955	4080	15302	14622	0	70014
内蒙古	7596	4984	10062	2002	1275	2346	2623	3374	1713	1478	7287	7831	0	52571
吉林	19229	15053	13870	7793	3502	5954	6508	8525	0	3030	6503	15670	0	105637
浙江	21253	12680	3613	3650	3219	5078	4767	4390	5150	1279	5378	5909	0	72753
福建	10315	5615	3613	1216	917	2522	2539	1981	0	1234	5886	17851	0	53689
江西	15300	8720	10895	5562	8596	9152	8510	6620	18100	3300	17000	13700	16960	142415
河南	20018	4953	4538	2572	0	284	206	5282	2681	3243	21461	19331	0	84569
湖北	23605	11710	26522	8327	0	0	0	6815	11258	16647	48004	55059	0	207947
广东	376	206	0	141	159	178	1353	157	2978	6014	12538	15509	0	39609
广西	4200	5100	4615	2200	0	269	1950	4413	3346				2382	26093
海南	3401	1243	1517	662	623	670	1125	1433	0	0	0	0	2382	13056
重庆	46409	14493	19727	7556	3583	508	245	5001	11942	3004	10651	13044	21763	157926
四川	34697	20679	23213	14007	5744	9905	15955	14707	0	5566	15556	31498	8391	199918
贵州	9795	2257	4434	1528	1159	1386	1584	2621	1759	1862	6968	9445	0	44798
云南	1282	2604	0	211	8538	198	0	285	9788	2358	5016	2800	0	33080
陕西	38272	18085	23950	12204	4900	7196	9572	18168	28878	4154	15967	11861	0	193207
青海	1347	1152	0	245	67	152	165	578	0	377	1098	1930	404	7515
新疆	6482	3161	4698	1218	505	1233	2886	3111	3266	0	0	0	0	26560
新疆兵团	665	426	394	326	89	267	151	437	245	0	0	0	232	3232
合计	291247	154821	157048	82137	44537	54608	69630	102569	123059	61981	217037	278920	65132	1702726

称及编码规则，全面推行全国统一证书；广东省按照住房城乡建设部"全国统一职业标准、统一评价大纲、统一证书式样、省（自治区、直辖市）统一组织管理、统一评价"的"五统一"原则，部署相关工作。编写了全省考核试题库。于2015年10月至12月顺利举办了三期统考。全省共2570人参加考试，有1748人通过考试，并获得《住房和城乡建设领域专业人员岗位培训考核合格证书》。

目前，各地新的岗位培训制度逐步建立，主要工作也从抓具体培训逐步转变为抓培训考核制度建设和指导监督培训实施，并充分发挥建筑企业、职业院校和社会培训机构在岗位培训中的主体作用，不断加强简政放权和放管结合，经过各地的共同努力，经住房城乡建设部人事司调研评估的省份岗位培训管理体制逐步理顺，证书发放工作稳步推进，服务行业管理的能力有所提升。经过通过住房城乡建设部人事司组织的调研评估，截至2015年底，又有多个省（区、市）核发全国统一证书。

2015年，全国26省（区、市、兵团）共有268.17万人参加由地方主管部门组织开展的各类专业技术人员考核评价，其中江苏、浙江、湖北、陕西、四川、北京、重庆7省市参加考核评价人数约占26个省（区、市、兵团）总数的53.18%，其中江苏、浙江、湖北突破了20万人，参见表2-5和图2-4。

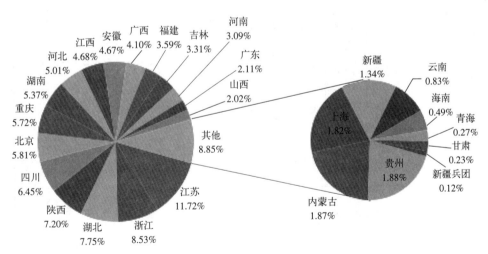

图 2-4　2015 年全国 26 省（区、市、兵团）参加考核评价人数占比情况

2015年，全国27省（区、市、兵团）共有184.08万人获得考核合格证书。其中施工员、质量员、安全员、材料员、劳务员、资料员、安全B类、安全C类人员取证人数突破10万人，取证人数最多的是施工员，达到31.94万人。参见表2-6。

2015年26省（区、市、兵团）专业技术人员参加考试情况统计表

表2-5

地区	施工员	质量员	安全员	材料员	标准员	机械员	劳务员	资料员	造价员（预算员）	安全A类	安全B类	安全C类	其他	合计
北京	19872	17217	0	7598	0	5953	7176	10823	22036	2865	13154	32971	16033	155698
河北	22277	22052	0	10664	2531	7168	10190	11926	0	5518	18551	23584	0	134461
山西	7748	5401	4477	3529	1506	2115	2841	4451	1801	2448	9181	8773	0	54271
内蒙古	7596	4984	10062	2002	1275	2346	2623	3374	1713	1452	6193	6656	0	50276
吉林	16526	12707	11912	6299	2197	4938	5231	7008	0	2658	7387	11912	0	88775
上海	98	1169	0	99	306	43	191	138	7979	2591	10596	25520	0	48730
江苏	77518	65510	0	32821	0	22239	31904	34399	0	6254	14478	29206	0	314329
浙江	40900	29644	0	14898	14267	16623	18877	18352	23700	5202	22300	24061	0	228824
安徽	22458	15996	0	9465	3904	8589	11585	10841	0	4370	15987	22110	0	125305
福建	17785	9852	7376	4693	2504	4007	5103	4841	15029	1234	5886	17851	0	96161
江西	15290	8680	10460	5441	8590	9138	8488	6560	18092	2142	12703	9460	10544	125588
河南	18432	4905	4270	2415	623	251	186	5116	2681	3276	21763	19633	0	82928
湖北	23605	11710	26522	8327	0	0	0	6815	11258	16647	48004	55059	0	207947
湖南	33368	16379	18157	6276	4735	5647	13658	8055	5446	3954	13162	15165	0	144002
广东	376	206	0	141	159	178	1353	157	19854	6014	12538	15509	0	56485
广西	21853	7836	21804	3804	0	3282	3178	6048	8450	2758	10239	20686	0	109938
海南	3401	1243	1517	662	623	670	1125	1433	0	0	0	0	2382	13056
重庆	45058	13803	18788	7197	3413	484	236	4802	11594	3004	10607	13044	0	153389
四川	32609	19545	21894	13192	5246	9166	14641	14240	0	5566	15556	13498	21359	172997
贵州	10904	3131	5516	2382	817	2157	2462	3488	1759	1811	6729	9193	0	50349

续表

地区	施工员	质量员	安全员	材料员	标准员	机械员	劳务员	资料员	造价员(预算员)	安全A类	安全B类	安全C类	其他	合计
云南	0	2604	0	0	8538	0	0	0	8937	0	0	2273	0	22352
陕西	38272	18085	23950	12204	4900	7196	9572	18168	28878	4154	15967	11861	0	193207
甘肃	0	0	0	0	0	0	0	0	6270	0	0	0	0	6270
青海	1310	1118	0	245	67	152	165	563	0	363	1052	1865	361	7261
新疆	5969	2874	3979	1030	379	1189	2585	2989	3064	1174	7578	3109	0	35919
新疆兵团	662	423	394	325	89	267	151	436	244	0	0	0	232	3223
合计	483887	297074	191078	155709	66046	113798	153521	185023	198785	85455	299611	392999	58755	2681741

表 2-6

2015 年 27 省（区、市、兵团）专业技术人员获取证书情况统计表

地区	施工员	质量员	安全员	材料员	标准员	机械员	劳务员	资料员	造价员(预算员)	安全A类	安全B类	安全C类	其他	合计
北京	9764	9031	0	4014	0	2980	4951	7334	9147	1963	11546	22763	7318	90811
河北	13939	15371	0	6560	630	3528	5235	7079	0	4982	15618	21498	0	94440
山西	7713	5382	4458	3515	1495	2101	2818	4350	1718	4054	15248	19911	0	72763
内蒙古	5618	3878	7703	1499	984	1752	1926	2567	1304	1380	5257	6273	0	40141
辽宁	14113	0	3867	5526	1885	4507	4225	8506	0	0	0	0	0	42629
吉林	15216	11485	10182	5341	1967	4161	4711	5984	0	2399	6954	10182	0	78582
上海	52	520	0	33	129	25	84	68	1378	1859	8539	14525	0	27212
江苏	35842	30147	0	14345	0	11537	18889	16605	0	3299	9558	10880	0	151102

续表

地区	施工员	质量员	安全员	材料员	标准员	机械员	劳务员	资料员	造价员（预算员）	安全A类	安全B类	安全C类	其他	合计
浙江	26170	17658	23419	8719	9457	11215	12358	10646	4704	5752	11853	12771	0	154722
安徽	10804	10318	0	6206	2675	5784	7792	6402	0	3539	12268	14173	0	79961
福建	11560	6404	5901	3051	1753	3366	3266	3486	1951	975	5533	13567	0	60813
江西	11761	6668	8042	4182	6608	7024	6514	5042	12923	3184	16951	12898	10394	112191
河南	15119	3721	3724	1791	0	201	141	4332	2250	3801	19090	17914	0	72084
湖北	16524	8197	18566	5829	0	0	0	4771	7880	13873	40004	45883	0	161527
湖南	21721	10586	13140	3870	3069	3743	10553	5639	3484	0	0	0	0	75805
广东	256	140	0	96	108	121	920	107	5531	4138	10071	11399	0	32887
广西	12662	3092	12645	2303	0	1996	2456	4404	4062	0	0	0	0	43620
海南	1480	697	1128	413	381	535	718	987	0	0	0	0	1282	7621
重庆	26714	7449	13547	3753	1936	280	130	3937	8037	1586	7379	7506	12035	94289
四川	24167	14733	16347	10119	4210	7001	11382	10847	0	4745	13951	13498	5667	136667
贵州	10286	2635	4899	1801	1420	1710	1948	2996	1759	1317	4354	6276	0	41401
云南	0	2469	0	0	7187	0	0	0	0	0	0	2273	0	11929
陕西	22613	11371	15088	7462	2640	4531	5545	10060	15019	3881	13240	9107	0	120557
甘肃	0	0	0	0	0	0	0	0	534	920	6748	3398	0	11600
青海	1080	951	0	190	56	123	135	447	0	312	935	1575	333	6137
新疆	3789	2133	2987	871	351	817	2107	2124	2209	0	0	0	0	17388
新疆兵团	427	346	320	146	32	97	84	239	79	0	0	0	153	1923
合计	319390	185382	165963	101635	48973	79135	108888	128959	83969	67959	235097	278270	37182	1840802

2.2.1.3 专业技术人员继续教育情况

2015年，全国25省（区、市、兵团）共有101.92万人参加由地方主管部门组织开展的各类专业技术人员继续教育，浙江、江西、四川参加继续教育人数均突破10万人。继续教育人数最多的是施工员，达到21.85万人。参见表2-7。

2.2.1.4 专业技术人员职业培训管理情况

2015年，各地区主管部门认真贯彻十八届四中全会和习近平总书记系列讲话精神，在住房城乡建设部的领导下，积极适应形势发展的需要，紧紧围绕住房城乡建设工作大局，抢抓全面深化改革发展的有利时机，解放思想、务实创新，大胆探索、转变职能、服务基层，认真做好专业技术人员教育培训管理工作。积极加强培训工作管理，认真落实行业培训职责，完善培训管理制度，积极推进全行业专业人才队伍建设，有效推动了住房城乡建设各项事业科学发展。

（1）教育发展理念更加科学。广东省为更好地做好培训服务，省建设教育协会每年定期分片区送教上门，开展本行业专业技术人员继续教育工作，得到企业和参训人员的一致好评；福建省积极推行从业人员岗位证书电子化，减轻日常制证工作量，防止假证套证，便于使用和管理。同时，为提高行政效率，减轻群众负担，实现优化服务，将从业人员继续教育系统与从业人员综合服务平台无缝对接，实现延期复审工作无纸化；湖北省建设厅加强指导湖北城市建设职业技术学院加强体制机制和职教品牌建设、深化产教融合与校企合作。去年新增8个校内实训基地（室）、17个校外实训基地、3个省级特色或品牌专业，依托职教集团开展人才培养、技能竞赛、顶岗实习。湖北省住房城乡建设厅计划2016年继续指导湖北城市建设职业技术学院深化产教融合与校企合作。积极筹备中南地区职教集团联盟，争抢省级示范性职教集团，成立"天衡学院"、"远升学院"，深化现代学徒制人才培养，探索混合所有制办学新途径；积极筹建世界技能大赛培训基地；重庆市明确提出下一步工作思路，一是建立健全基于市场机制的社会化培训体系。推行考前培训社会化，培育一批符合建设行业发展要求的社会培训机构、企业培训中心和建设类"双证制"院校，打造一批产业化工人培训基地；二是探索建立支持城乡智慧建设和装配式建筑推广的人才培养体系。科学谋划城乡智慧建设和装配式建筑推广的人才发展需求，编制相关职业（技能）标准，完善考培体系。

（2）教育管理体制更加健全。2015年，各地区针对职业培训工作中存在的突出问题，注重顶层设计，围绕加强统筹管理、规范各类培训、考试行为，引导培训机构公平竞争，相继出台了一系列文件和措施，逐步建立了"归口管理、考培分开、统筹协调、责任明晰、上下联动"的职业培训管理机制，职业培训

表2-7

2015年25省（区、市、兵团）专业技术人员继续教育情况统计表

地区	施工员	质量员	安全员	材料员	标准员	机械员	劳务员	资料员	造价员（预算员）	安全A类	安全B类	安全C类	其他	合计
北京	0	0	0	0	0	0	0	0	599	3495	6602	18270	0	28966
河北	3636	6966	0	2026	29	232	672	1992	0	3163	8129	10724	0	37569
山西	55	30	21	28	30	10	12	20	12	1632	6121	5849	0	13820
内蒙古	4869	2019	3588	353	0			1464	222	1173	4205	5018	0	22911
吉林	5412	3459	0	819	694	773	608	792	0	0	0	0	0	12557
上海	0	0	0	0	0	0	0	0	2857	3793	9742	15716	0	32108
江苏	4937	14221	0	1276	0	554	0	1654	0	0	0	0	0	22642
浙江	32508	1480	24488	3707	0	0	0	10606	2540	10557	21952	25225	0	133063
福建	1539	931	1084	681	149	379	141	175	9766	1372	8434	20678	0	45329
江西	26790	17098	25977	17890	0	0	0	7857	5200	2600	13000	11000	3800	131212
河南	4106	2614	2679	1842	0	212	16	1940	0	3039	9994	11543	0	37985
湖北	15630	6930	18240	4899	0	0	0	2407	4013	0	0	0	0	52119
湖南	8022	2649	6460	2171	1909	1874	0	2836	1433	0	0	0	0	27354
广东	595	294	0	228	0	98	0	201	9402	63274	0	0	0	74092
广西	2006	1312	2519	540	0	174	27	962	1211	3450	14968	0	0	27169
海南	6856	2168	5139	1962	187	1166	286	6128	0	0	0	0	8310	32202

续表

地区	施工员	质量员	安全员	材料员	标准员	机械员	劳务员	资料员	造价员（预算员）	安全A类	安全B类	安全C类	其他	合计
重庆	9821	5937	7301	4461	0	0	0	3687	3219	1515	6597	6228	2607	51373
四川	59129	0	0	0	0	0	0	0	0	5422	14039	27862	0	106452
贵州	2154	740	1644	423	1	12	0	518	221	278	1534	1519	0	9044
云南	0	0	0	0	0	0	0	0	0	0	0	5000	0	5000
陕西	6825	3168	4129	1895	0	155	0	4034	0	2907	10665	4513	0	38291
甘肃	0	0	0	0	0	0	0	0	5420	0	0	0	0	5420
青海	426	298	0	0	0	0	0	30	0	85	474	591	113	2017
新疆	22967	10701	13131	3584	845	1715	1502	10845	4635	0	0	0	0	69925
新疆兵团	242	107	110	27	0	7	0	103	14	0	0	0	1	611
合计	218525	83122	116510	48812	3844	7361	3264	58251	50764	107755	136456	169736	14831	1019231

注：四川施工员数据为施工员、质量员、安全员、材料员、标准员、机械员、劳务员、资料员、造价员（预算员）合计数据；广东安全A类数据为安全A类、安全B类、安全C类合计数据。

工作一级抓一级、层层抓落实的工作格局正逐步形成。广东省建设教育工作由厅人事处牵头，各业务处室（省建设执业注册中心）配合，省住房城乡建设系统各相关协会（学会）具体负责相关教育培训工作。形成以厅人事处牵头、各业务处室、各有关协会、各培训机构和大型企业自设培训机构等作为培训主体的多层次、多形式的建设教育格局，建立起较完善的建设教育培训体系；广西积极推进制度化建设，持续规范管理改进作风。贯彻落实国务院新政，牵头草拟《广西住房城乡建设执业资格专业技术人员继续教育培训实施办法（试行）》（送审稿）等文件，现已完成广泛征求意见、召开座谈会、厅有关处室会签等环节工作，正在报请规范性文件审查；贯彻实施住房城乡建设部现场专业人员职业标准意见，推动修订出台《〈关键岗位资格管理办法〉补充规定》等系列文件，细化岗位培训考试工作。通过推进制度化建设，一方面规范了培训考试管理，激发了企业创新活力，另一方面，有效禁止了乱办班行为，切实把中央关于改进工作作风有关规定落到实处。

（3）考核评价制度更加完善。2015年，在各地区各相关部门的积极努力下，充分地保证了住房城乡建设领域专业人员考核评价工作的平稳、有序和顺利实施。云南省住房城乡建设厅结合全省建设行业教育培训工作实际，制定出台了《云南省住房城乡建设厅行业培训费管理办法（试行）》，进一步加强了厅管各类培训组织实施工作的统筹管理。起草了有关《专业人员职业标准实施方案》、《统一考核评价工作制度》、《建筑工人职业培训工作的实施意见》、《建筑施工企业技术工人自主职业培训考核试点》等多份行业管理制度建设文件；福建省按照住房城乡建设部对实施"八大员"职业标准的有关要求，继续制定和完善岗位考核管理制度和考试方案，公布福州市建委等14个"八大员"岗位考核机构名单。积极贯彻"八大员"职业标准，增强考试的适岗性，通过分析考试成绩，总结考试经验，组织专家修编14个专业共28科考试题库并适时优化更新，提高"八大员"岗位考核的针对性和实效性；河北省下发了《关于开展住建领域现场专业人员继续教育培训暨证书换发登记工作的通知》，对继续教育的培训机构、换证条件、报名方式等作出了总体安排；重庆市城乡建设委员会印发了《关于启用住房城乡建设领域专业人员和建筑工人新版培训合格证书相关事宜的通知》，统一了全市建设行业专业人员、建筑工人岗位、工种名称及编码规则，全面推行全国统一证书。

（4）基于市场机制的社会化培训体系基本形成。2015年，各地区积极为所辖各类高、中职院校、技校与大型骨干企业开展校企合作牵线搭桥，共同建设实训基地。逐步建立了以高校为龙头，各类高、中职校、技校、培训中心为主体，行业协会、企事业单位以及建筑工地农民工业余学校相衔接的多层次、多形式、多渠道的培训网络，为建设从业人员参加多形式的学历教育、继续教育、岗位培训、技能培养提供了广阔空间。湖北省积极指导湖北城市建设职业技术学院加强体制机制和职教品牌建设、深化产教融合与校企合作。去年新增8个校内实训基地（室）、17个校外实训基地、3个省级特色或品牌专业，依托职教集团开展人才培养、技能竞赛、顶岗实习；山西省建院人才培养质量稳步提高，10余名教师考取国家注册执业资格证书，重新修订了《教科研项目管理办法》，全年与行业企业合作完成培训8577人次，与澳大利亚北悉尼学院、西班牙瓦伦西亚理工大学签订了合作办学协议。山西省城乡建设学校启动了建筑工程施工等两个重点专业和工程测量等3个重点实训基地建设工作，4个专业实现了中高职衔接，服务社会成效十分显著，开展了《山西省绿色建筑评价标准》培训、"注册城市规划师"继续教育培训等培训工作，利用学校实训基地培训鉴定学生和社会人员达34318人次。

（5）标准管理模式正在形成。2015年，各地区针对建设系统职业培训考试多头管理，重复环节多，工作效率低，基层负担重的情况，在充分调研的基础上，坚持问题导向，结合考试工作实际，按照创新、创优、高效的原则，对原考试制度进行了创新、调整和完善，逐步实现了职业培训考试统一标准化管理的工作目标。贵州省住建厅按"大教培"工作部署，组织实施了全省第1次住房城乡建设领域专业人员岗位考试。这次考试是贵州首次按全省统一标准、统一大纲、统一考核、统一管理的方式进行组织和实施的。考试组织工作严格执行考培分开原则，承担考核评价的具体工作，单位不组织与考试相关的培训活动。打破了以往由培训机构组织，随时报名随时考试随时取证的模式，取而代之的是更加严格规范的"五统一"模式；江西省住建厅在"五统一"原则基础上，厅职能部门及培训机构将中央"三严三实"要求，运用到统考上来，严格落实"严"字当先，凡组织考试，都坚持召开考前动员教育会议，根据任务部署工作，提出要求；每次考试，职能部门及统考组织单位领导都坚持亲临考场巡考，发现问题及时整改，保证考务工作严谨有序；统考全部实行标准化考场，并全程监控，减少作弊现象；运用答题卡考试，并实行机改试卷叛题，杜绝了人为操作因素；2015年广东省按照住房城乡建设部"全国统一职业标准、统一评价大纲、统一证书式样，省（自治区、直辖市）统一组织管理、统一评价"的"五统一"原则，部署相关工作，并编写了全省考核试题库。

（6）考风考纪管理逐步加强。2015年，各地区上下联动，按照"依法治考，规范管理，职责明确，责任追究"的原则，围绕规范考场秩序、严肃考风考纪、净化考试环境、倡导诚信考试等建章立制，相继出台了各类文件措施，并建立了完善的责任体系，逐级落实"谁主管，谁负责"的分级管理责任制，实行目标管理，有力地保证了人才考核评价工作的顺利开展。广西住建厅强化考试保密工作，建设标准试卷保密室，完善配备监控等设施。首次委托具备国家保密资质单位安排专项接送试卷，配置手机信号屏蔽仪等设备，防范电子作弊现象，营造良好考风考纪，确保考试工作安全规范；河北省施工现场专业人员考核命题严格保密，专程赴监狱印刷、分装试卷。

（7）行业教育培训信息化建设不断完善。2015年，各地区结合职业培训和考试考核工作实际，以简化办事程序，提高工作效率为目标，加快数据整合，实现大数据管理，多层次搭建为系统从业人员提供各类培训考试信息、介绍职业培训资源、开展经验交流、实现网上报名、网络培训、成绩查询、持证人员信息动态管理等功能的"一站式"工作平台。湖南省建立了基于云计算的网络数据库管理，实现了建筑现场专业人员和技术工人考试、考核、评价、服务全过程、全方面的信息化管理，信息化工作走在全国前列，为企业资质申报和资质就位、为专业技术人员从业等提供了有力支持；重庆市城乡建设委员会组织开发"重庆市建设岗位教育培训管理系统"，将专业人员、建筑工人的考核发证、继续教育、证书备案等工作纳入管理系统，实现考试报名、证书打印、继续教育等全过程信息化管理；搭建从业人员信息与建筑业企业资质申报系统对接通道，为企业资质申报提供便利，为建筑施工从业人员信息化管理奠定坚实基础；湖北省住建厅在保证培训鉴定质量的前提下，积极探索培训鉴定工作的新办法新途径。指导宜昌市试行建立信息互动远程教育培训平台，实现IP终端和手机终端服务双通道，方便企业和工人"随时学、随地学、随便学"。对在岗人员实施指纹考勤和电子押证，实现了工程建设及人员行为网上动态管理。

（8）规范管理，健全完善教育培训机构。2015年，各地区按照"以评促建、以评促改、以评促管、评建结合、共同提高"的原则，不断加强对各类培训机构的指导和管理，促进各类培训机构进一步加强教学基本建设。湖北省2015年组织了15个督查组，对全省60家培训鉴定机构进行了全面检查，对存在办学基础条件差、考核管理不严格、档案管理不规范等问题的培训机构进行了严肃处理，撤销了3个培训机构、6个职业技能鉴定站，并对12个培训机构给予暂停建设类培训资格、限期整改的处理。内蒙古自治区住房城乡建设厅为规范全区教育培训工作，实现真正的"管办分离"，组织各盟市培训机构专家组成专家组，对内蒙古自治区12个盟市的培训机构就人员师资、教学设施、场地规模、管理模式等进行了认真评估，经过实地调研、评估、公式等环节，向社会推荐了可承担住建系统培训的机构22家，基本满足了全区住房城乡建设领域专业人员培训、继续教育的需求，同时，建立健全了培训机构考评监督制度，明确对已认定的培训机构每三年至少抽查一次，实行动态管理、择优汰劣。

2.2.2 建设行业专业技术人员继续教育与培训存在的问题

2015 年，专业技术人员继续教育与培训工作取得了不错的成绩、获取了很多的经验，但仍存在许多问题和不足，需要各方的高度重视和共同研究解决。

（1）教育培训针对性不强，存在走过场现象。一些教育培训机构没有把提高建设行业从业人员素质作为首要任务，对教育培训工作的重视不够，缺乏对于师资的筛选、教学过程的管理，过多看重经济收益，导致教育培训质量不高，存在走过场的现象。持证人员继续教育多头承办，质量不一，难以统管。一些地区教育培训体制机制很不健全，没有领导分管，没有部门负责，没有专人管理教育培训工作，教育优先发展的战略地位无法很好的落实，教育培训在人力资源开发中的重要作用还未能得到充分发挥。建筑市场的用工制度造成工人流动性大，证书与工人收入未实现挂钩，导致建筑技术工人培训工作开展难，企业与工人均缺乏培训的主动性。建筑工人培训工作长期处于为办证而培训的畸形环境中，个别施工企业对职业技能培训鉴定工作认识不到位，认为交了报名费就一定能拿证，没有充分认识到职业技能鉴定的重要性以及对建筑工人的技能提升，难以达到国家层面各项建筑工人培训制度的政策效果。现场专业人员培训考核以及继续教育工作，因制度重塑，有关基础工作薄弱，亟待尽快夯实基础、完善制度。

（2）企业和从业人员的学习主动性有待进一步加强。自 2014 年起，建设行业增速明显放缓，企业作为生产经营的主体，首要考虑的是如何保证生产经营活动能够正常有序地开展下去，对于员工素质和技能的提高则有些放松。企业和从业人员对于在岗培训的重视程度也不高，学习的主动性不强。很多企业只是为了企业资质而临时派员培训、参训学员也只将获取证书作为唯一目的，为取证被动培训的现象比较普遍。

（3）教育资源分布不均，教育水平差异较大。全国各地区经济社会发展存在很大差异，从而导致各地区建设教育培训工作的开展存在地区与地区、单位与单位、行业与行业之间的差别，不平衡现象较为突出。例如：内蒙古自治区东西区域跨度大，个别盟市教育培训质量与效果存在地区差异。教材、大纲、题库、师资、信息平台等教育培训基础建设工作相对薄弱。

（4）缺少覆盖企业各层级、各种需求的完备培训体系。各地培训机构更多的是围绕企业资质升级、保级，现场开复工，工程招投标工作开展的取证培训，或者行业新颁布的新政策、法规、工艺、标准等培训，而针对企业经营、体制改革、发展创新等方面的培训比较缺乏。培训项目也更多地集中在一线操作人员和一线管理人员身上，对于整个建设系统领军人才、创新型人才、复合型人才和高技能人才紧缺的现象重视不够，针对性强的项目更是急缺。

（5）采用新兴的信息化教学技术手段不够。目前，全国各地开展的建设行业教育培训工作还是比较多地采用教室、书本、教室讲授的传统模式，即便采用互联网的教学与考试模式也还是比较初级的模式——录制教师授课过程网络播放。没有真正将新兴的 BIM、VR 等技术应用其中，也更没有将每个岗位或工种的实际工作要求融合到实际教学活动中来。

（6）教育培训涉及专业不够全面。当前全行业大规模职业培训仅局限于建筑业专业技术人员的持证上岗培训、考证培训和对持证有强制要求的部分关键岗位培训，也就是行政许可和执业资格等明确要求涉及的行业。而适应当前社会发展和行业发展需要的专业培训项目较少，如房地产、园林绿化、村镇建设、燃气安全等。

（7）证书全国统一管理问题亟待规范。近年来专业人员岗位培训考核合格证书在行业管理中的应用愈加广泛，证书发挥的作用日益显现。但由于各省之间培训大纲、教材、报考条件等不尽相同，造成持有不同省份证书的人员在素质能力上可能存在一定的差异，加之全国统一证书管理信息系统尚未建立，对跨省域流动的持证人员如何进行统一、规范管理，实现真正的各省互认，并规范做好管理，以及后续的继续教育等工作，目前仍有一些具体问题没有政策依据。

2.2.3 促进建设行业专业技术人员继续教育与培训发展的对策建议

2.2.3.1 面临的形势

2016 年，国家行政审批制度改革进一步深化，政府职能转变以及新型城镇化、建筑产业现代化等工作全面展开，各行业的生产方式、人才培养和考核方式相应地将发生变革，这就对我们的职业培训工作提出了新的要求。所以，各地区的职业培训工作应该紧紧围绕住房城乡建设事业各项改革发展任务，不断推进建设行业教育培训工作向前发展。

（1）行业面临新的机遇和挑战。2016 年职业培训工作将面临很多新的机遇和挑战。随着全面深化改革工作的开展，培训市场化、培训内容的市场导向性将更加突出。行业教育培训工作将得到更多的重视。在国家人才培养体系中职业教育的重要位置日益突显，行业教育培训将迎来新的机遇。

（2）探索与创新行业人才培养新模式。当前，建筑业仍是劳动密集型产业，应尽快建立健全职业教育培训工作体制,大规模、多层次的实施全行业人才培养，促进全行业向科技创新迈进。尽快适应移动互联、云计算、大数据、物联网的新时代，积极探索互联网技术与传统教育方式的深度融合，推进建设职业教育科学化发展，摆脱人才培养传统单一模式，充分运用网络平台，使优秀的师资和课源能够发挥更大作用。

（3）聚焦"以人为本"的新型城镇化发展。"十八大"报告提出，要坚持走中国特色新型工业化、信息化、城镇化、农业现代化的新型城镇化道路，这成为未来我国教育改革和发展的重大主题。新型城镇化提出要实现"以人为本"的城镇化，在建筑工业化的进程中，探索数以百万计的建筑业农民工向产业工人转变。积极围绕新型城镇化的深入推进，扎实开展村镇建设技术管理、村镇工匠等方面的人才培养，有效地提高人才培养质量，更好地促进新型城镇化的发展，使城市建设与城市服务业培育互动起来。

（4）创新行业培训项目。住房城乡建设部《建筑业企业资质标准》的颁布实施对全行业人才的培养提出了更新、更高的要求，各地如何发挥自身优势，紧扣行业发展的脉搏，开拓新的培训项目尤为重要。很多新的培训项目的开发、标准的制定、教材大纲的编写以及题库的建设等工作需要各地区、全行业协调共同完成。

2.2.3.2 对策和建议

（1）健全机制，完善管理体制。在国家深化体制改革，政府简政放权过程中，行业主管部门应不断健全完善行业教育培训激励约束机制，根据企业与从业人员的具体需求，提高教育培训工作的重要性、紧迫性，使得教育培训工作在建设行业企事业单位的领导意识中占有更加重要的位置。提升行业教育培训发展理念，改善人才培养模式相对陈旧的现状。促进建设行政部门依法行政，减轻职业能力考核评价工作压力，不断完善培训标准、质量、制度措施等，进一步加快行业教育培训体制改革。

（2）进一步推进简政放权、放管结合、优化服务改革。住房城乡建设部建筑市场监管司向全国各省有关部门印发《关于征求调整建筑业企业资质标准部分指标意见的函》（建市施函〔2016〕86号），拟取消了《建筑业企业资质标准》关于现场管理专业人员和技术工人的指标要求，是进一步推进简政放权、放管结合、优化服务改革的重要举措。逐步考虑是否结合建筑企业资质标准要求，简政放权，同步实施改革，放开现场管理专业人员和技术工人培训市场，交由行业协会实行自律管理。建立健全基于市场机制的社会化培训体系。推行考前培训社会化，培育一批符合建设行业发展要求的社会培训机构、企业培训中心和建设类"双证制"院校，打造一批产业化工人培训基地。

（3）教育培训保障能力进一步提高。住房城乡建设部加强与相关部委的沟通协调，出台针对行业培训的有关经费支持政策，减轻企业培训考核资金压力，帮助建筑类院校、职业学校和培训机构提升软硬件培训实力。组织编写富有行业特色的系列培训教材，精选课程内容，优化课程结构，推广使用岗位培训标准课件，确保培训工作质量。

（4）加强完善信息化管理体系。住房城乡建设领域培训项目多、涉及面广、规模大，且大都与行业管理工作联系紧密，建议住房城乡建设部进一步完善相关政策规定，加强对地方的工作指导，加快建立全国统一的信息管理系统，同时多组织全国性的经验交流和观摩学习活动，促进教育培训工作的健康有序开展，为住房城乡建设事业发展提供更有力的智力支持和人才保障。完善建设教育培训信息化管理系统，推进现场施工专业人员无纸化考核与远程继续教育，加强数据资源整合与共享，为现场施工从业人员管理和培养提供决策支持。将专业人员、建筑工人的考核发证、继续教育、证书备案等工作纳入管理系统，实现考试报名、证书打印、继续教育等全过程信息化管理；搭建从业人员信息与建筑业企业资质申报系统对接通道，为企业资质申报提供便利。

（5）加强继续教育的教材建设。在现代社会飞速发展的新形势下，在继续教育工作中，教材建设、教材质量的意义特别突出。继续教育的教材建设要重点注意：加强教材编者队伍和教材管理队伍建设；注意教材的针对性和创造性，做好研究和评价工作；坚持理论性重视实践性，坚持知识性突出应用性，适应专业要求突出时代特征的特点；要做好教材的组织与保障工作，加强对教材建设的组织领导，培养教材编审和管理专职队伍；要加强教材制度建设，编写、编印出精品教材。建议组织编写富有行业特色的系列培训教材，精选课程内容，优化课程结构，推广使用岗位培训标准课件，充分发挥教材在职业培训中的重要支柱作用确保培训工作质量。

（6）加快构建继续教育培训体系。充分利用本地各级各类现有培训资源，建立继续教育基地。依托本地中、高等院校，建立以大专院校为中心的继续教育培训基地；依托各级各类培训中心，建立以培训中心为主的继续教育培训基地；依托大中型企业，建立以企业人事教育部门为主的继续教育基地；以民营院校、培训机构为依托，建立私营企业的继续教育基地；依托国际教育培训机构，建立以中方为主的国际化继续教育基地。积极探索，充分利用远程教育手段，发挥远程教育作用。适应网络时代的要求，在利用好本地教育资源的同时，逐步建立起网上继续教育系统，发挥网络方便、快捷、省时、高效的优势，整合不同地区、不同机构、不同组织的继续教育资源，提高高等学校、科研院所、大型企事业单位教育资源利用率。

2.3 2015 年建设行业技能人员培训发展状况分析

建设行业的工人是建设从业人员的主力军，而建筑业是建设行业的重要组成部分，是推进工业化、城镇化、现代化建设的重要力量，是全面建设小康社会的重要群体。2015 年全国有施工活动的建筑业企业 80911 个，全国农民工总量为 27747 万人，从事建筑业的农民工约 5854 万余人，占总量的 21.1%。

建筑农民工已经成为建筑行业生产一线的主力军和不可缺少的重要力量，建筑行业已成为吸纳农村劳动力转移就业的重要行业，担负着缩小城乡差别、维护社会稳定的重要任务。近几年建筑业出现的生产安全问题、农民工维权、违法问题等表明，特别是随着建筑产业现代化的快速推进，装配式建筑、钢结构建筑的出现，必须加强对农民工的教育培训与技能鉴定，不断提高他们的综合素质、劳动技能和谋生本领。

2.3.1 建设行业技能人员培训的总体状况

以建筑业施工企业技能人员培训为例，现阶段，一线操作人员分为两个部分，一部分为企业自有的技能人员，一部分为劳务企业管理的农民工。在这些农民工中，大多数是高中以下毕业生，没有经过专门技能培训，加大对他们技能的教育和培训，从而提高他们的素质，是建设行业健康持续发展的迫切需要。

2.3.1.1 现阶段建设行业农民工现状

（1）从农民工来源来看。按农民工户籍所属省份，本地农民工达 10863 万人（外出农民工 16884 万人），比上年增加 289 万人，增长 2.7%。本地农民工占农民工总量的 39.2%，所占比重比 2014 年提高 0.6 个百分点。本地农民工从事建筑业的约 2107 万人，占本地农民工总数的 19.4%，下降 1.3 个百分点。外出农民工从事建筑业的约 3747 万人，占外出农民工总数的 22.2%，下降 0.9 个百分点。

（2）从年龄构成来看。农民工仍以青壮年为主，但所占比重继续下降，农民工平均年龄不断提高。40 岁以下农民工所占比重为 55.2%，比上年下降 1.3 个百分点；50 岁以上农民工所占比重为 17.9%，比上年上升 0.8 个百分点。

（3）从学历结构来看。农民工队伍中，取得中专、中技、职高的工人有 1756.2 万人，占总人数的 30%，3902.7 万人为初中及以下学历，占总人数的 66%。农民工队伍素质总体偏低，成为制约建筑业发展的短板。

（4）从培训取证来看。现有建筑业农民工中，普通工种持证上岗人员严重不足，高级工比例更低。农民工自我提高、持证上岗意识淡薄。工人工资与持证未挂钩。另外农民工流动频率高，导致人证分离的现象严重。

2.3.1.2　技能人员培训情况

针对以上建筑业技能人才以及一线技能操作人员的培训背景，最近几年，住房城乡建设部每年都要召开一次全国性教育培训工作会议，分析问题，研究政策，交流经验，部署工作。经过多年的努力，初步形成了多渠道、多层次、多形式的职业技能培训工作格局。

2015 年，住房城乡建设部根据制定的建设行业农民工技能培训规划，将培训任务分解到各省市，再由各省市分解到各地市，明确责任。同时建立年度培训工作通报制度，督促各地认真落实。针对建设行业农民工数量庞大的实际情况，把建筑业的有关工种进行分类，集中力量抓影响工程质量和安全生产的关键工种，重点是机械操作工、砌筑工、架子工、钢筋工等。全年培训 2670109 人次，其中技师、高级技师 11934 人次、高级工 210371 人次、中级工 1313059 人次、初级工 460933 人次、普工 674465 人次。

2.3.1.3　技能人员技能考核情况

在培训工作中，注重不断改进培训方法，增强培训的针对性和实用性。按照实际、实用、实效的原则，合理设置培训课程，采取师傅带徒弟、工学交替、个人自学与集中辅导相结合等多种方式，以工程项目为载体，以施工现场为依托，大规模开展农民工技能培训。如各地在长期培训工作中，逐步摸索出集中培训与分散自学、长期培训与短期办班、学校教学与流动办班、基础培训与技能提高"四个结合"的培训方法，取得了明显成效。

目前已经先后颁布了 96 个工种的职业技能标准、鉴定规范和鉴定题库，编写了近百种农民工培训教材，设立培训基地 1356 个，鉴定机构 993 个，考评员配备 32657 人。2015 年参加考核并取证的技能鉴定人数已达 1689438 人，其中技师、高级技师 7764 人、高级工 180812 人、中级工 1095608 人、初级工 404930 人。

2.3.1.4　技能人员技能竞赛情况

新常态必将倒逼产业、企业转变发展方式，走技术创新、产品创新、管理创新之路，这条路能否畅通关键看技能人才队伍建设。通过技能大赛的举办，进一步在建筑行业职工中广泛开展技术培训、岗位练兵、技能比武、技能晋级等活动，为中、高技能人才和优秀技术工人脱颖而出开辟绿色通道，有利于促进技能人才队伍特别是专业技术人才、高技能人才队伍建设。

2015 年举办了"2015 中国技能大赛——中央企业职工技能大赛"，涉及工程测量工项目；举办了"2015 中国技能大赛——第十一届'振兴杯'全国青年职业技能大赛"涉及维修电工项目；举办了"2015 中国技能大赛——第五届全国职工职业技能大赛"，涉及焊工项目。全国技能大赛的举办，激励广大建设职工，加强岗位练兵，提高专业技能，弘扬工匠精神，勇攀技术高峰，将为建设一支技术精湛、作风过硬、敢为人先的专业技能人才队伍增添内生动力与活力。

还有一些大型的建筑企业，将技能竞赛作为常态性的工作进行，竞赛优秀选手直接与公司签订劳动合同，成为企业自有职工，为企业培养选拔高技能人才开辟了新通道，调动了农民工"钻技术、练硬功"的积极性和自觉性。

2.3.1.5　技能人员培训考核管理情况

不断加强制度建设，健全职业资格证书体系。职业资格证书和技能鉴定证书是我国教育制度和劳动就业制度的重要组成部分，是推进职业教育和培训工作的有效措施。经过多年的努力，已经逐步建立起覆盖一线操作人员、基层技术管理人员和专业技术人员的三大培训考核证书体系，并根据建设行业改革发展的需要，不断加以完善。

目前的考核管理程序。管理是由国家住房城乡建设部人事司总的指导和部署，各省市建设行政管理部门人事处具体负责组织（个别省市由建设教育协会负责）。并在省会城市以及地级市分别设立培训机构和鉴定站，具体实施培训与考核。考核证书分别是由国家人社部门印制的等级证书和住房城乡建设部门印制的等级证书在劳务企业中双轨运行。具体的证书、人员的管理与取证人员的继续教育由劳务企业负责。

为解决技能人才紧缺问题，住房城乡建设部与教育部共同实施建设行业技能型紧缺人才培养培训工程，将建筑（市政）施工、建筑设备、建筑装饰和建筑智能化等四个专业，作为技能型紧缺人才重点培养专业，确定了165所职业院校作为建设行业技能型紧缺人才示范性培养基地。

2.3.2　建设行业技能人员培训面临的问题

研究农民工职业培训，首先要研究农民工培训的概念。不同领域对于职业培训的理解不同，因此对其定义也不同。有人将职业培训定义为根据社会需求，对不同教育程度的劳动者进行不同程度的职业技能培训，通过对农民工灌输各种特定劳动的基础知识，使农民工能够良好的完成各种具体职业，培养成技能人才。有人认为职业培训是短期的与学历无关的职业教育，主要有就业、岗位、转岗及其他很多专业技能培训。总结以上的论述，可以认为职业培训是通过对劳动力进行专业的职业技能培训，适应现在国民经济发展对农民劳动力的要求，农民工通过接受专业的职业培训，掌握并运用到实际工作中去。

从职业培训的定义不难看出，农民工职业培训不仅能切实提高农民工本身的职业素养和技能水平，更关乎整个社会经济的发展。它既能促进城市的就业竞争中农民工的发展，又能推进整个国家现代化建设。通过对大型建筑企业的调研，发现农民工在培训方面面临的主要问题有以下几个方面：

1. 农民工对职业培训的认识不够

（1）城市二元社会结构强化了农民工与城市居民的界限、差异，阻碍了农民工的身份、角色转换，迫使大多数农民工采用"候鸟式"两栖就业和生活方式，农民工所具有的"忙时务农，闲时务工"亦工亦农型特点，使得一些农民工认为没有必要参加培训。

（2）建筑市场准入制度尚不完善，建筑业工地中，部分岗位不需要技能或较高技能，农民放下锄头，不经过培训，就可以成为普工，普工通过工作中的传帮带能够较容易的掌握基本技能，似乎没有培训的必要。未持有职业技能证书的工人可以自由地在建筑行业中就业，与持有职业技能证书的工人获取几乎相同的酬劳，在这样的情况下，农民工参加培训的积极性受到打击。

（3）农民工认为参加职业培训要承担包括学费、书费和杂费等的直接成本，又要丧失技能培训期间产生就业潜在收益的机会成本，无疑是"赔了夫人又折兵"，觉得没有必要花多的金钱、时间和精力去接受培训。

2. 企业对农民工进行培训的积极性不高

（1）在制度和运行环境具有高度不稳定的大背景下，企业和农民工之间往往缺乏长期稳定的合约关系，所以企业更看中短期的成本收益分析。由于员工培训支出增加了企业的运营成本，在农民工频繁流动和跳槽的情况下，企业对农民工培训的投资容易发生收益外溢的现象，在那些用工季节性强的企业中，这种现象尤为突出。

（2）尽管近几年出现了"民工荒"，但总体上说，廉价农民工仍几乎俯拾皆是，这就更使得企业在从很大程度上削弱了其投资意愿，形成了企业对农民工重用轻养的现象。也就是说，仅依靠市场自发力量还不能促成当前农村劳动力技能培训的大规模实施。

（3）要成为建筑行业熟练工，获得较高收入，需要通过较长时间的实践操作训练，一般认为，这个过程在6～18个月之间，这样长周期的培训在建筑行业难以开展。所以，建筑项目或建筑业企业进行培训投入的积极性不高。

3. 农民工职业培训的经费不到位

农民工职业培训经费主要来自中央财政、地方财政、用人单位及劳动者个人。政府"阳光工程"资金、扶贫资金等政策性经费少而且难争取，企业1.5%～2.5%的培训提取不能执行到位，农民工工作过程中他们只求高薪而不求教育培训，已属于过渡性的一代操作工人，其文化基础已和现代产业工人的要求不符，不能适应建筑行业工厂化、装配式、产业化、高技能标准的要求。这就导致一些农民工虽打工数年，竟未参加培训，职业技能方面毫无长进，一遇企业结构调整或技术改造，便被淘汰出局。

4. 校企合作仍需进一步改进

校企合作的模式虽然成为一种新的职业教育方向，但在合作的方法，供求培训方面存在诸多不足。

如学校专业设置的"追风"现象造成生产岗位所需工种专业少，财政拨款不足，教材过时，师资质量不高或严重匮乏。中职和技校学生中初中毕业的占多数，思想方面都愿意从事管理岗位工作，而不愿意当技术工人。企业在提取 2% 培训费后大都放在管理人员的学习和培养上，对一线技术工人的教育培训投入较少，其根本原因是建筑行业技术工人的"松散型"管理模式和企业不愿意招收自有的工人。

2.3.3　促进建设行业技能人员培训发展的对策建议

农民工已成为建设行业产业工人的主体，在建筑施工企业的劳动力资源方面起到了中流砥柱的作用，同时为建设行业的经济发展作出了巨大的贡献。针对农民工这个特殊时代背景下的庞大群体，根据建筑业产业现代化的要求，从国家到地方、从施工企业到建筑劳务公司、从中职学校到培训机构，应该在国家的大局观之下，实行联动的长效机制。

1. 完善并认真落实全国农民工培训规划落实农民工培训责任

（1）将劳动保障、农业、教育、科技、建设、财政、扶贫等部门对建筑农民工的培训经费统一集中到住房城乡建设部，责成住房城乡建设部统一负责，从而做好农民工培训工作。

（2）针对建筑业农民工已长期离乡从事建筑工作，已经成为城市新的阶层（俗称灰领阶层）这一现实状况，应当按照农民工所在城市从事工作的年限给予城市最低生活保障（即低保）和医保以及养老保险，进而稳定建筑劳务大军。

（3）政府可出台建筑业农民工教育培训专项费用，应比照安全设施费给予单列。

（4）应实施全国统一的农民工教育培训和继续教育一卡通制度。

2. 加强与相关部门的沟通协调，逐步完善和落实建筑企业市场准入制度

把农民工学校的培训、职业技能鉴定、岗位证书制度有机衔接起来，扩大服务农民工、服务企业的综合效应。加强执法监督，要求农民工持证上岗，要求企业优先使用经培训合格的农民工。应将资质进行改革，实行总包企业与劳务分包企业资质捆绑就位，施工企业则通过劳务企业择优获得人力资源，并向劳务企业支付费用，同时在劳务企业内部及劳务企业之间形成竞争，促进劳务

企业为提高效益而提高自身人力资源素质。劳务企业拥有较固定的人员队伍，而人员队伍素质的提高不但能提高农民工收益，也能为劳务企业提高收益。

3. 选择合适的教学培训模式

对于建筑业农民工的培训，宜采用"短平快"培训模式和数字化培训方式，开展实用技术培训。如"校企合作、依托现场"的培训模式，以建筑业基本技能、安全生产知识、务工常识、维权知识和职业道德为主要培训内容，采用模块式职业技术培训模式，实行"订单、定向、定点"培训，使培训更加贴近市场、贴近企业。这种模式具有明确的培训目标，其目标以所需技能为标准：明确受训后能做什么；用什么设备、工具来完成所需的培训；操作标准是什么。课程开发与实施以工作任务出发点，农民工培训的就业导向要求，使得经过培训后的农民工具有适应某一特定岗位的职业技能和完成某一工作任务的能力。建筑工地是农民工非常集中，又分为多个工种的场所，建筑行业中，唯一能提高大规模、长期实践场所的也只有建筑工地，工地非常适合开展培训，能根据建筑工地施工工艺的实际需要对农民工进行培训，又能在实践过程中，及时检验培训效果，促进农民工达到一定技能水平。

4. 全力推进系统职业岗位培训考核工作

强化岗位管理，深入实施现场专业人员职业标准统一考核评价工作。按照住房城乡建设部统一要求，以强化考核制度建设和指导监督培训实施为核心，全力推进住房城乡建设领域现场专业人员岗位培训、考试、证书管理等方面与行业管理衔接；规范考试考务管理，推进考务工作规范化、标准化和信息化建设；规范证书管理，严格资格把关，优化办证流程，持续改进窗口服务工作。加强培训机构建设，优化办学条件，配备和完善教学场所及实训基地建设，支持大型企业建立培训基地，开展岗位培训、实训工作。

5. 加强职业资格证书制度与企业劳动工资制度的衔接

指导企业大力推行"使用与培训考核相结合，待遇与业绩贡献相联系"的做法，充分发挥职业资格证书在企业职工培训、考核和工资分配中的杠杆作用，建立职工凭技能得到使用和晋升，凭业绩贡献确定收入分配的激励机制。要把高技能人才占职工总量的比重作为企业参加投标、评优、资质评估的必要条件。建立高技能人才奖励和津贴制度，汇集、公布技能人才工资市场价位，完善高技能人才同业交流机制。

建筑业农民工技能培训工作对我国经济发展和城镇化快速、健康推进具有至关重要的作用。政府职能部门、建筑企业和农民工自身密切配合，将使农民工素质获得大幅提升，为我国现代化城市建设提供有力的人才保障。

3

案例分析

3.1 学校教育案例分析

3.1.1 普通高等建设教育典型案例——西安建筑科技大学

3.1.1.1 学校概况

西安建筑科技大学坐落在历史文化名城西安，办学历史最早可追溯到创办于 1895 年的北洋大学，1956 年全国高等院校院系调整时，原东北工学院、西北工学院、青岛工学院和苏南工业高等专科学校的土木、建筑、市政系（科）整建制合并，组建成立"西安建筑工程学院"，隶属原国家建筑工程部。1956年 7 月，学校划归原国家冶金工业部。1959 年和 1963 年，学校先后易名为"西安冶金学院"、"西安冶金建筑学院"；1994 年 3 月，经原国家教委批准，更名为"西安建筑科技大学"。1998 年，学校实行中省共建，以地方管理为主。

并校 60 年来，学校已发展成为一所以土木建筑、环境市政、材料冶金及其相关学科为特色，以工程技术学科为主体，工、理、文、管、法、经、艺等学科协调发展的多科性大学。学校现有雁塔、草堂两个校区和一个科教产业园区，总占地面积 4300 余亩。学校办学历史源远流长，积淀了我国近代高等教育史上最早的一批土木、建筑、市政类学科精华，是中国著名的土木、建筑"老八校"之一，原国家冶金工业部直属重点大学。现为"国家建设高水平大学项目"和"中西部高校基础能力建设工程"实施高校、陕西省重点建设的高水平大学、陕西省和国家住房与城乡建设部共建高校。

历经 60 载的风雨征程，西安建筑科技大学扎根西部、立志图强，先后为国家建设输送了 26 万余名德才兼备的栋梁之材，为国家、地区经济社会发展和行业进步作出了重要贡献。

3.1.1.2 办学特点

西安建筑科技大学在长期的办学过程中，面向国家社会经济的发展，不断凝练大学精神，总结办学经验，逐步探寻一条彰显学校办学特色，服务地方经济和社会的发展之路。

1. 传承和发扬自强不息、奋发有为的建大精神，坚持不懈地营造高品位的大学文化

风骨传家，精神立世。并校 60 年来，学校扎根祖国西部，积极践行和弘扬"自强不息，奋发有为"的办学精神，铸就了"育材兴国、科技富民"的办学宗旨、凝练了"自强、笃实、求源、创新"的校训和"为人诚实、基础扎实、作风朴

实、工作踏实"的校风。在国家社会经济发展的各个时期，特别是进入 21 世纪后国家社会经济转型发展和高等教育深刻变革的过程中，建大人传承先贤们兴学报国之志，不畏艰辛，自强不息，顽强拼搏，奋发有为，提出并不断完善了"提高教育教学质量求生存，狠抓学科建设上水平，优化资源配置求效益，深化体制改革促发展"的总体发展思路，启动了六大奠基工程，使学校在人才培养、科技进步、创新教育、文化建设、师资队伍建设、校园建设等方面步入和谐快速发展的道路，相继实现了院士、国家级优秀人才、国家重点学科、一级学科博士点、博士后流动站与博士点数、硕士点数、国家级教学成果奖和科学技术奖、校园面积、年经费到款额等衡量学校办学层次重要指标零的突破或翻番，学校综合办学实力大大增强。在"自强不息、奋发有为"的建大精神鼓舞下，一代代建大人用自己的辛勤努力和汗水使学校迈上了更高的发展阶段。

学校坚持以传承文明和培养适应社会需求的高素质人才为己任，不懈地推进大学文化建设。近年来，学校营建了绿荫掩映、恬淡幽静的优雅校园，相继建设了校史馆、建筑广场、矿物与材料博物馆、贾平凹文学艺术馆、中国音乐史博物馆等主题文化场馆，组建了国旗护卫队、交响管乐团、合唱团、管乐团等大学生文化社团，谱写了校歌，重振了以往文艺和体育的雄风。在校园中树立了博古、梁思成、刘鸿典等老一辈革命家、建筑大师的塑像，策划学校形象标识等一系列工作，进一步丰富学校文化传承的内涵。

学校一贯坚持以生为本，致力于优良校风的建设，实施养成教育。积极推行"社会主义核心价值观教育"、"诚信教育"等思想品德教育活动和文明校园、文明教室、文明宿舍、文明餐厅等行为养成教育活动，探索和实施了以培养学生综合素质为主的"书院 - 学院（学科）制"人才培养模式，开展大学生"国学经典"诵读等中华优秀传统文化教育活动，举办"大成讲堂"、"子午有曰"、"南山讲坛"等精品报告会，举办系列"春天我与诗相约"诗歌创作朗诵会、新年音乐会等文艺活动，并邀请国内外著名文艺团体进校交流演出。编辑出版了《西安建筑科技大学志》、《百年建大老新闻》、《感悟建大》、《漫游中国大学——西安建筑科技大学》、《甲子六书》、《"春天，我与诗相约"诗歌集》等系列文化读物，不断加强精神文化建设，培育共同的价值观念，为培养德才兼备的高素质人才营造了浓郁的文化氛围。学校先后荣获全国大学生艺术展演活动一等奖 2 项，二等奖 1 项，获"陕西省高校校园文化建设优秀成果"一等奖 4 项，大学文化的育人效应进一步彰显。

2. 依托优势学科发展专业链群，坚持和发展具有自身特色的教学模式

作为全国著名的土木、建筑"老八校"之一，并校 60 年来，学校始终面向国家经济建设的需要，经过长期的发展和积淀，学校继承和丰富了传统的

学科专业布局，形成了以土木建筑、环境市政、材料冶金等相关学科为特色，以工程技术学科为主体的学科专业布局，特色更加鲜明。紧紧围绕结构工程、环境工程、建筑设计及其理论三个国家重点学科，开办和发展新专业，并注重和促进专业之间的相互衔接、相互支撑、相互融合和协调发展，形成了以建筑学、土木工程专业为龙头的土建类专业链群，以环境工程专业为龙头的环境类专业链群，以工程管理专业为龙头的管理类专业链群，以材料科学与工程、冶金工程专业为龙头的材料冶金类专业链群，以机械设计制造及其自动化、自动化专业为龙头的机械信控类专业链群，以环境设计专业为龙头的艺术类专业链群（图3-1～图3-6）。这些专业链群的形成突出了学校专业布局的整体特色，夯实了人才培养的基础，保证了学校教育教学工作的可持续发展。其中建筑学、城乡规划、土木工程、环境工程、给排水科学与工程、建筑环境与能源应用工程、工程管理、材料科学与工程、环境设计等9个专业被评为国家级特色专业，15个专业被评为陕西省特色专业，8个本科专业相继通过国家级专业评估认证。

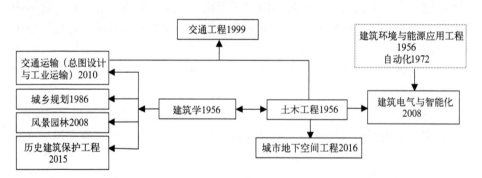

图 3-1 土建类专业链群

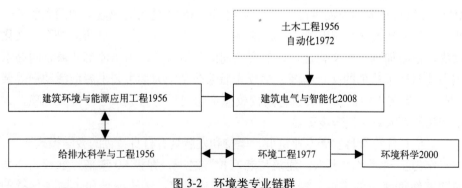

图 3-2 环境类专业链群

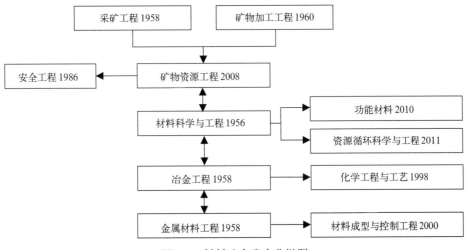

图 3-3　材料冶金类专业链群

图 3-4　管理类专业链群

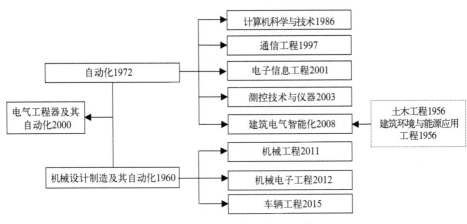

图 3-5　机械信控类专业链群

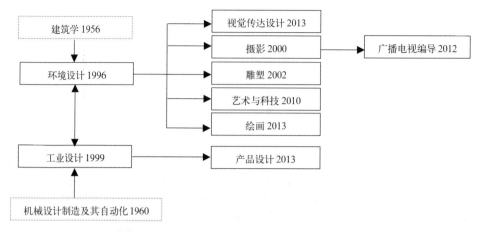

图 3-6　艺术类专业链群

新的专业链群组织和建设模式取得了显著的聚合效应。例如，开办于 2008 年的风景园林专业依托建筑学专业，不仅在学科建设上取得跨越式的发展，在专业排名上也位列全国前列；开办于 2008 年的建筑电气与智能化专业发挥土木工程、自动化学科专业交叉的优势，在全国专业排名中跃居第一；开办于 2002 年的社会体育指导与管理（体育建筑管理）专业与土木建筑类专业深度融合，特色鲜明，在全国专业排名中位居前列。

学校历来重视实践教学，注重工程实践能力训练和学生动手能力的培养。并校 60 年以来，学校一些优势学科专业在加强基本理论、基本知识、基本技能和实践教学环节的思想指导下，不断研究教学规律，逐渐形成了"教学阶段—课程平台—能力训练模块—综合素质提升体系"的教学模式（图 3-7），全过程地培养学生能力，为培养综合素质优良的工程技术人才提供保证。

3. 坚持立德树人，积极推进书院-学院（学科）制人才培养模式改革

学校坚持把立德树人作为教育的根本任务，主动适应经济社会发展对高素质创新型人才的需要，以培养学生的可持续发展能力为目标，积极推动人才培养模式改革。学校探索构建了书院-学院（学科）制人才培养模式，将书院的综合素质教育与学院（学科）的专业教育相结合，即书院实施素质教育"培养合格的人"和学院实施专业教育"培养有本事的人"相结合，帮助学生正心、明德、励志、笃行，培养信念执着、品德优良、知识丰富、本领过硬，具有可持续发展能力的高素质专门人才。自 2012 年开始实施以来，取得了良好的育人效果。

综合素质教育由思想政治理论课教育、通识教育和课外素质教育组成，教育的形式采取课内教育和课外教育相结合，学生在满足学校规定最低要求的基础上，通过课内学习、自主选修和实践考核获得相应的综合素质教育学分，其

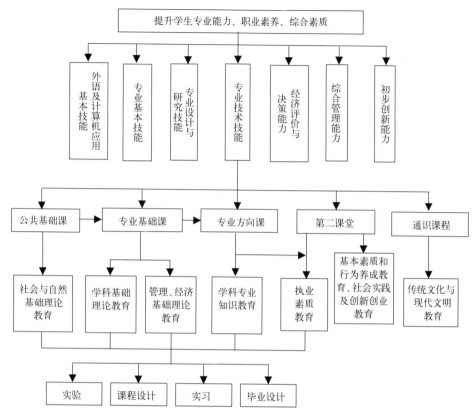

图 3-7 "教学阶段—课程平台—能力训练模块—综合素质提升体系"的教学模式

主要内容包括：基本素质和行为养成教育、先进文化与现代文明教育、创新创业及实践能力教育 3 个模块和 12 个组成部分。

基本素质和行为养成教育：包括思想道德素质教育、基础文明素质教育、文化身心素质教育及个人发展规划教育。

先进文化与现代文明教育：包括先进文化通识教育、自然科学通识教育、美学艺术通识教育及工程技术通识教育。

创新创业及实践能力教育：包括党团学生组织实践、社团活动组织实践、学术科技创新实践及志愿服务社会实践。

书院倡导"以生为本、立德为先、发展个性、注重养成"的思想，侧重于与学生学业发展相关的行为养成和实践锻炼，主要负责学生的日常管理、生活服务，以及课外素质教育、兴趣教育和创新教育。全力营造"全员化、全过程、全方位"的育人氛围和环境，加强学生的综合素质教育。学院侧重于建立学生专业知识体系，培养学生科研创新能力等相关工作，主要负责学生基础理论和专业知识的教育及科学研究。

学校先后制定了《书院－学院（学科）制实施方案（暂行）》、《草堂校区管理运行模式暂行方案》、《本科生综合素质教育学分考核认定办法》等一系列制度，从制度上保障书院　学院（学科）制人才培养模式的有效实施。经过近5年的探索和沉淀，逐渐形成了具有学校特点的书院　学院（学科）制人才培养的思路，即富于书院精神的建筑文化，融入全人全面发展的家国文化，基于学生第二课堂教育载体的场效应。学生思想政治觉悟与道德品质明显提高，学生参加社会实践与志愿服务意识明显增强，学生的创新创业活动成效显著，学生文化艺术修养与身心发展不断提升。

4. 实施人才强校，高水平人才团队建设卓有成效

建设高水平大学，人才队伍是关键。近年来，学校抢抓历史机遇，按照"用好现有人才，培养后备人才，引进优秀人才"的思路，坚持培育与引进并举，以高层次人才和团队建设为重点，深入推进人才强校战略，着力打造一批以大师级和拔尖人才领衔、以学科群为依托的国家级和省部级创新团队。通过资源配置、人员聘用、经费资助等政策支持，有计划、有组织地培育一批能够支撑学科群建设的高水平学术团队。积极发挥人才团队的引领示范作用，努力形成优秀团队与杰出人才、重大成果互促互进的人才队伍发展形态。

"十二五"以来，初步形成了国家级、省部级、校级梯次递进的创新团队建设体系。以刘加平院士为"领头人"的团队是团队建设中的杰出代表，其团队形成了"引育用留"相结合的全方位全生涯"团队式"人才培养模式，培养了一大批青年教师，在教学科研、人才培养等方面取得了多项佳绩。近年来，该团队在人才工作方面取得丰硕成果：刘加平教授于2011年当选中国工程院院士，学术骨干杨柳教授2016年受聘"长江学者奖励计划"特聘教授，学术骨干杨柳、王怡教授分别于2013年、2014年获准国家杰出青年科学基金，学术骨干王树声教授2013年获准国家优秀青年科学基金，杨柳、牛荻涛教授入选国家"万人计划"，杨柳、王怡教授于2013年、2015年获中国青年科技奖、建筑技术科学获批"三秦学者"岗位等。人才建设成效奠定了多层级研发平台基础，促进了各研究方向的科研产出，中青年人才成为科技创新骨干，这些骨干也在以同样的培养思路进一步建设自己的团队，取得一定成绩：2013年以牛荻涛教授为带头人的科研团队《现代混凝土结构安全性与耐久性》获得教育部长江学者创新团队，2013年以杨柳教授为带头人的团队《低能耗建筑设计》获得陕西省重点科技创新团队，2014年以刘艳峰教授为带头人的团队《西北村镇太阳能光热综合利用》获得陕西省重点科技创新团队等。

近年来，该团队研究人员共承担相关科研项目440余项，其中，国家自然

科学基金重大项目 1 项，国家自然科学基金重点项目 1 项，国家科技支撑计划及重点研发计划项目（课题）19 项，国家自然科学基金项目 43 项，省部级以上项目 139 项。该团队累计获国家级科技奖励 4 项，省部级科技奖励 20 余项，其中 2010 年《西部低能耗建筑设计关键技术与应用》项目获得国家科学技术进步二等奖。

除此之外，徐德龙院士团队完成的"高固气比悬浮预热分解理论与技术"入选 2011 年度"中国高等学校十大科技进展"。王晓昌教授为带头人的团队以西北缺水地区高污染浓度污废水处理和城市污水资源化为研究方向，缓解了城镇发展的供水矛盾，促进了污染治理和环境改善，并于 2014 年获准国家科技进步二等奖。李安桂教授团队的成果"大型水电工程地下洞室热湿环境调控关键技术、系列产品研发及应用""地铁环境保障与高效节能关键技术创新及应用"分别荣获 2012、2016 年度国家技术发明二等奖。白国良教授团队的成果"钢-混凝土组合结构与混合结构体系关键技术及其工程应用"研究解决了地标性公共建筑和大型生命线复杂工业结构领域钢-混凝土组合结构与混合结构体系中的系列科学问题和关键技术问题，并获 2015 国家科技进步二等奖。

5. 立足行业进步，服务地方和区域经济社会发展

并校 60 年来，建大人肩负国家使命，始终坚持立足建筑和冶金行业，先后为国家建设输送了 26 万余名德才兼备的栋梁之材，成为国家土木建筑、环境市政及材料冶金类人才的重要培养基地。近三年来，学生在建筑、冶金行业从业的比例超过 70%，在西部地区从业的比例近 60%，为陕西经济和社会发展输送了大量人才。学校坚持针对行业和区域特点，依托优势学科，促进建筑、冶金行业的技术进步和陕西社会经济的发展。在国家转变社会经济发展模式的过程中，学校与时俱进，在建筑、冶金行业和区域社会发展中，积极推进新型城镇化、工业化、生态化等进程，不仅为行业和区域发展作出突出的贡献，创造了巨大的经济、社会和生态效益，也提升了学校人才培养、科学研究、社会服务的综合实力。

学校坚持以优势特色学科和创新团队为基础，整合人才、学科、科研资源，积极推进校际、校企、校所、校地深度合作。截至目前，学校发起和参与组建了有色冶金、新材料、钢结构、节能环保等领域的产业技术创新战略联盟 10 家，从根本上解决了学校教育与社会需求脱节的问题，增强了学生的社会竞争力。

学校积极发挥特色优势，主动服务区域经济社会发展和城镇化建设，在城市规划设计、海绵城市、智慧城市、地下空间、绿色生态建筑、智能建筑、水资源再生利用、建筑新材料等领域开展了大量的科学研究，取得了一系列技术成果，为新型城镇化建设提供了可靠的技术和智力支撑。关于黄土高原低能耗窑居建筑、长江上游低能耗生土民居建筑、西北荒漠区低能耗民居建筑、四川

灾区低能耗民居建筑等典型低能耗建筑模式的研究和实践，使得建筑节能率达到 75% 以上。

针对西部地区水资源匮乏、周边生态环境受损的现状，学校在实现污水资源化，大幅度降低污水处理设施建设和处理成本等方面也作了大量研究与实践，解决了极度缺水地区工业发展的瓶颈问题，缓解了城镇发展的供水矛盾，促进了污染治理和环境改善。该项成果目前已广泛应用于西北地区等多项重大工程建设。城市供水水源扬水曝气水质改善技术成功应用于西安黑河金盆水库水源水质改善工程，保证了城市饮用水的安全供给。

学校长期致力于建筑文化遗产保护的研究和实践，先后承担了汉阳陵帝陵外葬坑遗址博物馆设计、秦始皇陵国家遗址公园规划、西安历史文化名城保护规划、大明宫遗址保护区规划环评等项目；学校设立的陕西省古迹遗址保护工程技术研究中心积极参与以西安为代表的历史文化名城保护，承担了古迹遗址、古村落的保护工程规划、设计与研究项目。充分发挥了学校在历史遗产保护和人居环境建设方面的独特优势。

"十三五"期间，学校将坚持贯彻"四个全面"战略布局和创新驱动发展战略，坚持"质量立校、特色兴校、人才强校、开放办学"的办学理念，按照"以质量特色求生存，以改革创新促发展，以服务奉献谋支持，以精细管理提效率"的发展新思路，全面深化改革，推进内涵建设，自强不息、奋发有为，为把学校建设成为特色鲜明的国际知名、国内高水平大学，学校综合实力进入国内高校百强之列而努力奋斗。

3.1.2 高等建设职业教育典型案例——江苏建筑职业技术学院

当下，高职院校面对一个共同的生存危机——生源紧缩。江苏建筑职业技术学院在严峻形势下坚持发展校企合作，创新人才培养模式，依托自身办学优势及专业特点，通过自主招生、对口单招等多种招生途径保持办学规模，取得良好成绩。与此同时，办学生源出现了多元化发展的趋势，生源整体质量也出现下滑。为保证整体输出质量，打造品牌特色，江苏建筑职业技术学院以提高质量为核心，以国家示范建设为抓手，深入推动教育教学改革以来取得的显著成效，并对基于不同的生源构成、不同的生源基础以及学生不同的发展需求，着眼于人的全面发展，引导学生自我设计和选择成才方向，开展"分类培养、分层教学"的探索与实践。

3.1.2.1 改革的缘起

近两年来，高考生源一直持续下降，据统计，2016 年江苏省共有 36.04 万人报名参加高考，较 2015 年同期报考数减少了 3.25 万人，比 2009 年 54.63 万人减少35%。在此大背景下，学校采取了积极有效的应对措施，保持办学规模，但生源多元化的现实是摆在教学改革的最大挑战。学生入学基础、学习能力和水平参差不齐，学生毕业去向趋于多样，"进口"与"出口"发生根本性变化。传统的"大一统"培养方式使得一些学生"吃不饱"，一些学生"吃不了"，同时也难以满足学生个性化发展需求。

（1）招生途径的多元化。统一招生：经过高中阶段的系统学习，有一定的理论基础和学习方法，思想活跃，灵活好动；自控能力差、学习动力不足、目标不明确；刚刚经历高考挫折致使信心不足，但少了娇气和心理负担，多数学生为人热情，禁得起批评，仍希望改变命运，有再试锋芒的机会。对口单招：在中职阶段经过学习有一定的技能基础，动手能力较强，但理论基础知识薄弱，知识系统不完整，且多存在学习方法不当、主动性不强等问题。这部分学生对技能动手较感兴趣、学习目的性往往较为明确，对将来的就业目标相对有清醒的认识。自主招生：招生门槛较低，又鉴于国家政策，致使部分复员军人、民族生等也在其中。因此，这部分学生也普遍存在组成复杂、参差不齐、理论知识基础薄弱且自我认知不明等不足。其优势在于经过自主招生，信心增强、学习方向及择业选择明确。

（2）招生区域的多元化。随着学校知名度提高及每年招生计划改变，学校面向省外招生比例逐年提升，2015年省外生源达1/3。通过对学校近两年在校生进行调查、跟踪，发现不同区域学生存在相应特点。近两年学校在吉林、青海、宁夏等地生源数量明显增多，相对江苏教育大省，这部分地区学生在中学阶段理论基础相对薄弱，英语能力略低，但多数学生性格外向、学习热情，积极主动、并且敢于承担；云南贵州等地，部分学生家庭经济条件略差，自信心不足，英语基础薄弱，但学习较为刻苦；江浙沪地区学生基础相对扎实，英语基础较好，但部分学生也存在自信心不足、灵活好动、学习态度不端正等特点。

（3）生源年龄的多元化。近两年学校推进校企合作，"订单式"培养已显成效。随着校企合作的深入，同时突出服务区域社会经济发展的功能，企业员工的进修与培训也将成为学校承担的主要教学任务之一。同时，响应国家号召，推进全民教育理念，适应经济社会发展需要，开门办学，开拓生源途径，更多年龄层次的学员将有可能走进校园进行技能知识的学习。

3.1.2.2 改革的举措

分类培养、分层教学培养人才的理念是基于个性化教育理论和因材施教的教学原则，以学生现有的知识能力为基础，以满足学生就业、创业、升学和企业用人等多元需求为目标，构建层次化课程体系，建设个性化学习资源，探索高职特色教学管理。通过专业分类、课程分层，引导学生选专业、选课程、选教师，学生入学分专业大类招生，依据不同的学习能力、个人特长、发展意愿选择专业及课程平台内不同层次的课程学习，满足学生个性化发展需求。

个性化教育理论认为，传统教育模式是标准划一的，无视学生个体的差异性，制约学生个性和创造性发展。分层次培养人才依托专业群，构建层次化课程平台，学生按照意愿和规定选择专业群内的一个专业学习，或跨专业群转专业学习；根据基础厚薄、个人能力、兴趣爱好和社会需求来选择不同难度、不同内容、不同学习量的课程学习，构建合理的知识结构和智能结构。学校选配学业导师，指导学生制定个性化学习方案，激发学习热情。

1. 总体思路

(1) 明确"分类培养、分层教学"的实施目标。实施"分类培养"是根据专业群所面向的特定"服务域"，深入分析专业群内核心专业与相关专业的共性与差异性，以专业群共建为基础，注重学生个性发展，充分发挥学生的主体性，提供多种专业选择方式，引导学生自我设计和选择成才的方向。实施"分层教学"是以课程建设为核心，针对不同生源、不同基础和不同学生的个性发展需求，构建具有个体适应性的课程内容，提供多元化的课程教学；学生根据入学成绩和课程内容的适应性，在学业导师的指导下，实行自主选择课程学习，打破原有的专业和班级概念；教学管理实现动态化，通过平台课程最低学分控制，提高学生的就业能力与岗位迁移能力，注重学生的综合素质和职业道德的培养。

(2) 总体架构现代职业教育教学管理体系与模式。突出专业群共建，推动新专业方向发展，以培养"技能专长＋可持续发展"的人才为目标，积极开展新一轮教育教学改革，建立反映高职特征，体现学校特色，具有开放灵活的教学管理运行机制；以提升管理效益为指针，逐步完善学生管理、学籍管理、业绩考核等模式，实现具有高职特色的分类分层学分制，推动辅修制、教考分离制、学业导师制等改革，形成充满生机与活力的"分类培养、分层教学"的现代职业教育教学管理新体系与新模式。

(3) 构建"职业平台＋专业方向"的人才培养创新模式。以专业群共建为基础和突破口，构建多方向的课程模块和多层次的课程内容与教学计划，打破专业方向限制，形成既有稳定的专业结构知识，又有灵活适应市场需求的专业方向；实行学生自主选择课程、自主选择教师、自主选择时间，形成由"批量培养"到"适才施教、多层规格"的人才培养创新模式。

(4) 建立科学的分层选课运行机制。以课程建设为核心和抓手，加大课程的开发力度，完善分层次的课程资源库，实现数量与质量的提升，满足学生不同的自我发展需求；完善师资队伍建设，引入竞争与激励机制，推行学生在学业导师的指导下自主选择课程、自主选择教师、自主选择时间，形成科学的分层选课运行机制。

（5）建设教学资源高效利用的教学信息化体系。以教学资源的有效利用为重心，系统分类和分析现有的各类教学资源，统筹协调和完善校内外实践教学条件建设，实现以二级学院为基本单位的教室资源相对集中调配，提高教学资源的使用效率；加大教学设施的信息化建设力度和投入，提高教学运行管理的信息化水平，构建完善的教学信息化体系。

2. 专业群构建

建立以课程组织为基础的专业群组织机构。从相近专业资源集聚到培养模式改革，最终体现在群内专业间相互关联的课程组织，专业群内的不同课程门类是构成专业群课程师资团队的基础。重点专业是专业群建设的核心，把握专业群发展方向、协调专业（方向）设置及课程资源。建立以专业群就业质量为评价重点的专业动态调整机制。以专业就业质量数据为基础，按照《徐州建筑职业技术学院专业招生基本条件指标（试行）》的规定，对专业从师资条件、实训条件、校企合作、教学运行以及招生就业等5大指标项进行动态监测，从而找出区域产业发展的变化趋势，为动态调整专业结构、柔性设置专业方向提供重要依据；以调控群内专业数量和招生规模为重点，推动群内专业的资源集聚和结构优化，促进专业群自我发展、约束和调整机制的建立。

不断优化专业布局结构，增强与区域经济与产业发展的匹配度。基于建筑行业发展需要，构建建筑工程、建筑设计、建筑装饰、建筑设备、建筑经济、工程管理、市政工程等7个建筑类专业集群，实现专业链与产业链的对接。基于徐州经济发展要求，构建物流管理、现代服务、文化创意、营销贸易等4个现代产业类专业集群。机械设计与制造、机电一体化、电子通信等3个装备制造类专业集群。基于煤炭建设行业发展需要，构建矿山建设类专业集群。

整体提升专业建设水平，增强专业服务产业发展能力。根据行业需求，以产学研合作、校企共建为基本方略，主动适应江苏省支柱产业、重点产业和特色产业的发展需要，构建专业集群，打造与其相适应的品牌、特色专业，使专业建设、人才培养与产业发展相适应，全面提升人才培养质量，为区域创新驱动，加快经济转型升级提供坚强的人才智力支撑。

强化资源整合与共享，提高专业建设效益。充分发挥国家示范性高职学院重点建设专业、省品牌特色专业等在专业群中的引领作用，以点带面，提升专业的集群优势；积极围绕专业群建设的各个方面，进行资源整合，强化组织管理，利用专业间相互带动的关联性，发挥专业群的聚集与扩散效应，拓宽服务面向，增强社会适应性，提高学校的综合办学实力。

3. 分类招生

专业思想是学生对自己所学专业和未来工作的一种态度、观念、思想和认识，良好的专业思想有助于学生积极主动适应学校环境，掌握各种专业知识与实践技能，为未来工作和生活打下良好的基础。分类招生可以有效地解决学生的专业思想稳定问题，分类招生可以帮助学生明确自己的学习目的，激发学习潜能和动力。分类招生要求按专业群大类进行招生，学生在被录取时只明确专业群大类，而不确定具体的专业方向，经过一定时间段的公共基础课程平台或专业平台课程的学习后，学生在学业导师的指导下，可以根据自我设计和选择未来成才的方向来选择自己喜爱的专业。这样，可以让学生充分了解自己所选的专业、专业历史渊源、专业发展现状，以及专业的具体课程设置、师资力量、教学条件等情况，有利于学生进一步明确自己的学习目标，合理调配自己的学习时间和方向；同时，可以充分激发和唤起学生对专业的兴趣，让学生热爱自己所学的专业，满腔热情地投入到专业学习中去，并有助于学生的职业生涯规划，完成从高中到大学的角色转变。

4. 专业选择

为适应社会发展对人才需求的变化，以学生发展为本，尊重学生的个人意愿，充分发挥学生的个性与特长，拓展学生个性与未来发展的空间；同时，为调动学生的学习积极性、主动性和创造性，倡导学生集中精力学好自己喜爱专业，并鼓励学习优秀的学生提高社会竞争力，对全日制在籍学生提供更多自主选择专业的机会，可以有四种方式选择专业学习，即专业群内选择专业、跨专业群转专业、业余辅修专业和选择企业专适方向。

专业群内选择专业：学生在完成三学期的公共基础课程平台、职业基础课程平台学习后，成绩合格，在导师的指导下，根据本人意愿按照学校相关要求，选择专业群内的一个专业学习，毕业专业为选择专业。

跨专业群转专业：学生在完成一学期公共基础课程平台后，学生根据本人意愿提出跨专业大类转专业申请，学校根据成绩绩点、综合考核排名及当年转专业计划择优选拔培养，毕业专业为转后专业。

辅修专业：学生在专业群内选择确定一个专业学习后，同时可根据本人意愿及学习能力，采用辅修专业的方式加选专业群内其他方向的一个专业平台课程学习，或按照学校相关要求加选当年计划的其他大类一个专业平台学习，可同时获取毕业证书及校发辅修专业证书，毕业专业为录取专业。对学有余力的学生，积极引导其辅修第二专业学习，以加强就业的适应性，逐步实现由"批量培养"到"适才施教、多类规格"的人才培养模式。

选择企业专适方向：学生在完成三学期的公共基础课程平台、职业基础课程平台学习后，成绩合格，在导师的指导下，可以通过双向选择进入企业专适方向学习（订单班），毕业专业为选择专业；或者在选择专业群内的一个专业学习后，也可以通过双向选择以业余辅修专业的形式进入企业学院中企业专适方向学习，同时获取毕业证书及校发辅修专业证书，毕业专业为选择专业。

5. 课程设置

强化基础素质，构建公共基础课程模块。公共基础素质类课程要突出培养可持续发展人才的理念。高等数学、实用英语、应用文写作、计算机基础等公共基础课程根据不同生源和基础构建适应性的内容，实行分层教学、教考分离，以培养目标为准绳，实施灵活教学。高度注重学生的文化综合素质和道德素质的培养，扩大建设一批内容优良、品类丰富、数量充足、结构合理的素质教育选修课。按照科学、文学、历史、哲学、法律、艺术等分类入库管理的原则，建立素质教育选修课星级制、试听制及淘汰制，纳入常规课程管理。邀请徐州地区文化、艺术等领域的知名学者以及周边高校名师到校开设专题选修课。探索公共选修网络视频课，与课堂教学相互补充，满足学生个性化学习的要求，培养学生自主学习的能力。使学生修读素质教育课程实现自主选择教师、自主选择课程、自主选择时间。

强化职业通用基础，建立职业基础课程模块。专业群内职业基础平台课程设置对于培养学生的行业通用能力、适应未来行业发展具有重要意义。专业群内的各专业要形成共同的专业技术基础课程即职业基础平台课程，未划入专业群的相关专业可以根据自身的建设规划，按照规划建设的专业群思路确定平台课程。

突出专业核心技能，建立专业方向课程模块。专业方向课程应按照职业岗位（群）工作任务要求设置理论与实践"一体化"课程，要根据职业能力要求，精化专业课程，对课程进行必要的整合、削枝强干，打破理论教学和实践教学的界限，努力实施"教学做"合一。进一步深化课程内涵建设，完成课程教学设计方案，进一步推行教学做一体化的教学模式改革，加强教学资源建设，基本实现专业方向课程的实训达到生产性实训要求，鼓励各专业分段式、集中式开设教学做合一课程。推动专业方向课程模块选修制，实现学生的个性发展。充分调动专业、专业方向建设的积极性，逐步打破专业方向限制，实现专业方向的自主选择。顶岗实习要加强建设与管理，做到内容充实，管理上出特色，进一步完善顶岗实习课程标准和课程教学设计的制订，不断将顶岗实习的项目案例建成优质教学资源；加强学生在顶岗实习中的综合素质训练，特别是加强社会能力的培养；充分发挥企业指导老师的作用，做到要求具体、指导到位。在管理上，充分发挥指导教师现场管理与顶岗实习平台远程管理的功能，实现顶岗实习全程指导和全程管理。各专业可根据自身特点，设置技术报告、项目设计、方案编制、答辩、技能测试、水平测试等环节，鼓励各专业形成符合自身特色特点的毕业实践项目。

培养职业成长能力，建立专业拓展模块。专业拓展课程既要考虑学生的职业发展需求也要充分注重学生岗位迁移的可能，可以形成两类课程，一类要求为满足的职业成长需要，开设的主要提升岗位课程、及时反应职业领域最新科技信息、工艺流程和技术的课程、职业岗位群其他岗位核心课程；一类为学有余力的学生自主选修的其他专业或专业方向课程模块，以辅（副）修专业形式学习，提高学生的就业能力与岗位迁移能力。

6. 课程分层教学

优化课程分层结构，实现学生有课可选。按照不同基础和不同学生的个性发展需求，构建具有个体适应性的课程内容，即 A、B、C 三个层次的公共基础课程模块、实训项目模块、拓展课程模块，其中 A 为提高类，满足学生升学要求；B 为强化类，满足学生考级考证要求；C 为适应类，满足专业学习需要，从而实行分层教学。根据学生入学测试成绩和课程内容的适应性，在学业导师的指导下，正确引导学生的学习行为，实现学生自主选择课程、自主选择教师、自主选择时间，打破原有的专业、班级概念，实行动态管理；课程采用过程考核，从而实现教考分离，并且设定 A、B、C 课程的难度系数分别为 1.3、1.2、1.0，学生的学习成绩可以按照难度系数在三个层次间相互转换。高度注重学生的综合素质和职业道德的培养，通过平台课程最低学分控制，提高学生的就业能力与岗位迁移能力。

整合实训条件，满足分类培养教学要求。以专业群为基础，在现有校内外实验实训基地的基础上，不断扩大实训资源，满足学生专门化、个性化的技能训练需求。各专业要依据职业岗位能力和专业技能培养的逻辑关系，遵循认知规律，按照"三层次（专项实训、综合实训、顶岗实习）、三递进（简单到复杂、专项到复合、学生到员工）"的原则对专业实践教学进行系统设计，编制实践项目标准、任务书、指导书。依据实践教学体系及实训项目标准，启动实训室建设立项论证工作，对新成立教学院、紧密贴合徐州区域经济发展的专业群进行重点扶持。

3.1.2.3　改革的成果

（1）专业（群）分类满足学生个性化发展。针对建筑行业、徐州市支柱产业、区域产业结构调整需求，以及学生职业发展的需要，打破原有专业设置思路，进行专业再定位。主动适应建筑业加快发展方式转变和转型升级的需求，调整了 7 个建筑类专业集群；主动响应徐州市实施现代服务业提速计划等发展要求，构建了 4 个现代产业类专业集群；借助徐州所拥有的国内工程机械生产企业最多、综合规模最大等产业优势，优化整合了 3 个装备制造类专业集群；借助区域内中国煤炭基地等产业优势，形成了矿井建设类专业集群。每个专业群对接一个产业，建设 15 个专业群。依托专业群由"宽"到"专"，构建公共基础、职业基础、专业方向、专业拓展四大层次化课程平台，平台内课程按照不同学习起点（公共课按入学测试成绩、专业课按职业技能基础）、不同学习目标（专业学习、职业证书、升学）分层次建设，学生按照专业大类入学，根据本人意愿及规定，在完成公共基础课平台后，选择专业大类；在完成职业基础平台课程后，选择专业大类内专业学习，也可以通过双向选择进入企业订单方向学习，满足了不同学习者的学习或者发展需求。

（2）企业学院满足企业用人需求。依据企业的具体需求，本着"双向介入，资源共享，合作育人"的原则，与多家特大型企业联合建立企业学院，实行理事会领导下的院长负责制，在专业群中形成可供学生选修的企业专适方向。为满足企业的专门化需求，学生按照双向选择进入企业学院学习，目前已建成"龙信学院"、"中南学院"等 17 家企业学院，搭建起校企"双主体"育人的实践载体，促使企业参与人才培养过程成为自觉自愿的行为，校企共同制定人才培养方案、共同实施培养计划，推动分层培养人才工作的实施。"中煤建设学院"四年制企业班培养企业认可的享受本科待遇的高职四年制人才，打破了学历的"行政垄断"，在职业教育类型中找到了体现价值的结合点，创新校企双元合作联合培养人才的新机制。经过几年的实践，在毕业生就业、学生奖助学金、专业课程建设、教师挂职锻炼、兼职教师聘任、科技合作交流、实训基地建设以及学生文化活动中均有切实的合作成效。目前，企业学院的校企合作模式已经覆盖了学校 20% 以上在校生、50% 以上专业、90% 以上二级学院，每年接受企业奖学金近 200 万元。依托企业学院的集群效应,学生零距离实现了与企业先进文化、技术、工艺的有机对接。

（3）分层教学解决生源多样化问题。面对生源的多样化，提高质量就成为摆在学校面前的突出问题。学校牢固树立"以人为本、以学生为中心"的思想，面向全体学生，尊重个性发展，努力创造条件满足不同层次学生学习知识、提高技能的需求。为顺利实施分层教学，打破了原有专业、固定班级教学的模式，建立了科学的选课制度。推行学生在学业导师的指导下，根据个性化发展规划，自主进行开放课程与教师的选择。课程按照专业学习、职业证书、升学等不同需求进行建设，如英语课程模块，分别设置雅思、PETS、大学英语、职场英语等。共建成 9 个国家级、192 个校级资源共享课和 1656 门选学课程。学生按照学习能力、个人特长、发展意愿选择同一模块不同层次的课程学习。学生可根据入学测试成绩和课程内容的适应性，选择授课教师和上课时间、地点；学生也可以根据学习成绩，在三个层次间申请转换；考试实行过程考核，班级实行动态管理，学分按照难度系数转换。选学课程的建立，让学生根据所需"自由组合"，充分调动学生的学习兴趣和学习自觉性。学校开设了萃智创新课程、文明修身课程和志愿行动课程，请文化学者、非物质文化遗产传承人、工艺美术大师进校园开设选修课，逐步使各专业选修课学分达总学分的30%。对少数民族学生，学校又专门制定出台了《民族生教学管理办法》，部分专业课程在课余时间组班或单独安排专业教师辅导，突出加强学生道德素质教育，强化文化基础知识和基本技能，全面提升学生素质。所有学生毕业时还需同时取得创新奖励4个学分，以正确引导学生的创新实践行为，逐步实现由"批量培养"到"因材施教、多重规格"的转变。

（4）学业导师团队优化学生学习资源。在加强对专任教师工程实践能力和依据工作过程设计教学过程能力培养的基础上，学校根据学生本人选学专业为学生选配学业导师，对学生专业选择、辅修专业学习、分层教学课程选修、职业生涯设计等方面进行指导。建设了56个课程群教学团队，注重从行业企业聘请工艺大师和行业领军人物担任带头人，带动专业群发展，实现了围绕专业大类学生自主选择课程和学生根据选学课程自主选择授课教师。在交给学生学习自主权的同时，又结合高职生心智认知水平，逐步培养学生的学习能力、就业竞争能力和可持续发展能力。重视对拔尖的专业带头人、骨干教师系统培养，突出"双师"素质培养，实行"一师一企"制度，加强兼职教师队伍建设，努力造就技术服务能力强、行业企业影响力较大的专业带头人。已建立了5个"企业专家工作站"，建有1个国家级优秀教学团队，3个省级优秀教学团队，学校连续4年被评为"江苏省师资队伍建设先进高校"。按照"源于现场、高于现场"和"开放、集成、共享"的理念，整合校内外实训条件，重构实践教学体系，规范实践教学管理，满足分类培养教学要求。近年来，通过示范建设投入，国家级实训基地和省区域开放共享型实训基地建设立项累计共投入2000万用于建筑实训基地建设，以满足学生自主选择实训项目需要。在规定的学分下，依据岗位群职业能力需要，按照验证、实训、生产、研发四类开发了3700余个实训项目群。对于校内实训，学生可根据岗位要求，选择实训项目类型、数量和时间；对于校外实习，学生根据预就业协议和企业学院的专适方向，可选择生产性或研发性实训项目进行顶岗实习。

（5）高职特色学分制柔化教学管理机制。分层次培养高素质技能型的探索与实践，无论在学生的专业选择、课程选修，还是学分要求、教学运行等方面都带来了诸多变革，给传统高职教学管理带来了巨大的挑战。建立既能体现高职教特征，又具有开放性、灵活性、充满生机与活力的教学管理机制，是"以学生个性化发展需求为导向，分层次培养人才的探索与实践"得以实施的保障。近年来，学校逐步建立科学的选课制，完善以课程为中心的运行机制；大力开发课程资源，为学生选配学业导师，制定个性化的培养方案；指导学生根据个人发展计划进行开放课程与教师的选择，改变学生管理等模式；分级实现具有高职特色的学分制，推动辅修制、全天候排课制等制度改革。通过改革实践，以学生个性化发展需求为导向，围绕学生自主选择专业、自主选修课程、自主选择教师，学校编制了《"分类培养、分层教学"的改革实施意见》、《学分制改革实施方案》、《人才培养方案》、《选择专业管理办法》、《关于进一步推进课程改革的指导意见》等制度文件和《实用英语分层教学》等课程改革具体实施方案，这些制度规定对大类招生、分类培养、学分管理、专业群建设、课程资源库建设、选课管理，以及分层教学等方面进行了界定与要求，基本构建了柔性化的教学管理机制。

3.1.2.4 改革的成效

以学生个性化发展需求为导向，分层次培养人才的探索与实践针对性地解决了学生基础、学习能力参差不齐，学生发展和企业需求多元，学生自主选学管理，教学资源配置与优化等教学问题。分类培养、分层教学的人才培养改革成果，相继在2013年获得江苏省高等教育教学成果一等奖，2014年获得国家职业教育教学成果二等奖。

（1）校内成效。分类培养、分层教学实施以来，学生重新选择专业的比例由5%提高到26%；选学课程门数增加了38%，学生课程满意度提高了12%。"专转本"升学比例达到8%，700余名学生选择自主创业，38.9%的学生进入国家特级资质企业就业；学生获得专利46项，参加国际、全国数学建模大赛获特等奖、一等奖35项，在全国技能大赛、创新创业大赛上荣获特等奖、一等奖60余项；毕业生对母校的满意度为88%，近三年平均就业率99.3%，毕业生能力和素质深得用人单位认可。

（2）示范效应。分类培养、分层教学人才培养改革成果被列入国家"职业教育教师素质提升计划"培训内容，156所高职院校的骨干教师参加培训。多所高职院校参与了分类培养、分层教学的推广应用。在中国建设教育协会、江苏省建筑职教集团、淮海经济区高职协作会、徐州高校联合体学校内等高职院校分享交流。国内264所高职院校先后来学校考察、调研、交流学习了改革成果。

（3）社会影响。《光明日报》、《中国教育报》、《中国青年报》等媒体对该成果进行了专题报道。中煤建设集团、龙信集团、中南集团等17家大型企业先后在学校设立企业学院。毕业生对母校的推荐度在国家示范高职院校中名列前茅。在 2012 年江苏省教育工作大会、高校全面提高人才培养质量会议等作经验交流。教育部、住房城乡建设部、省教育厅相关领导及高职教育专家先后来学校考察指导工作，对学校分类培养、分层教学人才培养改革成果给予充分肯定。

3.1.3　中等建设职业教育典型案例——浙江建设技师学院

浙江建设技师学院创办于 1978 年，是浙江省唯一的建设类公办技师学院。是国家高技能人才培养基地、浙江省高技能人才公共实训基地，第 44 届世界技能大赛瓷砖贴面项目、抹灰与隔墙系统项目中国集训基地，是中国建设教育协会技工教育专业委员会副会长单位、住房城乡建设部中职教育建筑施工与建筑装饰专业指导委员会委员单位、浙江省建筑与艺术应用中心教研组组长单位、浙江省中职建筑专业教研大组副理事长单位。

学院位于杭州市富阳高教园区，毗邻风景秀丽的富春江，占地 289.5 亩，建筑面积 11 万 m^2。建立有三大类 27 个实习实训工场，拥有国内外先进实训设备，实习场地总建筑面积 55490m^2，满足国家职业标准规定建筑类技师作业项目实施的要求。目前，学院拥有专兼职教师 150 余人，学制教育学生 5000 多人，学院设有建筑工程系、建筑经济管理系、建筑艺术系、安装工程系和基础教学部，四系 11 个专业分中技、高技、技师三个层次，其中建筑施工、楼宇自动控制设备安装与维护、建筑设备安装、建筑装饰、工程造价等多个建筑类专业为浙江省级品牌专业。

学校紧密联系行业需要，顺应建筑行业发展潮流，创办至今，为社会培养输送合格毕业生 30000 余人，毕业生就业率在 98% 以上；培训和鉴定中、高级技术工人 35000 余人，已经成为建筑系统各类人才的重要培训基地。经过 38 年的沉淀和发展，学院已成为浙江省建设行业各类技能人才的主要培养基地，全国建设类技工院校成绩最为突出的单位之一，是浙江省建筑技工教育发展的领头羊，被誉为培养建筑技能人才的"黄埔军校"。

3.1.3.1　高端引领，培养高技能人才

当前，国家对技工教育的重视前所未有，学院紧抓机遇，形成了崇尚技能，不唯学历凭能力的良好氛围，始终坚持培养高技能人才这一宗旨，为培养大国工匠勇于创新理念，不断努力实践，坚持走可持续发展的道路。

世界技能大赛是培养综合型高技能人才的有效途径。随着中国选手在世赛上的夺金，越来越多的职业院校对世赛有了进一步的认识和了解。浙江建设技师学院把握先机，接轨国际，无论在硬件还是软件上，都走在全国前列。积极共建共享校内外实训基地，富阳新校区的实训基地是目前国内从事世赛建筑类

项目最大的综合实训基地，被国家人力资源社会保障部设立为第44届世界技能大赛中国集训基地。与台湾地区具有国际水平的建筑技能专家签订了特聘协议，聘请世赛金牌教练、专家常年在学院进行技能训练指导工作，进一步提升了学院技能教学的水平。

世赛项目的标准本身就是一个高技能人才培养的标准。学院坚持"以赛促教，以赛促学"，从而对接教学，通过课程的项目教学法改革，实现知识够用、技能突出的教学目标，用世赛的标准培养学生。为了激励学生学习技能的积极性，学院开设了技能兴趣小组，每年举办一次全校性的技能节，通过多种形式的学技能活动，学生的技能水平有了较快的提升，学习技能的热情和潜力也都被极大的激发和挖掘。

学院学生在省市以及全国举行的各类技能大赛中屡屡获奖：2015年、2016年连续两年分别在第八届、第九届全国中、高等院校BIM算量大赛中夺魁。2016年中国技能大赛——"陕建杯"职业技能竞赛全国决赛中学院被授予突出贡献奖和优秀组织奖。2015年浙江省技工院校技能竞赛暨全国技能大赛瓷砖贴面项目选拔赛中，斩获金牌并包揽了前四名；2016年举行的第44届世界技能大赛全国选拔赛上，学院学生夺得冠军并包揽了建筑类瓷砖贴面项目的前三名，另外，参加全国赛瓷砖贴面、砌筑、抹灰与隔墙系统三个建筑类项目的12名选手中，有8名选手入选国家集训队，加上此前在第43届世界技能大赛上已作为参赛备选选手的一位学生，学院共计9名学生入选国家集训队，备战第44届世界技能大赛。

3.1.3.2 创新教学模式，积极推进工学一体化改革

浙江建设技师学院全面推行工学交替、项目导向、任务驱动、顶岗实习等教学模式，融"教、学、做"于一体，让学生在学中干、干中学，充分发挥学生在学习中的主体地位，建立教学中新型的师生关系。积极探索教室与实训室、课堂、实习地点一体化的新型教育教学模式，逐步实现对操作技能要求高的课程在实训室上，对职业情境要求高的课程在施工现场上进行。

同时，学院十分重视教科研工作，各专业均设有学科教研室。教研活动由分管院长领导、教务处副主任主抓、系部主任具体负责落实。在教务处的指导下，依托专业指导委员会，各专业教研室定期开展教学研讨、集体备课、评课等教研活动。教研活动做到有计划、有记录、有总结、有评比，将教师个人参与教研活动情况列入教师学期考核内容，并与职称晋升挂钩。通过开展课件、论文评比，课题推选等教研活动提高教师的教学能力和教学水平。学院常设专业均配备专业带头人，建立完善并切实执行专业带头人的培养、评价和使用制度。所有担任专业带头人的教师，都在省市甚至国内有一定影响力。

近年来，学院教育科研成效卓著。课题研究方面：立项省级及以上课题 14 项，其中 7 项已通过结题评审；论文发表百余篇；教科研成果评比获奖：国家级 65 项，省级 8 项，其中一等奖 14 项、二等奖 14 项；主编、参编国家级教材 18 本，其中《建筑工程安全管理》、《建筑结构施工图识读》、《建筑工程测量》为 "十二五"职业教育规划教材，在全国同类学校中得到了推广使用；主编、参编 省级培训教材 5 本，其中《机械员》已公开出版用于浙江省建设行业岗位培训 工作；主持承担开发省职业技能鉴定题库 12 套；主持开发浙江省施工现场岗位 考试题库（机械员、施工员）4 套。

3.1.3.3 技工教育与职业培训并重发展

浙江建设技师学院在建设行业职业教育领域中综合优势明显，作为浙江 省内唯一一所专门从事建筑类高技能人才培养的技工院校，以市场为依托， 主动服务于当地经济建设，不断提高办学总体水平，紧密联系行业需要办学， 具有鲜明的行业特色。每年为社会建设行业培训各类不同层次技术人才 15000 余人次。

学院以全日制教育为主，同时面向社会、面向行业、企业，开展建筑安装 等各类职业培训和技能鉴定，坚持职业教育为建筑事业发展服务，立足行业、 服务企业和社会，根据生产、建设、管理、服务第一线需要，培养操作技能强， 具有良好职业道德的高技能人才。坚持全日制教育与职业技能培训并重的发展 思路。在全日制教育过程中：坚持以就业为导向，能力为本位，积极推行一体 化教学，不断深化教学改革，逐步实现产、学、研为一体的办学模式；在职业技 能培训工作中，学院始终坚持主动为本地区经济建设和浙江建筑业发展服务， 积极承担在岗职工的技能培训、再就业培训、农村转移劳动力培训工作，采取 与企业深度合作、送培训到企业的方式，为浙江建筑企业培养一大批服务于生 产一线的高素质的高技能人才。

学院坚持"技工教育与职业培训并重"的原则，依托先进的专业设备和雄 厚的师资力量，为当地企业开展多层次、多工种的技能培训、技能比武和技能 鉴定服务。学院是住房城乡建设部一级建造师(机电类)浙江地区唯一培训单位， 是浙江省住房城乡建设领域现场专业人员岗位培训单位、浙江省特种作业考核 站（电工、电焊工）、杭州市就业再就业定点培训机构、浙江省就业再就业定点 培训机构，设有"国家职业技能鉴定所"。学院充分利用各平台，积极主动承担 建筑企业所需的各类岗位技能培训工作；建筑安装类常用工种（砌筑工、抹灰工、 架子工、防水工、木工、钢筋工、工程电气设备安装调试工、管道工、电梯安 装维修工、电焊工、安装钳工、安装起重工、通风工）初级、中级、高级、技 师技能培训和鉴定；住房城乡建设领域现场专业人员（施工员、质量员、资料员、材料员、机械员）岗位证书考前培训及继续教育；机电类一级建造师继续教育培训。同时还积极承担政府和企业技能大赛。

3.1.3.4 校企合作，产教融合，多元化办学

浙江建设技师学院深入实施校企合作教育，建设校企共同体，建立运行良好并有保障机制的校外实践教学基地，着力打造校企合作办学机制，开创产教融合新局面。

学院隶属于浙江省建设投资集团有限公司，自1978年创办之初就与企业有着紧密的关系，学院的教学、生产实习从办学之初就与企业有着紧密的合作，企业技术骨干走进学院的课堂、学生进入企业进行生产实习具有三十多年的历史。随着职业教育的发展、办学规模的扩大，学院从为浙建集团培养技术工人逐步转变成为面向全省乃至全国建设行业培养技术工人，经过几十年的发展，学院已经与浙江省一建建设集团有限公司、武林建筑工程有限公司、浙江省工业设备安装集团有限公司、日立电梯（中国）有限公司等百余家省内外大型国有企业建立了校企合作关系并签订了全方位合作协议，合作企业的品质不断提升，合作方式不断规范。学院毕业生深受企业的欢迎，历年来学院就业率在98%以上（安装类100%），赢得了企业和社会的广泛肯定和赞誉。学院依托世界技能大赛国家集训基地成立了省级"高艳涛技能大师工作室"，还积极参与"浙江省田志刚技能大师工作室"和"浙江省杨华平技能大师工作室"等企业技能大师工作室的建设工作，分批组织教师和技师专业学生到技能大师工作室开展技术革新和技术改造学习，实现校企共建，校企双赢。

学院坚持开放式多元化办学，积极与企业、高校和社会其他机构联合办学，拓宽办学途径，推行弹性学制和学分制，实行灵活的学习方式，通过半工半读、工学交替、分阶段完成学业，力求探索出一种学制教育培养建筑类技师的新方法。

3.1.3.5 打造技工名校，培养大国工匠

浙江建设技师学院坚持德育为先、育人为本的素质教育理念，秉承"厚德、励志、崇技、创新"的校训和"艰苦奋斗、敬业自强、创优争先"的学院精神，以"超越自我、德艺双馨、精神家园、充满活力、我有我优"这"五个追求"为抓手，融"工匠精神"于高技能人才培养，合力打造富有新时代特色的技工院校。

如今，学院已在建筑行业中产生了显著的品牌效应和巨大的社会影响力，许多毕业生在省内乃至全国建筑业都享有较高的声誉，其中有由学院毕业生负责施工的项目荣获建筑工程"鲁班奖"，许多毕业生现已担任特级、大型企业集团董事长或总经理。学建筑、招聘建筑技能人才到浙江建设技师学院已成为广大学生和企业的选择。

憧憬未来，浙江建设技师学院师生志存高远，为打造全国一流技工名校而努力，期冀从这里走出一流的大国工匠。

3.2 继续教育与职业培训案例分析

3.2.1 北京市住房城乡建设行业 2015 年人才教育培训工作案例分析

2015 年，在住房城乡建设部的正确领导下，北京市建设行业教育培训工作，适应形势任务的需要，抓住全面深化改革发展的有利时机，解放思想、大胆探索、转变职能、服务基层，全面加强行业专业人才资源发展需求，为建设行业的可持续发展，提供可靠的人力基础保障。

3.2.1.1 2015 年工作完成情况

（1）认真组织领导干部培训工作。2015 年，北京市住房和城乡建设委员会党组坚持每月组织中心组政治理论学习，内容涵盖理论热点、中央和北京市委重大决策、领导科学和现代科学等。全年先后接到局级进修班、局级专题培训班、优秀中青年干部培训班等 35 次调训指标，按时完成了各项调训任务，有力推动了领导干部政治理论水平和业务能力的提高。通过定期向培训班了解在训干部表现、经常联系在训干部等措施，不断加强监督力度，确保培训出勤率和考试通过率保持高水平，保证培训任务圆满完成。此外，2015 年全委共计安排14 名处级干部参加处级正副职公务员培训班。通过认真组织，全委新提拔处级全部达到了任职培训要求。

（2）依法办事，日常管理工作成效明显。一是依据住房城乡建设部有关执业人员的注册管理规定，扎实做好北京市建设工程企业中执业人员的日常注册工作。2015 年，共审核二级建造师注册人员申报资料 28237 件。二是全年共组织完成各类人员考核约 17.5 万人次，满足了企业的需求。其中三类人员 48990人次、特种作业人员 9293 人次、职业技能人员 10468 人次、关键岗位专业管理人员（含物业项目负责人和房屋安全员）84738 人次、造价员 22036 人次。同时，进一步完善了考务管理流程，通过核实社会保险，加大了报名资格的审核力度，增强了考试报名的规范性、严肃性。三是组织完成各类人员继续教育及证书续期 43174 人次，其中：三类人员续期 33480 人次，特种作业人员续期 9579 人次，造价员续期 115 人次。二级建造师继续教育工作方面，2015 年全市有 6046 名二级建造师参加了网络教育，完成课时并及时参加了二级（含临时）建造师继续教育现场测试工作。

（3）开展政策研究，做好建筑工人职业培训工作。为满足北京市建筑施工企业对施工现场技能工人的需求，北京市经过反复调研，探索思路，破解难题。一是结合北京市建筑工人职业培训管理工作情况，下发了《关于做好北京市建筑工人职业培训工作的通知》，组织相关处室择优选择北京市建设教育协会承担北京市建筑工人职业培训的管理工作。二是指导制定了《北京市建筑工人职业培训工作实施方案》、《北京市建筑工人职业培训工作管理办法》和《关于开展北京市建筑工人职业培训考核机构选拔工作的通知》等文件，明确工作职责和管理程序。成立了北京市建筑工人职业培训工作管理委员会和专家委员会，制定培训机构选拔标准和职业（工种）评估标准，做好工作标准的规范化建设。组织专家对考核大纲和试题库进行评审，完成试卷库组建工作，保证培训水平和鉴定质量。三是按照发布的培训考核机构选拔标准，组织专家对申报的28家培训机构进行资格审查，经对实操教师配备复核、实操场地现场评估等严格审查，上报的605名实操教师和考评员，最终通过审核496人，14家培训机构符合北京市建筑工人职业培训考核机构选拔标准，北京市建筑工人职业技能培训工作于2015年9月全面启动，取得了比较好的效果，得到了住房城乡建设部的肯定，受到了企业的好评。

（4）依托信息化手段，执业人员注册监管系统建设工作有序推进。为贯彻落实简政放权的要求，进一步深化住房城乡建设系统行政审批制度改革，加强对注册人员执业过程的全生命周期监管，北京市积极推进了监管系统信息化建设工作。目前已完成了系统原型的框架设计，征求了部分央企、市属大型企业及区县住房城乡建设主管部门以及兄弟省市主管部门的意见和建议。新系统平台将优化执业人员业务项目及流程，加强与企业资质、招投标、施工现场管理等各类数据的交换和共享，提升了数据分析与动态监管的效率，建立起集工程、房屋、企业资质、人员资格一体的基础数据库，实现业务系统之间数据共享，成为统一、规范、高效、一体化的全市建设行业审批系统综合管理平台。

（5）完善系统功能，考务管理工作方法不断改进。一是加快实现"三类人员"电脑组卷。为了更好地完成"三类人员"的考核工作，缩短考核周期，充分利用现代化网络系统，组织行业专家出题并形成可用于电脑组卷的电子试题库，开发完成了"三类人员"电脑组卷的系统功能。二是按照住房城乡建设部新版行业技能人员证书文件要求，修改了系统内证书编号规则和制证模板，增加新型"粘贴式"证书打印方式，提高了制证效率。三是实现了证书变更比对社保的功能，当新单位名称与社保信息一致时，可自动进行变更，简化了办事流程。四是修订各类从业人员培训考核大纲和试题库。根据最新《安全生产法》等法规条例，组织相关行业专家对各类从业人员考核大纲进行修订，增加了新知识，全面更新培训考核内容，切实提升从业人员的安全知识水平。同时，组织三类人员继续教育师资培训班，加强考评员日常监管，为考核、续期工作奠定师资基础。

（6）改进工作方法，服务管理职能充分提升。一是加大二级建造师继续教育现场测试频次。为方便企业及时办理各项业务，2015年二级建造师（含临时）继续教育现场测试频次进一步增加到10次，共有6046人参加了现场测试工作。完成了新教材6个科目共计150学时配套视频课件的录制工作，组织召开北京市二级建造师继续教育工作研讨会，明确了关于多专业二级建造师继续教育的相关问题，决定自2016年1月1日起，持有多专业注册证书的二级建造师应参加每一注册专业的现场测试，测试合格后方可延续注册。二是继续做好对下放的二级（含临时）建造师聘用企业变更注册审批工作专项检查和指导工作，通过深入基层走访加强与各区住建委业务科室的沟通联系。采取调查问卷和企业座谈的形式，倾听各方对现有注册工作的意见和建议，及时解答相关政策难点，从而全面提高审批质量、办事效率，服务企业，服务基层。

（7）加大监督指导，培训机构综合评价工作扎实开展。一是指导教育协会完成2014年培训机构综合评价工作，保证培训机构教学质量。二是加大对培训办班评估工作的检查指导力度，修改完善《评价细则》，及时检查教育协会评估工作进展，查看开班上课情况，掌握培训机构实际办学状况，发现问题立即约谈，做到立行立改。三是加强备案管理，建立备案、考试、检查的信息联动机制。对培训行为检查、报名资格审核、考试合格率情况建立综合评价全过程联动机制，分析发展趋势，确定工作目标。

3.2.1.2 存在问题

近年来，在住房城乡建设部的大力指导下，北京市住房城乡建设行业人才教育培养工作取得了一定的进步，但还存在一些问题：

（1）培训主体责任不明确。长期以来管理层与作业层"两层分离"的用工制度，造成了北京市建筑施工企业没有自有作业队伍，施工作业主要由外省来京劳务企业承担。"两层分离"后，由于缺乏必要的政策引导，培训的主体责任不明确，导致了企业对工人的培训工作不够重视。

（2）培训缺少经费投入。北京市总承包企业的教育经费多用于总承包企业自有管理层和一线工人岗位中的特殊工种取证培训，几乎没有投入技能培训资金。施工总承包企业和承包企业施工总承包企业和专业承包企业"只用工，不养工"，对于不属于本企业的劳务工人不愿承担培训成本；劳务分包企业只有少量管理人员长期固定，工人流动性大、培训资金投入产出比低，对技能工人的培训仅限于必要的上岗取证。北京市总承包企业的教育经费多用于总承包企业自有管理层和一线工人岗位中的特殊工种取证培训，几乎没有投入技能培训资金。

（3）培训与薪酬体系没有挂钩，影响了从业人员参加培训的积极性。由于参加技能培训和技能大赛会占用一些工作时间，而且技能等级证书并不与薪酬挂钩，造成了从业人员参加技能培训的缺乏积极性。

3.2.1.3 建议对策

（1）希望住房城乡建设部尽快颁发全国统一的住房城乡建设专业人员岗位考核评价教材和试题库，加快专业人员全国统一考核评价标准管理体系，建立全国统一的专业人员考务与证书管理信息系统，在全国范围实现专业人才信息化、标准化、规范化管理。

（2）希望住房城乡建设部出台切实可行的政策，进一步落实企业培训主体地位，确保企业培训不走形式，不钻空子。积极探索突破经费瓶颈，增加培训经费的投入。

（3）推动用工薪酬改革。引导企业和从业人员重视监督培训工作，逐步建立建筑工人职业技能等级与劳动报酬挂钩机制，激发从业人员参与培训鉴定等工作的主动性。

下一步，在住房城乡建设部的指导下，北京市将紧紧围绕建设行业发展对专业人才需求，研究破解行业专业人才工作存在的深层次难题，进一步夯实基础、统筹协调，加强行业专业人才工作的机制和政策创新，建立科学化、合理化、规范化的管理模式，营造有利于行业专业人才队伍健康发展的良好环境，努力开创北京市住房城乡建设行业专业人才工作新局面。

3.2.2 重庆市建设职业技术教育案例分析

近年来，重庆市高度重视建设职业技术教育培训工作，坚持把该项工作当作全面提升建设行业从业人员素质、促进建设行业可持续发展的重要途径。至 2015 年底，全年共完成初、中、高级技术工人技能培训鉴定 112023 人，其中初中级工 106961 人、高级工 4532 人、技师 530 人；发放专业技术人员证书77818 人、完成专业技术人员继续教育 37033 人；完成安全生产"三类人员"考核发证 16471 人、继续教育 14340 人；二级注册执业人员参考人数 43071 人、获证人数 4771 人、初始注册 5454 人、继续教育人数 5925 人。现执业人员总数45215 人，全市建设职业技术教育工作得到稳步推进。

3.2.2.1 促进建设职业技术教育培训工作持续健康发展的主要措施

2015 年重庆市主要采取了以下措施，使建设职业技术教育培训工作得到了持续健康发展。

（1）充分调动各方面积极性，加强初中级工职业技能培训鉴定工作

顺应建筑业改革发展的需要，把初中级工职业技能培训鉴定工作当作一项基础工作来抓。认真贯彻住房城乡建设部《关于推进建筑业发展和改革的若干意见》（建市 [2014]92 号）和《建筑业企业资质标准》的精神和要求，充分调动政府、企业、个人和建筑市场四个要素的积极性，推进初中级工职业技能培训鉴定工作。积极做好职业技能各工种名称的统一变更，相关工种大纲、标准和试题编制等基础性工作，以信息化为支持开展建筑劳务人员实名制培训鉴定，推进重庆地方鉴定标准与住房城乡建设部国家标准中涉及的工种名称保持一致，为满足全市建筑业企业资质就位工作的需要做了大量工作。

把初中级工的培训鉴定的重心和着力点放在施工一线。指导相关区县及培训鉴定机构落实新型师徒培训制度、鉴定机构按相关规定开展现场鉴定工作，引导企业将一线工人的培训鉴定融入建筑工人的生产实践中，在施工现场推行工序样板实作质量标准展示，促进建筑技术工人技能培训鉴定工作的培训鉴定模式得到不断改进和创新。

分工合作推进建筑工人初中级工的鉴定工作。根据相关要求，重庆市进一步明确了建筑一线初中级工的鉴定工作主要由区县鉴定机构完成。2015 年为确保工作质量，切实做好建设行业职业技能培训工种及代码的统一规范、职业技能鉴定标准的清理、完善理论试题库和实训试题建设等工作，进一步加强了一线建筑工人技能培训鉴定的指导。同时，摸清了现有培训鉴定机构现状，明确了区县培训鉴定机构的职能职责，建筑工人初中级工的培训、考核及鉴定工作得到进一步规范。

（2）深入贯彻住房城乡建设部《关于贯彻实施住房和城乡建设领域现场专业人员职业标准的意见》精神，推进现场专业技术人员统考发证工作

积极推进施工现场专业人员教改、考改。按照住房城乡建设部要求，将重庆市施工现场专业人员岗位统考科目由原来的《岗位实务》、《基础知识》和《综合知识》3 科改为《岗位实务》和《基础知识》2 科，与住房城乡建设部《意见》要求保持了统一。全市按照原有统考方式于 2015 年 3 月组织了施工现场专业人员岗位人员补考，5 月、9 月、12 月按照新的统考方式分别组织了第一次、第二次、第三次施工现场专业人员统考，全年参考人数 115469 人。顺利实现了原有考试方式向新考试方式的过渡，教改、考改工作得到了持续推进。

全面启动全国统考岗位考试大纲和试题库的编写工作。组织专家于 4 月启动了土建、装饰和市政类施工员、预算员、质量量、安全员、材料员、测量员、劳务员、机械员、试验员、资料员、标准员等 20 个岗位考试大纲和试题库的编写工作，考试大纲现已发布实施，目前正全力以赴进行试题库的扫尾工作。在

考试大纲和试题库的编写过程中，在选择内容方面，适当增加了实际操作和工程案例分析题占比，考题均设计为客观题，试卷全部实行机改，为推进机考奠定了坚实基础。

稳步推进机考试点和新旧证书核发换证工作得到。设立了个人直接报考通道，凡具备报考条件的考生，可直接在网上报考劳务员、试验员、机械员三个岗位，实行每月随到随考。同时根据住房城乡建设部相关规定，做好新旧证书的核发换证工作，除预算员、安全员、测量员和安装类岗位之外，其他相关施工现场专业人员岗位均核发住房城乡建设部统一印制的新证书。

（3）以职业技能大赛为抓手，推进高技能人才培养

坚持以建设职业技能大赛为抓手，推进高技能人才培养。2015年认真贯彻落实住房城乡建设部《工程质量治理两年行动方案》和市建委《重庆市工程质量治理两年行动实施方案》精神，加强对各区县开展职业技能大赛进行业务指导，先后组织14个区县建委和项目组队参加电气设备安装调试、砌筑工、架子工等工种的初赛和片区赛，有425人参加片区赛、84名选手参加决赛。在此次大赛中，全市有375人获得技能人员职业培训合格证书，其中获中级技能人员培训合格证书的163名、高级技能人员培训合格证的151名、技师合格证书的61名。在11月25日"深入推进全国工程质量治理两年行动电视电话会"上，重庆市的该做法和工作成绩获住房城乡建设部易军副部长表扬。

同时，坚持多渠道推进高技能人才的培训鉴定工作。积极与人力资源社会保障局合作，充分利用市建筑业教育中心的教学和实训场地、培训鉴定设施及师资力量开展技师培训鉴定工作。先后于3月和6月组织开展了砌筑工、电工及架子工技师培训工作，两次先后共培训鉴定考核技师119人。

（4）加强继续教育，加快推进技术更新

组织编写了《重庆市建设行业专业技术管理人员继续教育指导教材（2015年版）》。该教材主要内容包括了近年来国家及地方新出台或重新修订的工程建设领域相关法律法规、教育培训、绿色建筑、建筑业改革与发展、工程质量管理、建筑施工安全与文明施工以及建筑市场监管和信用体系建设等内容。知识新、内容全面、针对性强，具有很强的时效性和实用性。

在开展施工现场专业人员继续教育活动中，十分注重运用案例教学的积极作用，并通过引导各培训机构把案例培训教学贯穿到整个继续教育活动始终。由于案例教学法具有扬长避短的特点，能够弥补受训者因年龄、文化、工学矛盾等方面的差异和不足，非常适合施工现场专业人员年龄偏大、文化程度偏低、理解能力有限而实践经验丰富的特点。在案例教学活动中，学员在老师的引导下认真分析案例，举一反三，学以致用，把所学知识运用到工作中，促进学员

进一步掌握了新规范、新知识、新技术、新工艺，收到了良好效果。

积极探索适合重庆市建设行业专业人员继续教育实际的方法和途径。在有计划、有步骤地运用案例教学的同时，还交叉使用研训一体化教学、课堂教学、观摩实作现场教学、政策法规学习培训、学导式培训等手段，激发起学员参加施工现场专业人员继续教育学习的内动力，学员参加继续教育培训的自觉性增强，学习效率提高。"十二五"期间全市先后完成专业技术人员继续教育培训18万余人（次），其中2015年完成专业技术人员继续教育4万余人（次），且继续教育培训质量水平有了较大提升，为提升城乡建设工程质量水平提供了高素质的人力资源保证。

（5）加快从业人员信息管理系统建设，大力推进从业人员实名制管理

加大软硬件设施投入，进一步完善从业人员信息系统管理人员模块。于2015年8月初启用该系统，对相关人员进行统一培训，使他们能正确使用该系统。同时继续开发继续教育、工人证书模块，加快建立建筑业从业人员实名制管理，推进劳务培训。通过加强信息管理系统建设，实现与各区县及培训机构联动，与市城乡建设系统相关业务单位的信息共享、联合办公，最大限度发挥从业人员信息库和证书库的作用。对现场专业技术人员和技术工人的质量、安全及职业技能培训实现了信息化管理。将信息化管理贯穿于培训报名、考务管理、证书管理、继续教育等各个环节，进一步简化了业务流程、提高了效率。

积极与相关建设类双证职业院校合作，推进现场专业技术人员的信息化考试工作。开发了信息考试平台，认真做好试题库对接、考试服务器建设与考点机房联动工作，大力推进机械员、试验员、劳务员、标准员等岗位的信息化考试工作。2015年，先后有4660人报考参加上述岗位的信息化考试，合格率在46%左右。

（6）制定扶贫培训计划，推动将财政专项经费用于支持建设类双证院校"三类"贫困生培训

认真贯彻落实中共中央、国务院《关于打赢脱贫攻坚战的决定》和重庆市委《关于开展精准扶贫工作的实施意见》精神，扎实开展建设行业精准扶贫培训工作。制定了建设行业扶贫培训计划暨"双证制院校"贫困生扶贫培训工作方案，推动将财政专项经费主要用于建设类"双证制"院校贫困生培训和补助高技能人才培训鉴定工作。通过组织扶贫对象参加建设职业技术、技能培训考核鉴定，使他们能获得施工现场专业岗位、技能人员职业培训合格证书。先后完成对18个贫困区县的832名建卡贫困户和证制院校236名建卡贫困生的建设行业精准扶贫培训工作。

（7）积极推进建筑施工企业安全生产管理"三类人员"培训考核工作

以提高建筑施工企业主要负责人、项目负责人、专职安全生产管理人员的安全生产意识、安全法规意识和安全知识为目标，结合安全执法、专项整治、标准化和信息化建设、平安卡制度实施，推进对"三类人员"的法律法规、安全知识规范、安全操作技能等方面的培训考核工作。全年完成"三类人员"培训 26699 人，发证 16471 人，继续教育 14340 人，促进安全生产管理人员综合素质得到提高。现"三类人员"在岗总人数为 105479 人。

(8) 大力加强二级执业资格培训注册工作

认真贯彻落实人事部、建设部执业资格注册相关文件精神，按照新形势发展的需要，积极配合人事部门，坚持不懈抓好二级注册执业人员的培训管理、注册及继续教育等工作。全年二级注册执业人员参考人数 43071 人、获证人数 4771 人、初始注册 5454 人、继续教育人数 5925 人。现执业人员总数 45215 人。

3.2.2.2　2016 年及今后一段时间全市建设职业技术教育工作的思路

在认真总结 2015 年工作的基础上，形成了 2016 年及今后一段时间全市建设职业技术教育工作的思路。

(1) 扎实推进新型建筑产业现代化工人培训,助推建筑产业化发展。编制《重庆市建筑产业现代化技术工人配备职业技能标准》，推动将财政专项资金优先用于建筑产业现代化管理人员和工人的补助和奖励，促进建筑产业化人才培训工作有序推进，努力建立建筑产业现代化从业人员持证上岗制度，满足行业需求。

(2) 大力加强高技能人才队伍建设，推动建设从业人员素质结构调整。大胆创新培训鉴定方式，激发总承包施工企业、建筑劳务企业以及项目作业班参加高技能人才培训鉴定的积极性，努力改善建设行业技能人才队伍素质结构，为提升工程建设质量水平奠定基础。

(3) 探索现场专业人员培训体系建设，建立适应新形势要求试题库。严格执行教考分离制度，健全完善考试回避、交叉监考、督考与巡考等制度规定，逐年扩大机考岗位和范围，每年拟将新增机考岗位 1 ~ 2 个，力争实现机考全覆盖。

(4) 进一步加强信息化建设,助推建设职业技术教育培训工作。建立完善"重庆市建设岗位教育培训管理系统"，实现从业人员持证管理的信息化，达到证网合一、证卡合一。

(5) 加强建筑施工企业安全生产"三类人员"的培训考核。积极推进建筑施工企业和特种作业人员的计算机考试，推进建筑工人培训鉴定信息管理系统与平安卡信息管理系统有效对接，实现平安卡包含现场专业技术人员和技术工人相关岗位、工种、等级等相关信息。

(6) 深入推进注册执业资格培训管理工作。认真贯彻国务院和住房城乡建设部关于执业资格注册管理相关文件精神，推进建设行业注册执业人员的培训管理和注册资格改革，努力建设与城乡建设事业发展相适应的执业注册执业人员队伍。

3.2.3　中国建筑工程总公司教育培训工作的转型与创新实践

2015 年，在全球化的新形势下，中国建筑工程总公司（以下简称中国建筑）以成为最具国际竞争力的投资建设集团为目标，坚持"专业化、职业化、国际化"的人才策略，一直把教育培训工作作为保持企业持续竞争力的大事来抓，以教育培训全员覆盖为目标，围绕"两突出、两服务"，即突出精品培训项目的打造，突出培训体系的优化和提升，服务于中国建筑的发展战略和员工职业生涯发展，开展了一系列的转型和创新实践。

3.2.3.1　中国建筑概况

2015 年，中国建筑面对复杂多变的国内外经济环境与行业下行的巨大压力，在党中央、国务院及国资委的正确领导下，上下齐心、努力拼搏、攻坚克难，主要经济指标再创新高。全年新签合同额 16683 亿元，同比增长 8.5%。在国务院国资委管理的中央企业中，营业收入排名第 4 位，利润总额排名第 6 位；在中央同类建筑企业中，营业收入、利润总额均居榜首。与此同时，中国建筑品牌美誉度和影响力进一步提升。名列 2015 年度《财富》"全球 500 强"第 37 位，2016 年第 27 位，居全球建筑地产行业第一位；获得国际三大顶级评级机构公司资信 A 级评级，是世界建筑行业最高资信；国务院国资委 2015 年度经营业绩考核再获 A 级，这是中国建筑连续六年获得此荣誉，并位居第四名。至此，中建总公司"十二五"总体战略规划目标圆满完成，取得了较好成绩。

五年来，公司业绩实现跨越式增长。相比 2010 年，2015 年新签合同额、资产总额、所有者权益分别增长 1.1 倍、1.7 倍、1.3 倍，稳居全球投资建设集团之首，相当于用五年的时间再造了一个中国建筑。

五年来，集团引领发挥决定性作用。中国建筑发力结构调整，房建牢固占据龙头地位；基础设施、海外业务规模翻番，原创设计能力显著增强并在细分领域形成优势。推进专业资源整合，中建钢构成为行业第一，中建装饰、西部建设位居行业第二，中建安装等居于行业前列。集中采购被国务院国资委赞誉为"中建模式"，降低采购成本 2.6 个百分点。

五年来，科技实力得到大幅度提升。中国建筑在全系统建立了技术中心科研体系，获得国家科技奖 12 项（一等奖 3 项、技术发明奖 2 项），詹天佑奖 38 项，各类省部级科技奖 976 项，国家级工法 146 项，主参编国家标准 44 项，国家授权专利 8019 项，获国务院国资委颁发的中央企业"科技创新企业奖"。"中国建筑千米级摩天大楼建造技术研究"巩固了公司在房建领域的领先地位；绿色建筑、BIM 技术、建筑工业化三大重点研发方向取得重要成果。

五年来，项目管理实现高水平拓展。中国建筑以项目管理标准化为抓手提升全集团项目管理水平，获得鲁班奖 87 项、国家优质奖 155 项，居行业第一。大力推动绿色施工，获得国家 AAA 安全文明标准化工地 364 个，占全国总数的 14.7%，居行业之首。

五年来，企业文化得到系统性塑强。建立起企业文化体系，《中建信条》、《十典九章》成为全集团的价值追求与行为规范。中国建筑获行业全球最高信用评级，部分子企业成为相关领域业主首选，中海地产连续十二年企业品牌价值位居行业第一。中国建筑积极承担央企社会责任，为 150 万农民工提供就业机会，相当于带动约 500 万农村人口奔小康，积极投身玉树、雅安、鲁甸等地震灾区援建，为灾区人民重建家园。

中国建筑"十二五"取得的成绩是与人才兴企战略全面实施，人力资源保障作用不断增强密不可分的。

3.2.3.2 中国建筑培训体系

中国建筑的教育培训以实现培训管理的规范化、制度化和程序化，提升计划水平、丰富培训资源、规范课程标准、提高培训质量、健全师资队伍，促进公司内部知识的积累、共享和传播，加快学习型组织的建立，从而提高公司培训经济效益，支撑公司业务发展为目标，积极构建总公司和二级单位两级层面的教育培训组织体系，明确职责分工。

1. 总公司层面

总公司层面由教育培训指导委员会、人力资源部、培训执行机构（中建管理学院）、各部门组成。

总公司教育培训指导委员会：负责审定总公司中长期教育培训规划、年度培训计划和培训预算；组织召开系统教育培训工作会议，总结培训工作，交流培训经验；指导各单位制定本单位教育培训规划并监督其组织实施。

总公司人力资源部：负责制定和完善总公司层面培训管理制度；负责总公司年度培训计划和预算编制；负责统一规划全系统课程列表和大纲；负责总公司层面外购课程的统筹规划。

总公司培训执行机构（中建管理学院）：协助编制总公司统筹的年度培训计划和预算；负责适用于全系统员工的通用职业力课程、部分领导力课程、通用专业力课程的开发和管理；负责总公司层面外购课程的管理，建立总公司层面供应商名录；负责总公司层面内部讲师具体管理；负责实施总公司统筹的培训；负责指导二级机构的课程开发、内部讲师管理等工作。

总公司各部门：协助总公司培训执行机构进行培训需求调查；协助总公司人力资源部编制本部门年度培训计划和预算；协助实施培训。

2. 二级单位层面

参照总公司层面，由二级单位教育培训指导委员会、人力资源部、培训执行机构（中建管理学院分院）、各部门组成。

3.2.3.3 "三力"培训项目创新实践

2014 年，中建总公司对年度培训计划内的培训项目重新定位，明确划分为领导力发展、专业力提升和职业力打造三个项目，具体如图 3-8 所示。

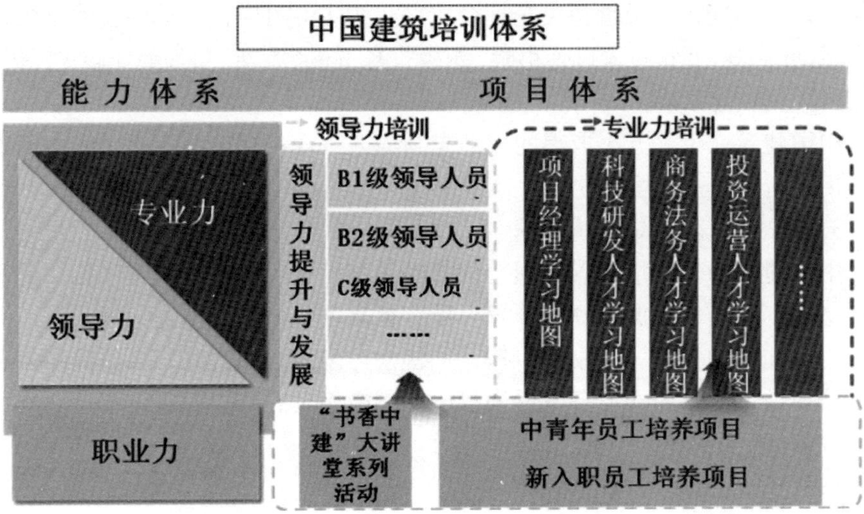

图 3-8 中国建筑的"三力"培训项目

2015 年，共完成领导力、专业力和职业力培训 49 期，培训 40930 人次。其中领导力发展项目 6 期，17530 人次；专业力提升项目 19 期，3093 人次；职业力发展项目 19 期，17184 人次；继续开展了执业资格人员培训项目 5 期，3123 人次。

1. 以领导力模型为依据开展领导力发展项目

每年重点抓领导人员的培训。根据中国建筑领导人员管理权限及职务名称的规定，总公司、二级单位和三级单位领导人员职级分为 8 级，其中 B1 级指总部部门及二级单位班子正职、B2 级指总部部门及二级单位班子副职、C 级指二级单位助理总经理及相当职务和部门正副职、三级单位正副职（其中 C1 级指二级单位助理总经理及相当职务）。2015 年共举办 C 级以上领导人员培训班 6 期，培训 17530 人次。

（1）领导力提升与发展专题培训。2012 年，中建总公司构建了一套既具有中建特色，又兼具国际化特色的中国建筑领导者能力素质模型，即 Globe 4E+ 的能力素质模型，提出了领导干部应具备的 6 个能力项大类及其所包含的 11 个能力素质项。以此为基础，对部分领导干部进行了测评，从短期和中长期两个角度提出了领导干部的领导能力发展建议。之后，按照领导干部的不同层级，定制化开发了 B1 级（总部部门及二级机构班子正职）、B2 级（总部部门及二级机构班子副职）以及 C 级（二级机构中层）领导干部领导力提升与发展专题培训项目。其中，B1 级领导干部培训项目以转型升级为主题，采取"学习＋研讨"的方式，帮助领导干部提升变革转型期的战略思维和战略领导力，从而为企业的转型升级提供能力保障和支持。B2 级以及 C 级领导干部培训项目以"自我认知－团队管理－组织变革"为课程框架，帮助提升领导干部自身的领导力水平，进而带领团队应对变革。2012 年以来，共对来自公司系统的 483 名领导人员（包括 84 名 B1 级、260 名 B2 级、139 名 C 级领导人员）开展了以领导力提升与发展为主要目标的专题培训，基本做到了党组管理的领导人员领导力培训的全覆盖，并进行了适当的扩大和延伸。目前，中建总公司就领导人员第二轮领导力培训进行了开发和设计工作，已于 2016 年底启动实施。

（2）C 级以上党员领导人员进修培训。C 级党员领导人员进修班是由中国建筑工程总公司党校举办的，每年两期。该班在严格执行中央党校分校和国资委分校教学指导计划的前提下，不断进行创新实践。一是积极贯彻理论联系实际的方针，倡导研究式学习；二是结合企业自身特点设计教学方案，开设中建特色课程。三是重视党性教育，提高党性修养。

（3）其他领导人员培训班。每年，公司以面授形式举办总工程师、会计领军人才、纪委书记等其他领导人员培训，以视频方式举办 C 级以上领导人员参加的如"党的群众路线教育实践活动专题辅导"、"贯彻学习习近平总书记系列讲话"、"三严三实"专题学习等培训。以"三严三实"专题学习为例，2015 年6 月至 11 月，为了推动中国建筑系统各单位深入开展"三严三实"专题学习，中建总公司党组先后分 4 次采取视频方式在北京主会场及 33 个分会场开展了集中学习。集中学习得到了公司领导的高度重视，分别由原中国建筑工程总公司党组成员、纪检组长、工会主席，中国建筑股份有限公司监事会主席刘杰，中国建筑工程总公司党组成员，中国建筑股份有限公司副总裁曾肇河，中国建筑工程总公司党组成员、纪检组组长周辉，中国建筑工程总公司党组成员，中国建筑股份有限公司副总裁刘锦章主持讲座，在京的公司领导均在主会场参加了学习。

2. 以专业人才的学习地图为基础开展专业力提升项目

专业力提升项目是围绕中国建筑战略规划和转型升级目标，重点举办基础设施、海外等主营业务和财务、科技等管理岗位培训。2015 年共举办专业力提升培训班 19 期，培训 3093 人次。其中举办国际工程商务管理、基础设施业务 PPP 模式等主营业务培训班 2 期，培训 142 人次。举办课程开发、内部讲师等体系培训 4 期，培训 136 人次。举办项目经理能力提升、技术管理能力提升等"1+1"行动学习项目 2 期，分阶段进行，培训 79 人次。举办财务、科技与设计、质量管理、组织人事、信访维稳、保密、社保业务、党群、纪检监察、离退休工作人员等管理岗位培训班 11 期，培训 2736 人次。

（1）基础设施业务 PPP 模式专题培训。为深入了解国家 PPP 模式的有关政策，推动 PPP 模式在公司基础设施业务中的应用和推广，全面促进中国建筑基础设施业务的发展，举办了中国建筑 2015 年基础设施业务 PPP 模式专题培训班。邀请了系统内部和中建系统外专家进行了专题授课，课程的内容具有很强的针对性和实操性，培训结束后举行了以"PPP 业务模式对于中国建筑基础设施业务的机遇与挑战"为题的主题对话。学员对教师教学评估普遍反馈良好，课程设置的实用性和可操作性得到一致好评。

（2）课程开发和内部讲师培训。2014 年，中国建筑启动了课程开发和内部讲师培养项目，以品牌项目设计、课程开发及内部讲师队伍建设为核心内容，旨在进一步完善培训课程体系和师资体系。2014 年以来，由中国建筑总部人力资源部主导进行了 1 门领导力课程、1 门职业力课程（企业文化）、28 门专业力课程（项目经理、技术管理）的开发工作，其中领导力课程是在举办的领导力提升与发展专题培训班课程基础上进行的扩展性开发；职业力课程重点用于青年学生入职培训；专业力课程是基于项目经理学习与发展手册进行的不同等级项目经理的课程开发，部分开发的课程已于 2015 年在 P5 级项目经理（大型项目的项目经理）培训中作为教材使用。在师资体系构建方面，中国建筑基于培训规划对讲师队伍的规划，贯彻落实公司领导提出的领导人员要上讲台的要求，制定了讲师管理办法，对内部讲师选拔认证、培养办法与流程以及外部讲师评审标准及评审流程等进行了规定。2015 年 4 月和 11 月先后举办了内部讲师培训班共 2 期，学员对象为系统各单位选拔的 C 级以上领导人员，有 66 人获得了内部讲师资格，其中二级单位副职领导人员 39 人。据统计，有 2/3 的人员在获得内部讲师资格之前，每年均在本单位的专业技术类培训及青年学生入职培训上进行授课，有 1/3 的人员参与了中国建筑总部主导的课程开展工作。

（3）"1+1"行动学习。"1+1"行动学习是指按照统一规范实施的培训项目，即举办至少一期商务管理能力提升培训项目和一期项目经理（或技术管理）能力提升培训项目。2015 年，中国建筑分别举办了项目经理能力提升和技术管理序列能力提升培训班各 1 期，共培训 70 人。其中项目经理和技术管理能力提升培训均分为三个阶段进行。以项目经理能力提升为例，2015 年以"领导能力 + 专业能力"提升为目标，以已经开发完成的部分项目经理课程为重要输入，对公司系统内的部分大型项目的项目经理（P5 级项目经理）共 40 人，分三个阶段进行了集中示范性培训，以此为突破口，开启与专业序列人才发展通道相匹配的发展类培训。

3.2.3.4 以"书香中建"大讲堂活动为抓手带动职业力打造项目

职业力打造项目包括"书香中建"大讲堂系列视频活动、青年学生入职培训和总部员工培训。2015 年，共举办培训 19 期，培训 17184 人次。

（1）书香中建大讲堂。中国建筑"书香中建"大讲堂活动，以教育培训全员覆盖为目标，于 2012 年 9 月启动，通过视频会议的方式开展，在全国开设了三十多个分会场，各分会场还将活动转播到三级单位和基层项目，至今已举办 13 期，共 18 次活动，每期参加学习人数均在 5000 人左右，共带动了全系统各个层级上万名员工的学习，有力地推动了员工职业力的提升，树立了"书香中建"大讲堂活动的良好口碑和影响力。为将讲堂活动打造成中国建筑内部层次较高、影响力较大的高端知识交流平台，大讲堂活动既邀请了国家发改委、财政部、中纪委等单位的政府官员，又邀请了来自中央党校、中国人民大学、中国政法大学等机构和院校的专家学者，活动主题紧贴党和国家工作大局，紧密围绕中国建筑战略目标以及人才队伍建设要求，覆盖党的十八大、十八届三中、四中、五中全会、习近平总书记系列讲话精神、中国建筑《十典九章》等内容。为大家创造了一个拓宽视野和学习知识的机会。

（2）学生入职培训。中国建筑总部及各子企业重视青年学生的培养工作，从学生入职培训做起。特别是 2013 年起，总部、事业部和各二级单位学生入职培训由中国建筑集团人力资源部统一指导，统一培训内容，选派讲师团共同实施，2013~2015 年累计 60 期，38433 人。

（3）总部员工能力提升培训。2014~2015 年，为了有效贯彻落实《中国建筑"十二五"人才工作专项规划》，提高中国建筑总部员工的专业化、职业化、国际化水平，努力建设一支具有全局意识、责任意识和创新意识，能独当一面，经历丰富，具有管理能力和服务意识的管理团队，按照总部"引领、服务、监督"的定位要求，以"战略管控型总部下的员工能力素质建设"为主题，以加强总部员工间的跨部门沟通以及团队合作能力为目标，开展了对总部青年员工的培养工程，分为 4 个班次，对总部管理序列的一般员工及部分借调人员进行了专题培训，共培训 160 人。

3.2.3.5 以中建管理学院转型为契机优化和提升培训体系

中建管理学院组建于2001年,前身是成立于1982年的中建总公司培训中心。中建总公司的快速发展迫切要求中建管理学院从传统的培训中心转型为现代的企业大学,真正成为一家"央企一流"的企业大学。以此为契机,中建总公司以提升和优化培训体系为目的,正在推动中建管理学院的转型。培训体系的优化和提升正在从明确培训体系的战略定位、构建课程及项目体系、厘清组织体系以及梳理管理体系四个方面入手进行,目的就是要将培训工作战略化,要将培训工作与员工的职业生涯发展紧密结合。培训体系战略定位方面,基于未来中建战略目标实现的需要,中建总公司的培训体系将以"打造战略推动引擎"为目标分步推进建设。课程及项目体系方面,正在逐步构建以"领导力、专业力、职业力"为基础框架,覆盖全员的课程体系,并积累和打造中建的精品培训项目,提升培训项目的品牌影响力。培训组织体系方面,重新明确中建总公司总部和二、三级子企业在课程开发与实施、培训政策和制度制定、计划和预算管理及讲师、供应商管理几个职能模块的职责,企业大学的管理模式及总部职能和岗位设置。培训管理体系方面,正在以《中国建筑人力资源管理手册》教育培训部分为基础,进行完善并细化,形成"1个总则+5个管理办法"的《中国建筑人力资源管理手册培训分册》。

3.2.3.6 中国建筑"十三五"教育培训工作展望

"十三五"期间,中国建筑教育培训工作要紧紧围绕"最具国际竞争力的投资建设集团"的公司愿景,坚持"专业化、职业化、国际化"的人才策略,以完善培训管理体系,确保培训全员覆盖;健全以领导力、专业力、职业力为核心的课程体系;快速建设一支精通专业,擅长教练的内部讲师队伍;整合并提高培训资源利用率等为主要任务,重点开展领导人才、主营核心业务、专业骨干、青年人才等培养项目,努力建设与中国建筑全球地位相匹配、与投资建设市场竞争特点相匹配的人力资源管理体系,打造竞争力一流的人才队伍,努力成为业界优秀人才的培育者和代表者。

3.2.4 陕西建工集团有限公司培训案例

3.2.4.1 企业发展概况

陕西建工集团有限公司(以下简称陕建)凭借雄厚的实力,始终荣列中国企业500强、中国建筑业竞争力百强企业之中,2016年分列第199位、第6位,并稳居中国承包商80强第5位。2016年,陕建承揽经营任务达到1599亿元,完成营业收入760亿元,实现利润10.45亿元,比上一年度分别增长19.13%、10.45%、39.33%,荣获"鲁班奖"7项,国优奖7项。

陕建现有各类中高级技术职称万余人，其中，教授级高级工程师136人，高级工程师1508人；国家一、二级建造师4647人。工程建设人才资源优势称雄西部地区，在全国省级建工集团处于领先地位。

近年来，陕建取得科研成果数百项，获全国和省级科学技术奖88项、建设部华夏建设科技奖20项，获国家和省级工法408项、专利291项，主编、参编国家行业规范标准90余项。先后有46项工程荣获中国建设工程鲁班奖，42项工程获国家优质工程奖，2项工程获中国土木工程"詹天佑奖"，12项工程获中国建筑钢结构金奖。

陕建坚持省内省外并重、国内国外并举的经营方针，完成了国内外一大批重点工程建设项目。国内市场覆盖31个省、直辖市、自治区，国际业务拓展到26个国家。正向称霸陕西市场、称雄全国市场、驰骋国际市场的战略目标阔步迈进。

3.2.4.2　职工培训情况

2016年，陕建培训工作全面贯彻党的十八大和十八届四中、五中、六中全会和习总书记来陕讲话精神，以邓小平理论、"三个代表"重要思想、科学发展观为指导，全面贯彻《企业职工培训法》、《中共中央、国务院关于进一步加强人才工作的决定》精神，围绕"十三五"发展规划目标、落实《陕西建工集团"十三五"职工教育培训规划》的各项任务，在实施"人才强企"战略，创建"学习型企业"中取得了可喜的成绩。2016年度，从业人员参加培训54356人次，占从业人员总数的248.3%；培训经费投入2819.43万元，占职工工资总额的2.07%，职工培训经费投入超过国家规定1.5%的标准。

1. 不断完善的职工培训体系

2016年，按照《国家中长期人才发展规划纲要(2010—2020年)》精神以及《陕西建工集团"十三五"规划》的相关要求，陕建制定了《陕西建工集团人力资源"十三五"规划》，完善了领导体制和运行机制，建立健全了保障措施。

将人才培养工作摆在了企业发展的战略地位，制定了发展规划，明确了目标。人力资源部、党委组织部、党政办公室齐抓共管，定目标、出思路，为培训工作提供人力、物力和财力保障。通过这些制度和措施，以促进企业职工培训工作的发展。

继续完善以各企业短期培训，陕建职工大学岗位培训以及学历教育，陕西建设技师学院技术工人培训，西安建筑科技大学和西北大学的工程硕士、工商硕士四个培训基地。各企业完善了以主要负责人为领导、组织、人事、工会、财务等部门等参加的培训组织体系。强化全省建设行业专业技术人员继续教育培训基地建设及全国一级注册建造师继续教育培训工作。

2. 不断扩展的职工培训范围

要保证集团快速发展需要，就必须提供与其发展相适应人力资源的支持。

（1）继续开展技师、高级技师考评工作。根据住建部、省劳动和社会保障厅有关文件的精神，修订了《陕西建工集团有限公司技师、高级技师评聘实施办法（试行）》。明确了技师、高级技师在本企业享受工程师、高级工程师的待遇，为加强技能人才的培养，增强本企业市场竞争的综合实力发挥作用，也得到省建设厅、人社厅领导的充分肯定。

（2）强化对青年学生入职培训。陕建总部及各子集团对青年学生的培养工作极其重视，首先从青年学生入职培训做起。培训由有限公司人力资源部协同陕西建筑职工大学共同实施，在统一培训内容的基础上，由集团公司选派各职能部室相关领导组成讲师团，在青年学生入职培训班上，就陕建的发展历史、企业文化、业务发展情况以及员工职业发展情况等内容进行了现场专题讲授。整个活动持续半个月，期间学员还要参加由职工大学专业老师授课的执业证书培训，在培训结束后参加建设厅组织的取证考试。以 2012 ~ 2016 年为例，全系统累计约 6017 名新入职的学生参加了培训。

（3）积极开展农民工夜校建设。截至 2016 年年底，集团各单位已基本完成了项目农民工业余学校全覆盖，落实教学场地，购买相关教材，配备师资力量，开展安全知识和技能操作培训，提高农民工安全防护知识和技能水平，积极开展了"千万农民工同上一堂课"安全培训活动。集团现有在建项目 3680 个，劳务从业人员 9.68 万人，集团按要求在建筑面积超过 5000m^2 或建设工程造价 1000 万元以上，使用农民工达到超过 100 名的工程上都建立了农民工业余学校。学校配备基本设施，设立多媒体教室，购置教材及资料，由项目上的技术人员担任教师，利用雨天、工休等时间为大家授课，有的还配置了阅读专区，提供各类书籍、报刊，供工人免费阅读，建校配备基本设施共计支出 2920 万元，年培训 21.5 万人次，人均支出约 24 元，合计年支出 516 万元。

（4）强化执业资格继续教育项目。2016 年陕建共有国家一、二级建造师 5685 人。同时每年根据在建施工项目的需要，还有大批造价员、安全员、质量员、施工员、材料员等专业管理人员取得上岗资格。2016 年全年组织岗位培训 1687 人，考试取证 901 人，项目关键岗位持证上岗率达到 100%。自 2012 年起，集团开展一级建造师考前培训班，截至 2016 年已举办 5 期，通过培训为集团培养一级建造师 1700 余人，极大缓解了集团建造师人才需求。

（5）优秀青年培训。自 2013 年起，陕建集团联合西北大学经济管理学院针对集团优秀青年骨干举办优秀青年人才培训班，截至 2016 年，已经举办了四期，学员共 263 人，为陕建集团发现人才、培养人才、储备人才开辟了新途径。

3. 不断拓展的职工培训内容和方式。

随着集团的生产规模不断扩大，经营范围涉及领域不断扩展，对人才管理水平、专业知识和能力提出新的更高的要求。为实现人力资源层次提升，集团正在实施"四大培训工程"。

（1）学历提升培训。积极联系国内重点高校及有关单位，分类分层，给职工的学历提升提供优质平台，优化职工队伍整体学历层次。

（2）能力提升培训。依托新员工入企培训、西北大学优秀青年人才培训班、周末讲座、项目经理实战培训等形式，加快培养一支以后备领军人才、市场开拓型人才、项目经理人才、商务谈判人才、项目论证人才、技能型人才等为主的多元化、全方位的人才队伍。

（3）技能提升培训。继续做好一级建造师、注册造价工程师等资格考试的考前培训工作，引导一级建造师专业结构优化，提高公路、水利、机场跑道等专业建造师占比，同时开展同业务竞赛，提升业务技能水平。

（4）两级领导班子理论提升培训。配合党委组织部，紧抓政策理论热点，办好"建工大讲堂"，同时积极选派领导干部参加"三秦大讲堂"等各级理论提升培训课程。

4. 不断增强的职工培训积极性

近几年，陕建下述各单位普遍采取了一系列措施，调动职工参加教育培训的积极性。新的工资制度实施后，有许多职工主动向公司劳资部门提出申请，希望参加公司组织的各类培训，提高自己的技术水平；陕建一建集团经过多年探索，已建立了职工培训激励机制，形成了良性循环发展，员工从入职培训抓起，坚持"师带徒"制度，定期开展多种形式的业务培训活动，帮助青年员工做好职业发展规划，成长速度明显加快；通过建立有效的奖励机制，使广大职工变"要我学"为"我要学"，极大调动了广大职工学技术、比贡献的积极性。

5. 不断扩大的职工培训规模

2016年，从业人员参加培训54356人次，占从业人员总数的248.3%。

（1）岗位培训。利用好职工大学、技术学院培训资源，办好各类施工人员岗位培训。

（2）学历继续教育。采取联合办学方式，开展不同层次学历教育，提升企业管理人员和专业技术人员的专业素质。与西北大学开设工商管理硕士班，西安建筑科技大学开设了土木工程专业硕士班，目前有86人参加学习深造。

（3）发挥陕西建设技术学院在培训企业操作人员和高技能人才作用，每年为企业培养近千人技术工人。这几年，每年还有200多人参加工人技师和高级技师的培训。

（4）是各企业以适应性、岗位练兵等短期培训为主，实现岗位成才。

6. 不断增长的培训投入

各企业2016年培训经费投入2819.43万元，占职工工资总额的2.16%，职工培训经费投入超过1.5%的标准，在行业中处于领先地位。

7. 存在的问题

虽然陕建在职工培训工作中取得了一定的成效，但是还存在一些问题。

（1）职工培训工作发展不平衡。总体呈现效益好的单位发展快，困难企业开展比较慢。

（2）各类执业资格证书短缺，特别是注册执业资格证严重短缺。除了注册建造师，各单位注册结构工程师、造价工程师、安全工程师、监理工程师人数依然无法适应市场要求。

（3）供需矛盾越来越突出。劳务市场化后，对农民工的培训不够全面、深入，特殊工种（起重工、铆工等）后继无人，供需矛盾越来越突出。

3.2.4.3 职工培训工作的改革与发展

随着集团生产经营规模持续快速增长，对人才的需求成为管理的重中之重，对职工教育培训成为当务之急。陕建客观分析了当前面临的四个方面的矛盾，一是随着集团生产规模的快速扩张对人才需求与供给压力的矛盾；二是优秀的复合型的专业技术人才与市场短缺的矛盾；三是专业技术人员稳定与人才市场化流动性趋强的矛盾；四是劳务市场化与技能操作人员水平偏低的矛盾。未来改革发展的方向：

1. 增强认识，拓宽培训方法

职工培训工作，其最终目的是满足企业生产经营的需要，实现经济效益，最大限度发挥员工的主观能动性和创造性。加强人才培训，开展继续教育，是提升传统建筑施工的科技含量、将集团人力资源转化为人才资源的重要途径。陕建集团有限公司将立足当前、着眼长远，兼顾不同层次、不同专业的人才需求，采取在职学习与离岗学习相结合，短期培训与中长期培训相结合，以培养职工的学习能力、实践能力和创新能力为重点，全面提高员工的思想理论水平、职业道德素质和科学发展能力。通过培训挖掘人才潜力，调动、激励员工的上进心，增强主人翁责任感。在全集团范围内倡导和培养良好的学习风气，鼓励和支持职工通过多种渠道、多种方式进行学习，提高知识层次，加大知识储备，加快知识更新。

企业领导要重视培训和继续教育工作，为各类人员学习提高创造条件，搭建平台。人事部门要按照人力资源开发和人才培训规划认真抓好落实，切实抓出成效。职工大学、技术学院要利用好现有资源，充分发挥人才培养教育基地的作用。

2. 建立机制，扩大培训规模

（1）与高校合作，选送有培养前途的中青年专业技术人员到高等院校或出国进修。

（2）大力开展对参与集团有限公司施工的人员进行岗位培训。开展岗位练兵、技能竞赛等多种行之有效的学习提高形式。

3. 注重实践，提高培训质量

坚持学习与实践相结合，培养与使用相结合，把工程项目作为人才培养的重要基地。可结合重点工程采用的新技术、新工艺、新材料，以及新产品开发、科研课题等组织技术攻关、专题讲座、观摩交流，鼓励专业技术人员在学中干、干中学，在实践中经受锻炼，增长才干。

4. 增加投入，保持培训可持续发展

继续加大职工培训经费提取比重，根据企业实际情况制定具体的经费保证措施，把人才培训工作落到实处，保障培训的持续发展。

3.2.5 中亿丰建设集团股份有限公司培训案例

3.2.5.1 公司概况

中亿丰建设集团股份有限公司原名"苏州二建建筑集团有限公司"，始建于1952年，历经六十余年发展，已成为江苏省知名大型建筑承包商。集团拥有房屋建筑工程施工总承包特级资质，是一家致力于为中国城市化建设及综合运营提供一流服务，以大型工程总承包施工为主营业务，在城市规划、建筑设计、基础设施、交通、房地产、商业综合体、民用住宅、公共建筑等各个领域提供全产业链全过程建设与服务的大型综合性建筑集团企业。

公司注册资金41280万元，拥有各类资产70余亿元，年完成企业总产值逾150亿元，连续多年评为全国优秀施工企业，全国建筑业综合竞争力百强企业，荣获住房与城乡建设部"创鲁班奖特别荣誉企业"称号，位列江苏省建筑业综合实力前十强，连续十年蝉联"ENR/建筑时报"中国总承包商80强，并入围中国民营企业500强。

公司以"安居乐业好生活"为企业使命，致力于为城市建设宜居的生态家园，满足员工和客户对宜居宜业美好生活的向往，勇于担当社会责任，立志奉献企业精华，对事业满怀崇敬，对社会心存感恩，以优质建筑为本，以和谐安居为乐，笃实进取，不懈求索，携手各方，精诚合作，共建和谐丰盛的安乐生活。

公司以"缔造一流城市建设服务商"为企业愿景，坚持"优质高速、信誉至上"的企业宗旨，贯彻"进取务实、自尊互爱"的企业精神，以绿色生态、高科技、智能化为手段，以智慧建造、幸福筑城为理念，与社会各界精诚合作，依靠科技进步、强化管理，开拓进取，务实创新，以一流品质创造一流品牌，缔造一流企业。集团历年来屡创佳绩，信誉卓著，创部、省、市优质工程 300 多项，其中鲁班奖等国家级优质工程奖 20 余项。

公司以"信为本、诚为基、德为源"为企业核心价值观，坚持诚信为本、德行一致的发展理念，心系员工冷暖，胸怀企业兴衰，牢记社会责任，紧紧依靠职工，团结拼搏，开拓创新，全面致力于做强做大、做实做优企业的各项工作，为企业持续、健康、和谐发展不懈努力。

3.2.5.2 培训理念

按照《国家中长期人才发展规划纲要（2010—2020 年）》和《中亿丰建设集团"十二五"战略发展规划》的相关要求，以及《中亿丰建设集团人力资源五年战略规划（2014—2018)》，集团每年都会制定本年度《中亿丰建设集团培训规划》，完善了领导体制和运行机制，建立健全保障措施。

（1）加强制度建设，建立完善考核激励机制。中亿丰建设集团总部和各基层单位不断完善相关制度，如《年度培训规划》、《内部培训制度》、《内部讲师管理办法》等，加强了培训管理和考核激励。把人才队伍建设情况、员工培训工作开展情况、注册类人员的引进培养情况列入对各基层单位领导班子年终考核指标中去；把各部门培训实施情况和专业技能知识培训的考核纳入到集团各职能部门工作质量和责任目标考核中，培训实施情况考核结果与每个部门的考核奖励相结合；把员工培训记录与培训考核结果与其职业生涯规划和薪酬待遇挂钩等，起到了明显的效果，形成了领导重视培训，有关部门各负其责，员工积极参与的良好局面，从而推动了教育培训的创新发展。

（2）完善培训体系建设，促进职工培训工作的有序开展。"十二五"以来，集团建立健全了以集团公司与分公司两个层面共同开展培训的形式，集团公司人力资源部负责集团公司各部门牵头的各业务条线开展的中高层人员的管理能力的培训、新进员工的培训以及各基层单位负责的基层管理人员及技能人员的岗位专业知识和业务水平培训。建立健全了管理人员培训、基层人员培训、新进员工培训与针对性培训四大培训主体。完善了以集团人力资源部为领导，集团各职能部门以及各基层单位参加的培训组织体系。集团始终将人才培养放在企业发展的战略地位，制定了人才发展规划及人才培养目标，人力资源部、党群工作部、企业宣传部门、财务管理部齐抓共管，定目标、出思路，为培训工作提供人力、物力和财力保障。通过这些措施，促进了企业职工培训工作的有序开展。

（3）不断拓展职工培训广度和推进培训深度。中亿丰建设集团始终将"建团队"作为企业培训工作的核心目标，近六年来，公司在每年度的行政工作报告中均明确强调了要"加强人才培养与开发，加强企业内训"，要始终"把建团队作为企业内训的核心目标，打造优秀管理团队和建设高素质员工队伍"，要"着力营造全员培训、自我学习的氛围，推动学习型组织的建设"。为此，中亿丰建设集团坚持以战略引导、实际需求、全员覆盖为原则，构建了中亿丰集团总公司和各基层单位两级层面的教育培训组织体系，明确了职责与分工，形成了"统一领导、分工负责、齐抓共管、相互合作"的良好局面。此外，企业培训的方式不应采用单一的培训方式和固定不变的培训内容，而是应该结合企业自身特性、资源优势、员工特点，对不同的对象和课程，分层采取不同形式的培训方式，设计丰富多样化的培训内容。例如，对于新进员工培训，将培养企业归属感和忠诚度放在首要地位；对基层员工，采用岗位练兵、导师带徒、技术比武等方式，设计针对性强的课程，各个击破；对中层员工，注重采用"咨询式培训"方式，着重于通过各种方式的讨论，发现问题，解决疑问，并进行必要的课后辅导；对高层人员，积极采用"案例教学法"，引导他们分析问题，作出负责任的决策等。

（4）注重整个培训流程的控制。培训的整个流程包括了培训需求的分析、培训计划的制定、培训的实施、培训效果的评估反馈等环节。这几个环节环环相扣，缺少了任何一个都是一次不完整的培训。特别是培训需求的分析与培训效果的评估者两个过程往往是整个培训过重的重中之重。培训需求的分析需要根据企业的战略目标，将企业的中长期发展规划细化到各个工作岗位，明确各部门、各岗位的要求，发现企业培训的方向。集团十分重视对培训需求的分析，这样可以增强培训的针对性，综合考虑企业和员工的需求，最终确保培训目标的达成。培训效果的评估主要通过反应评估、学习评估、行为评估、成果评估这四级培训评估模式来实现，中亿丰建设集团从不同的侧面、不同的层次对培训工作进行检测。中亿丰建设集团注重将培训效果评估深入化，真正地将评估结果运用到员工的实际工作中去。

（5）不断增强职工的培训积极性。近几年集团采取了一系列的措施，调动职工参加教育培训的积极性。中亿丰建设集团经过多年探索，已建立了职工培训激励机制，形成了良性循环发展，员工从入职培训抓起，坚持"师带徒"制度，定期开展多种形式的业务培训活动。同时，集团公司还引进了奖惩制度，除了加薪、培训补贴、报销学费等物质激励外，晋升、委以重任、提供继续深造机会、表扬、批评、调整职位等都是不可或缺的。中亿丰建设集团始终坚持将多种奖惩方式综合地、有针对性地运用，使员工在培训中培养的正确行为获得最大限度的强化。

3.2.5.3 培训特色

《中亿丰建设集团人力资源五年规划（2014—2018）》明确提出，培训将按照公司"集团公司＋区域总部／海外事业部＋专业单位＋项目部"四位一体化模式。将公司的培训层次按照四层逐层展开，根据公司职工职位标准，在课程设置、培训方法、教学手段等方面分开层次，实行个性化、差别化的培训，形成按职位分级，按专业分类的员工培训计划，最大限度地满足不同类别、不同层次员工的学习需求。

中亿丰建设集团始终将"建团队"作为企业培训工作的核心目标，打造好三支队伍：管理队伍、基层员工队伍、高技能人才队伍，同时针对集团公司当前在生产、经营与管理中的主要矛盾与突出问题，对应地推出针对性的培训，建立健全面向所有员工的"管理序列＋专业序列＋操作序列"的职业生涯发展体系，突出培训全员覆盖，推动建设学习型组织。

1. 管理队伍

集团的人才工作始终重点抓好中高层团队队伍、经营管理者队伍、项目经理队伍、技术人员队伍、造价人员队伍的建设，重点培养五类核心人才，即领导人员、营销人员、项目经理、技术人员、造价人员。

集团坚持把员工的培训与企业长远规划相结合，夯实企业持续发展的人力资源基础，在开展广泛调研的基础上，公司确定了管理的人教育培训思路，建立科学的培训体系，对培训需求的确定、培训课程的设置、培训计划的编制与落实，同时在外聘各类培训机构和专家的基础上建立了一支有近一百名人才组成的讲师队伍，使培训课程更加贴近企业的实际管理与员工的个人需要。

2014~2016 年，集团对这五个核心团队在春节期间连续进行了三批每批五天的集中培训，累积参加 4800 人次，根据每类核心团队需要掌握的管理能力和业务能力，采取与外部培训机构合作的方式，在聘请外部专家的基础上，结合集团内部讲师团队，帮助了管理队伍提升了自己的领导水平，进而带领团队应对变革。以建设高素质的各级管理团队为目标，通过集中内训，岗位轮训和平时的自我学习，提升执行力、企业文化和职业化素质水平。打造出一支德才兼备的管理队伍。近几年来，以建筑施工技术管理、企业管理与项目管理基础知识、项目经营、安全与环境、技术质量管理、公司法律法规、财务管理、人力资源管理等为培训内容的企业自主内部培训，参训人员达到近 68542 人次。

2. 基层员工队伍

员工队伍主要涉及两类人员：一类是在职基层员工，另一类是新员工。

加大激励措施鼓励基层员工参加各专业类别的岗位持证、执业证书等行业准入资格培训，使之常规化。目前各类主要岗位员工持证上岗率超过 90%。注册一、二级建造师超过 800 名，为企业生产经营工作提供有力保障，促进项目管理水平的提高，同时也为员工更好地发展自己的职业生涯创造了条件。

另一方面，特别重视对新入职人员的岗前培训。公司始终对应届大学生的入职培训十分关注，除了面授内容以外，还规划座谈会、拓展训练、参观交流等课程，特别推出了师带徒方式，根据各人岗位配置，指定专人"一带一"的对他们进行工作和生活方面的指导，使其能够尽快适应自己的岗位角色，融入工作团队中。从 2012~2016 年，累积约 768 名新入职学生参加了培训，帮助青年员工作好职业发展规划，成长速度明显加快。

3. 高技能人才队伍

根据中央组织部、人力资源社会保障部发布的《高技能人才队伍建设中长期规划（2010—2020 年）》的要求，中亿丰建设集团公司明确技能人才的职业发展路径、拓展职业发展空间，充分发挥技能人员的主观能动性，提升技能人员的技术管理和科技创新能力，形成技能人才的梯队优势和高端领先优势。截至 2016 年 7 月底，公司共培训与鉴定建设行业主题工种的建筑工人近万名，同时积极选送人员参加各级各类职业技能竞赛，均取得了优异成绩，在公司创国优、省优、市优工程及大量的建筑工程中发挥了积极作用，充分展现了职业技能培训与鉴定工作的作用，在向技能培训工作广度拓展的同时，积极向高技能人才培养的深度推进，具体如下：

（1）借助苏州市建设职业培训中心平台，对新进建筑工人进行应知应会的进城劳务工人员免费技能培训，通过多年来的不断培训，取得各类工种的初级工证书 2865 张。

（2）通过师徒结对帮教的形式，提高年轻建筑工人的技能水平。22 岁的青年建筑工人陶永优在带班师傅三年的精心教导下，技能水平提升迅速，在 2014 年苏州市建设职业技能竞赛（砌筑工）中，获得了第一名的好成绩。

（3）自行举办各工种的内部技能竞赛与职业技能鉴定，提高建筑工人的技能水平。为了更好地激发广大建筑工人学技术、讲技能的热情，加速提升建筑劳务队伍的整体素质，公司近年来持续组织了对劳务班组长的综合技能教育培训，同时按季度组织各工种建筑工人的内部技能竞赛，有近 400 名劳务班组长参加了技能教育培训，近万人参加了各工种的内部技能竞赛，有近 300 人获得了几百元不等的奖励与表彰。与此同时，因满足企业资质就位的需要，通过人社局认定的企业内部职业技能鉴定平台，认证组织、精心安排，深入培训，严肃考试，有 812 人获得中级工职业技能证书，集团累计已有 65 人获得了高级工，1007 人获得了中级工职业技能证书，在建筑工人中间形成了比、学、赶、超的良好氛围，使得公司劳务班组管理水平和建筑工人技能水平得到了提升，不但为企业培养了众多的高技能的建筑人才，而且对施工现场工程质量的提高起到了一定的作用。

（4）积极参加省市级各类职业技能竞赛，取得了优异成绩。2011 年至今，公司共选派 32 名选手参加了江苏省、苏州市各工种的职业技能竞赛，取得了江苏省技能状元 1 名、江苏省"五一"劳动模范 2 名、苏州市"五一"劳动模范 2 名、姑苏技能突出人才 2 名、姑苏技能重点人才 3 名、姑苏技能大奖 1 名、苏州市技术能手 4 名的优异成绩，并取得了 2 名高级技师、3 名技师、5 名高级工的职业技能证书。

4. 各类订单式培训

围绕总公司战略目标和经营结构调整，针对公司当前在生产、经营与管理中的主要矛盾与突出问题，阶段性的开设有针对性的课程，邀请与此问题相关的各专业条线负责人进行系统的阐述、分析、讲解与交流，切实的为企业的发展，为生产经营问题的解决，为管理水平的提升作出贡献。

（1）营销新力军脱产培训。在中亿丰建设集团"十三五"的市场战略布局指导下，集团人力资源部为了更好地满足和支撑战略性人力资源的需要，特别是加强营销团队的人才梯队建设，经过严格的筛选，从青年骨干中优选了一批 30 人的团队进行了为期 7 天 6 晚的脱产式封闭训练。培训为公司营销团队梯队建设提供了优质的后备力量，同样为集团公司的"三分天下"奠定了人力基础。

（2）海外项目后备团队培训。中亿丰建设集团参与的晶澳太阳能越南有限公司土建工程项目于 2016 年 10 月份中标，这标志着公司在海外市场走出了坚实的第一步。为保证项目的顺利开展以及后续越南市场的持续开拓，公司从有志于投身海外事业的青年员工中层层选拔，组成了公司海外项目的后备团队，进行了为期 6 天 5 晚越南语和越南文化的集中式封闭培训，为越南项目的实施和越南市场的开拓打造一支技术过硬、团结奋进的中亿丰青年后备团队。

（3）励剑行动。所谓"宝剑锋从磨砺出"，为了磨砺青年员工的锐气、严于律己的纪律性、果断高效的执行力、积极主动的态度，集团公司人力资源部组织策划，经多方讨论协调，组织实施了历年来范围最广、力度最大的青年员工集中式拓展培训——"砺剑行动"。这既是一次全面彻底的军事化训练，也是对青年员工的全面测评，更是对青年员工的一次人生洗礼。历时一个半月，共368 名入职 5 年内的青年员工分批次纯军事化训练。"砺剑行动"是具有集团战略意义的一次"暴风行动"；"砺剑行动"是对纪律性的一次重铸；磨炼具有军人般钢铁般的意志力和高效的执行力，细节决定成败，"砺剑行动"铸造了中亿丰后备精英部队。

5. 职业资格继续教育

截至 2016 年底，中亿丰建设集团现有一级建造师等职业资格人员共计 835 人，同时每年根据在建施工项目的需要，还有大批建设岗位管理人员（五大员）、造价员、安全员等专业管理人员取得上岗资格。自 2012 年起，集团开展一级建造师考前培训班，截至 2016 年，累积参加 12385 人次；另外，从 2014 年起，集团为了提高一级建造师考试通过率，将重点人员集中起来进行 5 ～ 7 天的封闭培训，累积培训 960 人次，参加人员的通过率达到 50% 之高，三年来取得了 121 个一级建造师证书。

3.2.5.4　中亿丰建设集团培训中心建设卓有成效

凭借多年来企业培训工作的丰富经验、完善的职工培训基地以及在社会各方中树立的良好的声誉形象，2005 年 8 月中亿丰建设集团的自主办学机构——苏州市建设职业培训中心正式成立，可以根据企业需要，大规模的培训员工。企业内训的实用性、目的性更明确，员工能尽快学以致用，提高工作技能。自此在传承企业文化、人员培训、企业政策宣讲、企业内部管理、技术沿革等方面有了更完整、更方便的平台和载体。

苏州市建设职业培训中心系中国建设教育协会会员，江苏省建设教育协会常务理事单位，企业在坚持做好中亿丰集团内训的同时，主动积极面向社会为建设建筑类相关企事业单位培训中高级管理人员和技术操作工人，主要培训涵盖三个层次：一是监理工程师、一级建造师、二级建造师等注册类资格人员的继续教育和培训以及建设工程类专业技术人员继续教育；二是建筑施工企业造价员、施工员、质检员、安全员、资料员、机械员等管理人员岗位培训；三是建筑施工企业瓦工、木工、钢筋工等一般工种和电工、架子工、塔式起重机、施工升降机、物料提升机等建筑大型设备安拆工和司机等特种作业人员技能培训和鉴定。

培训中心对外培训的主要做法是：

（1）采取自办、联办、送教上门的三种途径做活培训市场。企业紧缺和需要的员工就是公司培训的对象。2008 年初，培训中心对部分建筑施工企业进行了调研，了解到钢筋翻样工和木工翻样工比较紧缺，特别在岗的钢筋翻样工中大部分翻样不清，摘料不准，经济意识不强，给企业造成一定损失。为此培训中心及时地举办了钢筋翻样工业务培训班。2006 年培训中心针对市政施工中经常发生桩机、挖掘机碰坏煤气、自来水管等事故，应企业需要，在苏州市住建局的安排下，自编教材，及时地举办了桩机、挖机驾驶员培训班，以提高他们的操作技能和职业道德水准。建筑企业操作工技能培训受工学矛盾和培训经费的制约，成为一大难点。培训中心抓住政府为民办实事，组织外来务工人员免费参加职业技能这个契机，积极参加"苏州市区开展跨省及本省进城务工农村劳动者培训定点机构"的竞标，并一举中标。并且这几年来培训中心在与县市、区以及企业合作过程中，都能坚持按照学员就近入学的原则，做到一切以方便学员为主，因地制宜，并根据教学条件，切实制定教学计划。

（2）抓好师资建设、制度建设和基地建设。培训中心成立时间短，无论硬件还是软件建设都处于起步阶段，但是能抓住机遇，不失时机，加速了师资队伍、管理制度和教学基地建设，保证了培训工作的顺利开展。多年来，培训中心通过各方引荐和考察，建立了一支既有北方名校名师，又有苏州科技大学教授，还有以中亿丰建设集团专家为主的本系统大型企事业单位经济、技术方面的高级管理人才共同组成的师资队伍，结构合理、专业知识深厚或现场经验丰富，能满足不同层次的培训授课和技能鉴定。依靠制度，管理教学，这是培训中心从初创走向成熟的一个过程。为加快建立和不断完善各项管理制度，培训中心先后制定了《教学研究制度》、《考试（考核）制度》、《教学质量评估制度》、《培训考勤制度》、《培训档案管理制度》等，利用各种形式全面跟踪教学效果。大手笔，高投入，加大加快基地建设，确保有一个良好的教学环境和良好的教学条件，充分满足行业培训的需求，是培训中心多年多来始终如一的态度。目前，培训中心校园总面积达到 3500m^2，拥有 2 个报告厅、10 间普通教室和 1 个阶梯教室，可同时容纳 1000 余人参加培训。

（3）质量第一、服务第一，赢得社会支持。教育培训为企业和行业服务，关键是要为他们提供优质的培训产品，为此，培训中心常常深入企业进行可行性调查研究，广泛听取意见。如：先后进行过劳务班组长情况、市政项目管理现状、施工现场操作工人技能培训状况等调查，撰写 20 余项调研报告和教学方案，为策划培训理清了思路，为课堂教学增补了内容。多年来，在调查研究基础上，自编、改编了 11 种实用的培训教材以满足培训需要。

培训中心于 2005 年成立以来，坚持守法办学，注重质量，服务社会，关爱学员，获得了社会的广泛认可。连续多年荣获苏州市住建局"苏州市建设系统职工教育先进单位"；2009 年被江苏省建设厅授予"江苏省建设系统教育培训工作先进集体"；被社会信用体系办公室授予"苏州市 2007 — 2009 年度职业培训机构办学能力和诚信等级 A 级单位"；被中国建设教育协会评为"优秀会员单位"。

虽然公司近年来在人才建设与培养方面采取了很多有力措施，丰富充实了人才资源，但依然存在一些问题。一是缺少大量高层次、复合型人才，培养有效性亟待提高，培养广度和深度有待加强；二是各类职业资格证书短缺，特别是注册职业资格证严重短缺，除了注册建造师，注册结构工程师、造价工程师、安全工程师、监理工程师人数依然无法适应市场要求。三是劳务市场化后，对农民工的培训不够全面、深入，特殊工种后继无人，供需矛盾越来越突出。

3.2.5.5 培训工作的改革方向

培养人才，是实现人才强企的主要手段。注重培养具有综合素质与开发潜力的管理人才、技术人才、一岗多技和一专多能的复合型人才，对建筑施工企业的发展尤为重要。

（1）规划目标、定向培养。公司的人员大多来自于专业院校，这些人员具有良好的专业知识与业务素质。公司将为员工制定合理的职业生涯规使员工增强对公司的责任感和忠诚度，人尽其才。

（2）注重实践、复合培养，以补充知识促进能力提升。公司所处的行业所具有的施工地点分散、作业环境恶劣、人员流动频繁、人员素质参差不齐等特点，导致了难以进行长期性与系统性的管理和技术理论培养，大多是流于形式的随机性的理论培训。公司将针对性与实效性的涉及和规划培训内容，把理论知识融入岗位实践中，让员工通过实践对理论知识进行深化理解，再使掌握的理论知识在实践中得以灵活有效的运用和丰富，从而促进专业能力和技术水平的提升。

（3）建立机制，扩大培训规模。一是与高校合作，选送有培养前途的中青年专业技术人员到高等院校或出国出境进修；二是大力开展对参与集团施工人员的岗位；三是开展多种形式的岗位练兵和技能竞赛等。

（4）加大人才培训经费的投入。企业要继续加大教育经费与职工工资总额的提取比重，或根据企业实际情况制定具体的经费保证措施，把人才培训工作落到实处。

（5）继续坚持与苏州市建设职业培训中心合作，利用培训中心的资源优势，开展注册建造师，注册结构工程师、造价工程师、安全工程师、监理工程师等注册类证书的培训工作。

4

中国建设教育年度热点问题研讨

本章根据中国建设教育协会及其各专业委员会提供的年会交流材料、研究报告，相关杂志发表的建设教育研究类论文，总结出学校管理、学科建设、协同创新、人才培养、教学改革5个方面的13类突出问题和热点问题进行研讨。

4.1　学校管理

4.1.1　坚持和完善党委领导下的校长负责制

党委领导下的校长负责制是我们党对高等学校领导的根本制度，是高等学校坚持社会主义办学方向的重要保证。中共中央办公厅2014年10月印发的《关于坚持和完善普通高等学校党委领导下的校长负责制的实施意见》，总结了多年来的实践经验，体现了党的十八大、十八届三中全会和习近平总书记系列重要讲话精神，针对工作中存在的突出问题，就进一步坚持和完善党委领导下的校长负责制提出要求、作出规定，为加强高校党的建设工作和完善中国特色现代大学制度提供了重要遵循。为贯彻这一《实施意见》，2014年12月出版的《求是》杂志，刊发了一组笔谈，三位作者从不同角度谈了体会。

4.1.1.1　处理好三个关系

中国人民大学党委书记靳诺认为：坚持和完善党委领导下的校长负责制，关键是要处理好以下三方面的关系，一是党委和行政的关系，这是党委领导下的校长负责制的核心；二是个人与集体的关系，其关键是要贯彻落实民主集中制；三是书记与校长的关系。书记和校长的团结协调是党委领导下的校长负责制有效运转的关键因素。书记和校长的团结协调、配合默契，不仅可以促使整个领导班子成为坚强的领导核心，而且能在全校形成强大的凝聚力和示范作用。如果书记和校长各吹各的调，互不买账，势必班子涣散，什么事情都办不好、办不成。

4.1.1.2　完善内部治理结构

上海交通大学校长、中国科学院院士张杰认为：在新形势下贯彻落实党委领导下的校长负责制，首先要认真执行党委与行政的议事决策制度，其次要积极发展与完善党委和行政的协调运行机制，第三是在党委领导下由校长全面行使行政职权。

4.1.1.3　科学把握突出重点

江苏省委教育工委书记、省教育厅厅长沈健认为：坚持党委领导核心地位，重在加强以民主集中制为核心的制度体系建设；落实校长依法行使职权，重在正确处理党委领导和校长负责的关系；促进高校办出特色提高水平，重在正确处理行政权力和学术权力的关系；推进和谐校园建设，重在以党内民主引领校园民主管理。

参见《求是》2014年第24期"坚持和完善党委领导下的校长负责制"。

4.1.2 院校转型发展，建设应用技术型大学

以应用技术类人才培养为办学定位的地方本科和专科院校叫应用技术型大学。它的对称是研究型大学。在中国，应用型技术型大学，除了非研究型本科高校，还应包括高职高专。2014年开始，国务院正引导一批非研究型普通本科高校向应用技术型转型。

4.1.2.1 做好应用技术大学校企合作的几点建议

福建工程学院副校长童昕等认为：深层次开展校企合作是办好应用技术大学的关键。为了做好应用技术大学校企合作工作，提出以下几点建议：

（1）尽快建立有利于应用型人才培养的政策法律保障体系。高校、企业义务责任明确，企业参与人才培养全过程，承担实践环节的义务，互惠互利，促进职业教育的健康发展。我国目前还没有一部关于高等职业教育方面的政策法律文件，使得我国高校应用型人才的培养在校企合作方面是一厢情愿，社会、企业互动不够，企业不愿承担人才培养的责任，高校教学、人才培养与企业、社会经济发展脱轨。因此，应加强制度建设，国家对学生实习建立统一的法律、法规，保障学生权益，设立专项基金，建立对企业的激励制度，明确校企合作中双方的权利、义务和责任，为应用型人才培养营造良好的法制环境，推动校企合作良性发展。

（2）学校要有主动为企业服务意识。我国应用技术大学尚在起步阶段，这类院校多属于新升本科院校，在人才引进和考评机制方面应积极引导教师服务企业，将服务企业的成绩作为考评的重要指标，创建良好的服务企业、服务地方经济发展的需要，通过企业受益引导企业积极参与教学，形成良好的校企合作的环境。

（3）加强教师工程实践能力的培养。德国应用科技大学的教授除了必须有一定的学术资历以外，还必须拥有五年以上的企业工作经历，确保教授具有丰富的行业从业经验。德国的教授经常深入企业，了解企业的需求和技术的最新发展。我国应用型大学师资引进、培养和考评应同时考虑行业从业背景，多引进有行业从业经历和理论水平的师资，引导教师服务企业、行业，重视企业横向课题的研究，引导教师从企业中寻找课题，帮助企业解决问题，推动校企合作互动。国家层面上，应尽快出台应用技术大学的评估方法，使这类院校的发

展方向有别于研究性大学，减少人力、财力的浪费。

参见《中国建设教育》2015年第二期"校企协同育人模式的探索和实践"。

4.1.2.2 地方本科院校的转型发展

黑龙江工程学院副校长张洪田认为：地方本科院校的转型发展，要着力加强以下几方面的转变：

（1）思想观念的转变。大学发展是一个长期积淀的历史过程，无论是转型发展，还是深化改革，都是为了更好地发挥大学的职能，更好地担负起大学在促进人类进步中的责任与使命。要以更加广阔的视野、更加开放、包容的思想观念，争创一流，追求卓越。

（2）办学模式的转变。应用技术大学是直接融入区域产业发展，服务技术技能创新积累的新型大学，要坚持扩大开放，进一步整合资源，打破高校单一主体的办学模式，形成多种资源联合体、多种运行方式的办学模式，直接融入区域、产业，实现协同发展。

（3）培养体系的转变。要构建融普通高等教育、职业本科技术教育、专业学位研究生教育、继续教育等多层次、多类型的全新人才培养体系，搭建多种生源、多路径成才、衔接互通的人才成长立交桥，构建多元化产教融合新机制。

（4）科技服务机制的转变。应用技术大学立足区域、服务产业升级，要构建基于问题和更具应用内涵、更贴近产业需求、更符合区域产业结构的新型学科专业体系。通过校企合作、产学协同创新，形成与区域、产业发展相融合的科技服务体系，全面提高科技创新能力和服务水平。

（5）师资队伍建设的转变。要构建适应应用技术大学建设的教师发展体系、教师标准体系、教师评价体系等新型师资队伍建设体系，学校、企业、高校等多种联合体共同打造新型知识、能力、素质结构的教师队伍。

（6）大学文化建设体系的转变。应用技术大学是区域文化传承创新的中心，要加强与地方政府、行业企业的协同，构建融大学文化、地域文化、行业企业文化等多元文化于一体的新体系，在大学文化建设的鲜活实践中，培育多元、开放、包容、和谐的大学文化，引领学校和区域文化的建设与发展。

参见《中国建设教育》2015年第三期"地方本科院校转型发展的思考和实践"。

4.1.3 学校治理体系与治理能力现代化

在我国高等教育从规模扩张向提升质量内涵的发展过程中，"深化教育领域综合改革，加快推进教育治理体系和治理能力现代化"将成为我国教育领域改革和发展的行动纲领与中心目标。

4.1.3.1 推进治理体系与治理能力现代化应当处理好的关系

天津城建大学校长李忠献认为，要加快推进治理体系与治理能力的现代化，应当处理好三方面的关系：

（1）大学与政府的关系。在大学功能扩大化的今天，大学的发展离不开政府的支持，大学与政府应当协同改革，构建新型的大学与政府的关系，才能为大学发展建立起和谐的外部环境。

（2）大学与社会的关系。党的十八届三中全会提出"要深入推进管、办、评、分、离，扩大省级政府教育统筹权和学校办学自主权，完善学校内部治理结构。强化国家教育督导，委托社会组织开展教育评估监测"，目的是要形成"政府管教育、学校办教育、社会评教育"的教育发展格局。但在目前市场经济还不规范，大学对外公开信息还不充分的情况下，由社会机构评价大学绩效，是不可能做到公正客观的。现在流行的各种大学排名就是例子。所以，如何处理好大学与社会的关系，还需要一个长期的过程。

（3）大学内部行政权力与学术权力的关系。大学发展的最大的困扰之一是以教授为代表的学术权力主体，往往缺乏学校发展全局的视野，只是从各自的学术立场出发看待学校的发展，从而对学校的一些重大决策不理解不支持。如何让行政权力与学术权力的关系成为合作关系，而不是零和博弈，需要认真思考。

参见《中国建设教育》2015 年第四期"积极推进学校治理体系与治理能力现代化"——（第十届全国建筑类高校书记、校长论坛论文）

4.1.3.2 实现建筑类高校治理能力现代化的路径

天津城建大学王晓丽认为，实现建筑类高校治理能力现代化可以由如下路径：

（1）加强学习，以创新推动高校治理能力现代化。学习能力是领导能力和创新能力的核心。高校的全体党员干部和广大教职工都应强化学习的习惯，加强理论知识和方针政策的学习，向政策要发展，不断提高理解把握政策的水平，增强政策执行力。准确领会深化教育领域综合改革的内外部环境，进一步提高宏观思维的能力。

（2）深化内部管理体制，努力构建现代大学制度。必须坚持和完善高校党委领导下的校长负责制，明确大学治理结构的基本指向；推动"教育家办教育"和管理队伍建设，凸显大学治理结构的体制特色和机制活力；探索教授治学、坚守学术自由，建立和完善以学术委员会为核心的学术权力体系，营造大学治理结构的宽松氛围和良好条件；坚持依法治校，完善大学章程，构建大学治理结构的科学民主的保障机制，为完善大学内部治理结构创造良好的外部制度环境。

（3）培养优良大学文化，营造高校治理能力现代化的氛围。大学文化是"大学人"对大学本质的哲学思考，是在对知识和文化进行传承、整理和创新过程中，形成的一种与社会其他文化相互依存的文化系统。大学文化是大学的灵魂，是大学核心竞争力之所在，是大学赖以生存、发展、实现人才培养、科学研究和服务社会三大功能的根本。高校应积极培育优良的大学文化，使之成为实现高校治理能力现代化的肥沃土壤和强大推动力。

参见《中国建设教育》2015 年第六期"推进建筑类高校治理能力现代化"——第十届全国建筑类高校书记、校长论坛论文。

4.2 学科建设

4.2.1 学科建设的理念

北京建筑大学原校长朱光认为：创建有特色、高水平大学需要有一流的师资、一流的科研、一流的学术成果和培养出一流的人才，而这些无不需要从一流的学科中走出或产生，只有具备一定数量的一流学科才能真正支撑起一所一流大学并成为其显著特征之一。

近年来，北京建筑大学坚持以学科建设为龙头，以科研为突破口，以人才培养为中心，以提高学校核心竞争力为宗旨，牢固树立"大学科"建设理念，把创建一流学科作为推进学校跨越式发展的重要突破口，在加强学科建设，提高学科水平方面进行了一系列的尝试和探索，带动了学校整体实力不断提升，为学校由教学型大学向教学研究型大学转型，建设有特色、高水平建筑大学提供了强大的推动力。

所谓"大学科"建设理念，就是把学科建设同人才培养、科学研究和社会服务等联系在一起的，强调学科建设的全局性，改革过去单纯的学科点建设的模式，推行科学研究、队伍建设、人才培养、社会服务、学位点、研究基地等要素捆绑式的学科建设模式，建立学科建设系统工程。其实施的要点是：

（1）思想先行，加强思想观念引导。在推动学科建设过程中，始终把解放思想、转变思想观念放在首位，着重抓好思想认识、评价机制和政策激励"三个导向"。

（2）学科引领，构建高水平学科框架。坚持"突出重点、优化结构、促进融合、形成特色"的工作原则，统筹学科全局，优化学科组态，着力弘扬优势学科，扶持新兴学科，强化学科交叉，全面提高学科建设水平。

（3）人才为本，集聚高层次人才队伍。通过实施"人才强校"战略，确立人才优先发展的战略布局，改革人才引进政策，创新人才发展机制，着力汇聚一批有力支撑学科点建设的高层次人才队伍。

（4）科研先行，打造高水平科研成果。通过大力实施科技兴校战略，围绕构建大平台、组建大团队、争取拿大项目、出大成果、作出大贡献、探索培育大师的"六大"工作思路，打造系统完善的工作体系，形成一大批标志性成果。

（5）条件支撑，建设高水平学科基地平台。把科研基地建设作为提升学科水平的突破口，集中资源建设一批学科发展所依托的重点研究平台和基地。

参见《中国建设教育》2015年第四期"创建一流学科加快高水平特色建筑大学建设步伐"——第十届全国建筑类高校书记、校长论坛论文。

4.2.2 学科建设的模式与机制

众所周知，大学的任务是人才培养、科学研究、文化创新和社会服务。只有通过学科建设，才能带动学校内涵建设上质量、上水平，从而全面推进学校发展。沈阳建筑大学实施了"学科优先发展战略"，把学科建设作为学校的安身立命之本，作为学校工作的重中之重。学校已经明确"学科特色引领特色高校的特色化发展道路"的方针，确定了在分析各个学科发展优势和潜力的基础上，加强学校顶层设计、集中优势资源、凝练学科方向、创新管理机制、分类实施建设，突出重点领域、重点方向和重点任务，打造核心竞争能力的建设思路。学科发展的路径是多元的，沈阳建筑大学为实现学校学科建设总体目标，按照学科发展规律和特色化发展需要，确立了一系列的建设和保障机制。沈阳建筑大学党委书记吴玉厚将其归纳为"3个模式下的12项机制"。

（1）"运作模式"下的"决策机制"、"导向机制"、"协调机制"和"分配机制"。"决策"是运作的核心。决策要充分发挥民主集中制，要充分论证，科学的决策机制是学科建设实施的根本保障；学科建设目标的现实需要建设成果来支撑。这些成果如何准确地取得，需要学校在学科建设过程中进行导向，并且要不断地将目标实现进展和目标计划进行比较，找出偏差，尤其是要符合学科建设各个阶段的需要，从机制上加以引导，使其朝着计划目标方向前进。学科建设内涵包括学科方向凝练、学科队伍建设、科研研究、人才培养、学术交流等系列内容，涉及高校的人事、财务、科技、研究生、教务、资产、外事等众多职能部门。尤其是当前，学科群建设还需要众多的学科依托单位的参与。因此学科的管理必须建立一个横向之间、纵向之间、组织个人之间的协调机制，保证各子系统之间的紧密结合、思想统一、高效运作、共担风险、共享成果；学科建设资源，尤其是经费的分配是学科建设过程中学科依托单位极为关注的工作内容。在学科经费的分配上，既有学科之间建设轻重缓急的分配，也有学科内部建设内容的比重分配。在分配过程中既要全面考虑学科建设的综合体目标，也要考虑各建设规划的目标。

（2）"激励模式"下的"奖励机制"、"竞争机制"、"信任机制"和"柔性机制"。奖励是对学科建设工作成果和付出的承认和尊重，也可以引导和激发学科团队形成归属感和认同感。学校为表彰在学科建设工作中取得的优异成绩集体和个人，专门设立多项奖励制度；学科建设需要引入竞争机制。竞争不是目的而是手段，是通过压力和动力提高效率增进效益。竞争机制是增强学科建设的活力来源，也是当前学校由外延发展转向内涵建设，由规模数量增长转向结构调整和特色发展的转变，是使有限的资源得到优化配置的重要路径；学科管理中需要信任机制，需要对各级学科建设负责人予以尊重，承认和明确其责、权、利，为他们能够充分发挥才能提供平台，这样才能调动其主观能动性；要在加强学科建设与发展"硬环境"的同时，重视"软环境"的建设，引入"柔性机制"。重点在于为学科梯队成员创造良好的环境，通过观念创新、机制创新、制度创新，形成有利于广大教师积极从事教育教学和科学研究，实现自身价值的政策环境；形成鼓励学术探索，促进学术创新的思想解放、学术自由的学术环境；形成不断优化、尊重知识、尊重人才、尊重创造、追求卓越的和谐校园环境；营造良好条件，鼓励学科梯队成员兼职国际、国内重要学术团体学术职务。

（3）"制约模式"下的"调控机制"、"监督机制"、"约束机制"和"评价机制"。学科建设资源毕竟有限，如何在学科投入的基础上，对学科内部的学科方向发展进行调节，要根据学校总体目标和社会发展需要进行有效的调控，在资源上进行有效的配置；学科建设是一项耗资巨大的事业，必须建立有效的监督机制，对学科建设过程中的资源支配进行监控和管理；在学科建设管理中，学科的专业性和学术性增加了对学术腐败的监督难度，必须确立一个有效的约束机制，防患于未然；评价机制是"学科发展的催化剂"。通过学科评价就能客观地反映学科建设的真实情况，查找不足、总结经验，进一步促进学科提升水平，也能激发学科团队的进取精神，充分调动人的积极性。

参见《中国建设教育》2015年第三期"突出特色 培育一流 健全高水平建筑大学学科建设新机制"。

4.3 协同创新

积极推进协同创新，是深化科技体制改革、提升高校支撑创新型国家建设能力的重要举措，也是新形势下推进高等教育内涵发展、全面提升教育质量的现实需求。作为推动协同创新的重要力量，高校应当全面、准确而深刻地认识和理解协同创新战略，切实把握机遇，统筹规划，优化资源配置，力争在新一轮创新能力建设中全面提升教育质量，更好地实现内涵式发展。

4.3.1 高校在协同创新中的价值追求

青岛理工大学党委书记薛允洲认为：高校在协同创新中的价值追求，主要体现在以下三个方面：

（1）实现科技与经济的协同，进一步提升科技对经济增长的贡献。科技与经济两张皮，大量科研成果闲置与企业难以获得核心技术并存，是高校科技创新由来已久的尴尬。协同创新通过国家有效的引导、产业界的需求拉动、活跃的大学创意启发以及研究院所深入的技术支撑的协同创新机制，以重大专项项目牵引，鼓励官、产、学、研、用的开放共享和深度合作，可以有效增强高校科学研究的社会契合度，提升高校科技创新的能力和服务国民经济建设主战场的水平。

（2）实现科技与教育的协同，加快建立科学研究与高等教育有机结合的联动机制。教育质量是高等教育的生命线，高校要始终把人才培养放在学校工作首位，以协同创新为抓手，将科学研究引入教学过程，不断探索科学研究和人才培养紧密互动、有效协同的运行机制，不断提高学生的动手能力和创新本领，鼓励学生在学习中参与科研，在科研中深化学习，在社会服务中历练才干，实现人生价值。

（3）实现科技与文化的协同，推动经济社会发展与文化传承创新的齐头并进。文化传承创新是时代赋予高等教育新的使命。许多高校拥有优良的办学传统，在长期的办学实践中培育了一批优秀的专家学者，凝练形成了独具特色的校园文化，理应在挖掘、提炼、创新行业文化中发挥重要作用，成为传承人类文明、传播先进文化、促进思想文化创新的重要阵地，为我国建设创新型国家和创业国度提供坚强的人力、智力支持。

参见《中国建设教育》2015 年第三期"推进协同创新 提升办学水平"——第十届全国建筑类高校书记、校长论坛论文。

4.3.2 协同创新平台与机制建设

吉林建筑大学校长戴昕认为：全面推进协同创新，进而提高高等教育质量，是当前我国高等教育界的紧迫任务，而建筑类高校作为行业特色鲜明的大学，有着天然的协同创新优势，更应在协同创新中承担重任，为加快创新型国家建设、实现国家创新能力和竞争实力的根本提升发挥重要作用。吉林建筑大学在协同创新平台与机制建设方面的主要做法是：

（1）强化校地合作。学校努力在人才培养、科技服务、产学研合作等方面，为地方经济社会发展提供人才支持、科技支持和智力支持，并及时总结校地合作经验，逐步扩大校地合作的领域和覆盖面，进一步与省内多数县级政府建立并加强合作关系，努力构建成熟高效的校地合作创新体系和工作机制。

（2）加强校企合作。针对吉林省建筑业仍普遍存在发展方式粗放，工业化、信息化、标准化水平偏低，管理手段落后，企业科技研发投入较低，高素质复合型人才匮乏等诸多制约可持续发展能力的问题，以及吉林省地处我国东北严寒地区，传统的建筑模式自然资源消耗量大，环境污染严重等问题，将高校的人才资源和智力资源优势与企业的项目资源和资金资源优势相结合，通过校企合作，实现校企双方的优势互补，实现共赢发展。

（3）推进校校合作。一方面，与国内多所高校开展科研攻关、协同创新、学术交流、实验教学基地建设等方面的合作与交流，通过完善管理运行体系、建立"学术特区"、促进交叉开放等机制，构建协同创新坚强联盟。另一方面，以中外合作项目为平台，加强国际交流与合作，在教师学术交流和科研合作、中外合作办学等方面取得了长足的进展。

（4）建设吉林建筑大学科技园。针对吉林省内尚未建成以建筑产业为核心的科技园区的现状，基于吉林省建筑产业升级转型和城镇化建设快速发展的迫切需求，依托长春净月高新技术产业开发区，建设以"绿色建筑产业"为特色的"吉林建筑大学科技园"。

参见《中国建设教育》2015年第三期"充分发挥自身优势积极推进协同创新平台与机制建设"——第十届全国建筑类高校书记、校长论坛论文。

4.4 人才培养

4.4.1 工程类应用型创新型人才培养

为培养工程类应用型创新人才，苏州科技学院采取了如下措施和方法：

（1）目标导向、差异发展，构建"柔性化"培养体系。一是确立"差异化"的培养目标。如工程管理、建筑学等专业以国际执业资格标准为引导，参照国际化执业资格准许的行业标准，制定代表国际行业前端的人才培养方案；城乡规划、土木工程、环境工程等行业特色明显的国家级特色专业，参与制定或遵循国家专业规范、评估标准，制定瞄准专业发展前沿的人才培养方案。二是构建理论教学、实践训练和素质拓展"三位一体"的课程体系。三是设计"层次化"、"模块化"的课程结构。课程和各教学环节设置结构的层次化、模块化，为政产学研联合培养、不同课程模块嵌入提供灵活变通的空间。四是建立动态化培养方案修订机制。

（2）多方联动、深度融合，创立"联动化"培养机制。全面加强与行业、地方的合作与互动，创立了"导入需求、嵌入课程、植入平台、介入培养、回归工程"的应用型创新人才培养新机制，把坚持行业特色与强化校地合作有效结合起来。其内涵是："导入需求"是确定专业培养目标、形成专业方向的重要依据，将专业规范、专业评估标准和社会需求指向相结合，在需求与培养之间建立起对应可调的体系框架。"嵌入课程"是将社会需求转化为课程或培养环节嵌入到培养方案中，体现和承载了工程化培养的必要内容。"植入平台"是将各类政产学研合作平台转化为开放的人才培养教学平台，承载工程化训练任务，成为提高教师工程素养和学生实践能力的主要载体。"介入培养"是指行业与地方企业参与工程化培养全过程，将工程发展实际和工程实践经验、工程实践案例引入课堂、编入教材，在课程和实践教学环节中得以体现。"回归工程"是工程专业人才培养改革的出发点和归宿，是选择培养模式的指导原则，改革教学内容应遵循的基本逻辑。

（3）互动联合、优势互补，践行"多样化"培养模式。一是国内外合作积极培养引领行业发展优秀人才。开展以创新为目的的设计类课程联合教学，选取实际课题开展联合毕业设计。设计创意和成果均能有效指导和应用于地方规划建设实际。同时积极开展与国外知名高校的联合培养与合作，与行业知名企业合作共建跨国实习基地。二是校地联合，与地方政府、知名企业合作培养适应地方经济社会发展需要的人才。三是高起点建设新办专业，培养社会产业发展急需人才。

（4）内整外拓、开放共享，创造"多元化"教学资源。一是有效整合校内各类办学平台。如实验教学的信息化管理；建立科研促进教学机制，促使重点实验室、课题工作室等科研平台积极吸收本科学生参加研究，成为培养学生创新能力的重要基地；扶持具有学科特色的校办企业等。二是积极拓展校外优质教学资源。包括与地方政府合作共建高端引领平台、与企业合作打造工程能力训练平台、与境内外知名大学建立联合培养平台等。

（5）引培并举、多元融合，建设高素质的"工程化"师资队伍。一是引聘业界大家、大师引领学校专业发展；二是多措并举加强校内师资工程实践能力培养。

（6）质量为本、内外结合，建立"系统化"评估体系。一是强化校内第三方质量评估；二是主动引入社会专业人士第三方评估；三是积极参加国家行业高等教育评估。

参见《中国建设教育》2015年第二期"坚持行业特色 强化校地合作"——第十届全国建筑类高校书记、校长论坛论文。

4.4.2 协同创新培养人才新模式

广州大学土木工程学院邓思清等认为，建立协同创新机制是培养创新人才的重要途径，可以探索以下几种协同创新培养人才的新模式：

（1）高校与地区协同创新的人才培养模式。以各地区发展的重大需求为前提，高校与所在区域内的政府机构、科研机构和重点企业等共建科学技术研究院、产业技术研究院和各种研发基地，促进科技资源有效地向对应的行业、企业和社会开放。同时，构建多元化的成果转化以及辐射模式，带动所在区域的产业结构调整和新兴产业的发展，从而为学生提供更多的实践和创新机会，促进高校学科交叉型、复合应用型创新人才培养模式的形成。

（2）高校与高校协同创新的人才培养模式。由于地理位置和资源的不同，不同的高校拥有不同的学科特色和优势，因此，进行创新人才的培养，可以开展高校与高校之间的合作，充分利用不同高校的优势特色学科及优势学科群，通过互聘师资、共享课程和实验室资源等途径，共同承担大型科技攻关项目，从而充分释放人才、信息、技术等创新要素活力。尤其需要加快对优质教育资源共享、协调合作创新高校战略联盟的建设，从而进一步创新协同机制。

（3）国际交流与合作协同创新的人才培养模式。可借助高校国际交流合作平台，与国外先进高校和科研机构进行合作，在国际化课程、国际化师资、联合培养学位项目、国际交换生、跨国企业实习和短期留学项目等方面进行相应的国际合作，从而不断提高工程教育的国际化水平，努力培养出具有国际视野和国际水平的工程创新人才。

参见《中国建设教育》2015年第二期"推进高校与企业合作探索协同育人新模式"。

4.4.3 产学研合作，协同育人模式的创新与实践

河南城建学院以内涵建设和机制创新为重点，在协同创新发展战略引领下，积极探索建立与地方、行业和企业稳定、有效的科研合作和服务机制，主动为地方经济和社会发展服务，全面推进人才培养模式改革，形成了"三从一大一导向"的人才培养思路，初步构建了适应区域和行业发展需要的政校行企协同育人的人才培养新模式。所谓"三从一大一导向"就是从地方、行业和企业实

际需求出发、从校企联合培养入手、从管理创新起步，加大经费投入，建立以应用型人才培养为导向的考核评价体系。

（1）适应形势发展，有效做好"四个协同"。一是从区域经济和行业发展需要出发，明确协同内容；二是从企业需要出发，确定协同对象；三是从校企联合入手，明确协同目标；四是从管理创新起步，探索协同方法。

（2）校企合作，搭建产学研用协同育人平台。一是搭建育人过程平台，包括校企共研专业设置与调整，对接产业；校企共研，确定人才培养方案；校企共同进行课程建设、共同指导毕业实习与毕业设计等。二是搭建科研和社会服务平台，包括建设一批省级工程技术创新研究平台；建立一批校级科技研发平台和研究中心等。三是搭建学生工程实践平台。包括创新实践教学体系，搭建校内工程实践平台；校企共建，搭建校外实习实训平台等。

参见《中国建设教育》2015年第二期"政校行企四方联动 产学研用立体推进"——第十届全国建筑类高校书记、校长论坛论文。

4.4.4 全国职业技能大赛

职业技能大赛是职业教育改革发展的重要成果，体现了职业教育以学生为主体的"工学结合"的人才培养模式，推动了职业教育的改革进程，在一定程度上引导职业教育教学方法和观念发生了转变，对促进"双师型"教师队伍建设，促进校企合作及拓宽学生就业渠道都产生了积极的作用。

1. 职业技能大赛引导教学方法和观念的变革

（1）大赛促进了"以工作过程为导向"的教学改革步伐。技能竞赛考核的题目大多是生产一线的实际问题，以实际项目为单位，促成了教学中的"项目教学法"。对于尚未走上工作岗位的学生来说，更多的是综合能力的考核，强调学生的是创新精神和现场发现问题、分析问题和解决问题的能力。职业院校技能大赛制度的确立，要求老师必须改变传统的教学方法，将学生学习的被动变为主动，通过模拟练习题找错改错的环节，把课堂的主动权还给学生，加强了学生思维能力的训练和创新能力的培养。

（2）增加教学管理新内容，促进新课程的实施。技能大赛已经积极促进了学校和学生的发展。例如，学校可以把"技能大赛"列入新的教学计划，根据大赛指定的相应竞赛内容来制订和调整教学计划和教学内容，做到以竞赛促改革，以竞赛促训练，形成了学生全员学技能比技能的良好氛围。

2. 职业技能大赛促进了"双师型"教师队伍建设

（1）年轻教师实践能力显著提高。职业技能大赛要求指导教师亲自指导学生，强化技能训练，学生要拥有"一碗水"就需要老师储备"一桶水"，教师必须不断提高自身的实践操作能力和技能水平。只有提高了专业教师的实践能力，才能具备指导学生参加全国技能大赛的资格。无形中，教师就融入了学校"双师型"教师队伍的建设。

（2）促进教师教学水平、管理水平以及心理素质等的提高。

3. 职业技能大赛搭建了校企合作、校校交流的平台

技能大赛的定期举办，不仅为学生展示技能水平提供了舞台，同时也为竞赛背后的间接参与者——指导教师和企业专家提供了一个难得的经验交流会。有些竞赛指导教师要从赛前的网络教学、专家集中答疑、考试说明会、赛场参观到比赛中的现场展示，同场竞技再到赛后的专家点评、经验介绍，老师们相互切磋、交流经验，取长补短，这些都开阔了职业学校教师的视野、扩大了信息量。在长期与企业的接触过程中吸取了更多的新技术、新方法、新标准，了解目前一些设计公司或者设计院的职业岗位需求，学校据此调整学生的培养目标和教学实施方案。为了让学生与企业"零距离"接触，聘请一线知名企业的人员来参与学生的集训和管理，将企业文化带进校园。按照"以工作过程为导向"、"实际项目教学"为原则进行实战教学，不仅使学校的培养目标定位更加准确，也让企业能够获得实用性人才，达到了真正意义上的"双赢"和"共建"。

4. 职业技能大赛促进了学生就业

技能大赛全方位锻炼塑造了学生，从踏实做人，严谨做事，专业理论知识和职业操作技能到心理素质、团队合作意识、自学能力都有显著提高。

5. 职业技能大赛提高了学校核心竞争力

技能竞赛学生成为张扬职业教育的社会知名度和声誉的形象代言人，在同行业中增加了竞争力，凸显了学校的办学水平。

参见《中国建设教育》2015年第六期"浅谈全国职业技能大赛在职业教育教学改革中的作用"。

4.5 教学改革

4.5.1 翻转课堂模式的应用

4.5.1.1 翻转课堂的含义

"翻转课堂"（The Flipped Classroom）是一种创新教学模式，近年来在美国日渐流行。所谓翻转课堂，就是教师创建视频，学生在家中或课外观看视频中教师的讲解，回到课堂上师生面对面交流和完成作业的这样一种教学形态。在

学生遇到困难时，老师会进行指导，而不是当场授课。学生进行的通常是项目式学习，教师则要针对不同学生进行区别化指导。

4.5.1.2 翻转课堂的特点

与传统教学模式相比，翻转课堂具有以下特点：

（1）翻转课堂的教学过程是先学后教。传统教学结构是教师白天在教室上课传授知识，学生晚上（回家）做作业或者感悟巩固。"翻转课堂"的教学结构是学生白天在教室完成知识吸收与掌握的内化过程，晚上回家学习新知识。也就是说，知识传授的识得过程与基本的习得过程发生在课外，知识内化的习得与悟得过程发生在课堂。

（2）翻转课堂的学习地点在室外。由于翻转课堂的学习主要发生在教室外和虚拟的网络空间，学习环境相当轻松。加之学习的视频短小精悍，视频的长度控制在学生注意力能比较集中的时间范围内，符合学生身心发展特征。通过网络发布的视频，具有暂停、回放等多种功能，可以自我控制，有利于学生的自主学习。

（3）翻转课堂的师生关系比较融洽。传统教学结构中教师和学生的关系不太融洽，由于学生对教师的教学内容不感兴趣，私底下偷偷地上网、打游戏、聊天，更有甚者看电影、电视剧。所以师生之间的互动更多的是发生在维持教学秩序上，这样教师非常容易和学生发生正面冲突，形成师生对立的局面。而翻转课堂中教师由知识的拥有者和传播者转变为学习的指导者，教师对学生问题的答疑，使学生茅塞顿开，心存感激，师生关系非常融洽。

（4）翻转课堂使教学资源真正共享和不断充实。翻转课堂中教学视频是在教师集体备课的基础上，不断完善后上传或发给学生的，在使用的过程中，学生根据自己的学习特点，对教学视频提出意见，不断地发现问题、改进提高，最后形成教学的精品资源。它被上传到学校的内网或互联网，使更多的人不断借鉴，不断改进，实现了教学资源的真正共享和不断充实。

参见《中国建设教育》2015 年第六期"中职'计算机应用基础'课程翻转课堂模式的应用"。

4.5.2 BIM 技术在教学中的应用

我国工程建设行业从 2003 年开始 BIM 技术在实际项目中的应用及研究工作，截至目前，我国已经拥有了一定数量在不同程度上应用过 BIM 技术的业主、设计和施工企业。尤其是在 2008 年之后，BIM 应用得到了一定的发展，受到越来越多的工程项目青睐，成为推进我国建筑业发展的宠儿。如北京奥林匹克体育场、上海中心、南京南站、济南西客站等一大批具有一定规模且复杂的工程，从立项、勘察到设计、施工等全阶段，通过 BIM 技术的引入给它们带来很大的效益，同时也为今后 BIM 在该区域内其他工程项目的推广及应用打下良好基础。

4.5.2.1　BIM 技术在施工教学中的应用

目前，建筑信息模型已经成为建筑领域信息技术研究和应用的热点，BIM 的应用价值已经得到行业的普遍认可。在我国，绝大多数大型建设项目都使用了建筑信息模型辅助项目建设全过程，而在我国的大学土木专业中鲜有开设 BIM 类的课程。事实上，将 BIM 有效融入施工教育课程中对于该行业的人才储备是至关重要的，BIM 教学单元可主要体现在以下几个方面：

（1）基于 BIM 的设计可视化展示。按照 2D 设计图纸，利用 Revit 或其他系列软件创建项目的建筑、结构、机电 BIM 等模型，对设计结果进行动态的可视化展示，使学员能直观地理解设计方案，预先发现存在的问题，检验设计的可施工性。目前，普遍应用的 BIM 建模软件有 Autodesk Revit Architecture / Structure，Bentley Architecture 等。

（2）基于 BIM 的碰撞检测与施工模拟。将所创建的建筑、结构、机电等 BIM 模型，通过 IFC 或 rvt 文件导入专业的碰撞检测与施工模拟软件中，指导学员进行结构构件及管线综合的碰撞检测和分析，并对项目整个建造过程或重要环节及工艺进行模拟，让学员理解和发现设计中可能存在的问题，从而优化施工方案和资源配置。目前常用的碰撞检测与施工模拟软件主要是 Autodesk Navisworks，Bentley Navigator。

（3）基于 BIM 的全过程学习管理。BIM 技术对学员带来的价值还在于，通过虚拟施工技术，使学员随时随地直观快速地了解实际的学习进展。传统施工教学的主要问题在于实际施工过程的连贯性和课堂教学过程的割裂性之间的矛盾，而基于 BIM 的施工课则是将一个具体工程项目 BIM 的所有一系列立项计划、勘察设计报告、建筑图、结构图、水暖图、电气图和施工流程图、重要事件、动态三维模型、成本计算等彻底融合，用一个"虚拟的实际工程"串联起来，全方位阐述建筑工程施工这一复杂的施工流程。在讲授土方工程时，BIM 可以配合学员自主设计调配土方；在讲授基坑工程时，BIM 可以辅助学员直观地理解不同基坑支护形式带来的不同效果；在讲授混凝土工程时，学员可以通过 BIM 全面地了解每一根钢筋的绑扎形式。每一部分学习过程中，学员都可以从虚拟工程中充分了解该部分施工过程从整体到细节的方方面面，从而站在全过程的角度更深层次理解施工的内涵。这样一来，无论只是具备基本知识面的本科学员，还是非工程行业出身的人员，都可以对工程项目的各种问题和情况了如指掌，教学效果得到极大提升。

4.5.2.2 可能存在的问题

尽管 BIM 技术在地下工程施工教学中有着广阔的应用前景，但在教学实施过程中，仍面临以下问题：

（1）资料搜集困难。基于 BIM 的施工教学本质上是项目法教学，它以一个具体的施工项目为背景，研究相关施工全过程，因此在教学过程中，需要一系列全套图纸。这些图纸分属于不同的设计部门，有的甚至分属于不同的设计院，想要把这么多图纸在短时间内全部搜集完成，有很大的困难。因此，在资料搜集过程中，必须选择既具备教学要素，同时规模不是特别大的项目，力求小而精、小而全，以便教员讲授和学员学习。

（2）电脑软硬件能力低。目前的 BIM 软件动辄几个 G 或几十个 G，对电脑的配置要求极高，通常的手提电脑，安装 1 ~ 2 款 BIM 软件，运行的时候速度就会非常慢，而且 Navisworks 的 Presenter 模块的渲染速度也很低。一些大型的项目甚至需要数周来完成整个项目的渲染，如此浩大的工程量，短短的课堂时间是远远不够的。当然，随着电脑性能的不断提高，软件编制的人性化，以及最近兴起的云计算功能，为未来的 BIM 教学提供不少便利。教员可以在课上协助学员完成 BIM 项目的手动操作，课后把它们放置到云端服务器上进行"云渲染"，既节约时间，又达到效果。

（3）课程设置需要改进。针对以往课程过分偏重对学员理论细节知识的教授而忽视了学员实践能力及应用能力问题，可以在教学中实现必要的课程创新改革，新增部分计算机技术辅助工程管理软件实践教学内容，使学员基本掌握工程管理领域相关软件（如 Revit、Navisworks 等），安排具体工程仿真建模设计工作的学习和应用，帮助学员实现从施工技术理论学习到施工信息模型构建这一具体过程的实践，为今后从事工程管理类工作及成为专业人员打下坚实的基础。

参见《中国建设教育》2015 年第二期"基于 BIM 技术的地下工程施工技术课程教学设计"。

5

中国建设教育相关政策、文件汇编与发展大事记

5.1 2015 年相关政策、文件汇编

5.1.1 国务院办公厅关于深化高等学校创新创业教育改革的实施意见

2015 年 5 月 4 日，国务院办公厅下发了《关于深化高等学校创新创业教育改革的实施意见》(国办发 [2015]36 号)，全文如下：

各省、自治区、直辖市人民政府，国务院各部委、各直属机构：

深化高等学校创新创业教育改革，是国家实施创新驱动发展战略、促进经济提质增效升级的迫切需要，是推进高等教育综合改革、促进高校毕业生更高质量创业就业的重要举措。党的十八大对创新创业人才培养作出重要部署，国务院对加强创新创业教育提出明确要求。近年来，高校创新创业教育不断加强，取得了积极进展，对提高高等教育质量、促进学生全面发展、推动毕业生创业就业、服务国家现代化建设发挥了重要作用。但也存在一些不容忽视的突出问题，主要是一些地方和高校重视不够，创新创业教育理念滞后，与专业教育结合不紧，与实践脱节；教师开展创新创业教育的意识和能力欠缺，教学方式方法单一，针对性实效性不强；实践平台短缺，指导帮扶不到位，创新创业教育体系亟待健全。为了进一步推动大众创业、万众创新，经国务院同意，现就深化高校创新创业教育改革提出如下实施意见。

一、总体要求

(一) 指导思想

全面贯彻党的教育方针，落实立德树人根本任务，坚持创新引领创业、创业带动就业，主动适应经济发展新常态，以推进素质教育为主题，以提高人才培养质量为核心，以创新人才培养机制为重点，以完善条件和政策保障为支撑，促进高等教育与科技、经济、社会紧密结合，加快培养规模宏大、富有创新精神、勇于投身实践的创新创业人才队伍，不断提高高等教育对稳增长促改革调结构惠民生的贡献度，为建设创新型国家、实现"两个一百年"奋斗目标和中华民族伟大复兴的中国梦提供强大的人才智力支持。

(二) 基本原则

坚持育人为本，提高培养质量。把深化高校创新创业教育改革作为推进高等教育综合改革的突破口，树立先进的创新创业教育理念，面向全体、分类施教、结合专业、强化实践，促进学生全面发展，提升人力资本素质，努力造就大众创业、万众创新的生力军。

坚持问题导向，补齐培养短板。把解决高校创新创业教育存在的突出问题作为深化高校创新创业教育改革的着力点，融入人才培养体系，丰富课程、创新教法、强化师资、改进帮扶，推进教学、科研、实践紧密结合，突破人才培养薄弱环节，增强学生的创新精神、创业意识和创新创业能力。

坚持协同推进，汇聚培养合力。把完善高校创新创业教育体制机制作为深化高校创新创业教育改革的支撑点，集聚创新创业教育要素与资源，统一领导、齐抓共管、开放合作、全员参与，形成全社会关心支持创新创业教育和学生创新创业的良好生态环境。

（三）总体目标

2015年起全面深化高校创新创业教育改革。2017年取得重要进展，形成科学先进、广泛认同、具有中国特色的创新创业教育理念，形成一批可复制可推广的制度成果，普及创新创业教育，实现新一轮大学生创业引领计划预期目标。到2020年建立健全课堂教学、自主学习、结合实践、指导帮扶、文化引领融为一体的高校创新创业教育体系，人才培养质量显著提升，学生的创新精神、创业意识和创新创业能力明显增强，投身创业实践的学生显著增加。

二、主要任务和措施

（一）完善人才培养质量标准

制订实施本科专业类教学质量国家标准，修订实施高职高专专业教学标准和博士、硕士学位基本要求，明确本科、高职高专、研究生创新创业教育目标要求，使创新精神、创业意识和创新创业能力成为评价人才培养质量的重要指标。相关部门、科研院所、行业企业要制修订专业人才评价标准，细化创新创业素质能力要求。不同层次、类型、区域高校要结合办学定位、服务面向和创新创业教育目标要求，制订专业教学质量标准，修订人才培养方案。

（二）创新人才培养机制

实施高校毕业生就业和重点产业人才供需年度报告制度，完善学科专业预警、退出管理办法，探索建立需求导向的学科专业结构和创业就业导向的人才培养类型结构调整新机制，促进人才培养与经济社会发展、创业就业需求紧密对接。深入实施系列"卓越计划"、科教结合协同育人行动计划等，多形式举办创新创业教育实验班，探索建立校校、校企、校地、校所以及国际合作的协同育人新机制，积极吸引社会资源和国外优质教育资源投入创新创业人才培养。高校要打通一级学科或专业类下相近学科专业的基础课程，开设跨学科专业的交叉课程，探索建立跨院系、跨学科、跨专业交叉培养创新创业人才的新机制，促进人才培养由学科专业单一型向多学科融合型转变。

（三）健全创新创业教育课程体系

各高校要根据人才培养定位和创新创业教育目标要求，促进专业教育与创新创业教育有机融合，调整专业课程设置，挖掘和充实各类专业课程的创新创业教育资源，在传授专业知识过程中加强创新创业教育。面向全体学生开发开设研究方法、学科前沿、创业基础、就业创业指导等方面的必修课和选修课，纳入学分管理，建设依次递进、有机衔接、科学合理的创新创业教育专门课程群。各地区、各高校要加快创新创业教育优质课程信息化建设，推出一批资源共享的慕课、视频公开课等在线开放课程。建立在线开放课程学习认证和学分认定制度。组织学科带头人、行业企业优秀人才，联合编写具有科学性、先进性、适用性的创新创业教育重点教材。

（四）改革教学方法和考核方式

各高校要广泛开展启发式、讨论式、参与式教学，扩大小班化教学覆盖面，推动教师把国际前沿学术发展、最新研究成果和实践经验融入课堂教学，注重培养学生的批判性和创造性思维，激发创新创业灵感。运用大数据技术，掌握不同学生学习需求和规律，为学生自主学习提供更加丰富多样的教育资源。改革考试考核内容和方式，注重考查学生运用知识分析、解决问题的能力，探索非标准答案考试，破除"高分低能"积弊。

（五）强化创新创业实践

各高校要加强专业实验室、虚拟仿真实验室、创业实验室和训练中心建设，促进实验教学平台共享。各地区、各高校科技创新资源原则上向全体在校学生开放，开放情况纳入各类研究基地、重点实验室、科技园评估标准。鼓励各地区、各高校充分利用各种资源建设大学科技园、大学生创业园、创业孵化基地和小微企业创业基地，作为创业教育实践平台，建好一批大学生校外实践教育基地、创业示范基地、科技创业实习基地和职业院校实训基地。完善国家、地方、高校三级创新创业实训教学体系，深入实施大学生创新创业训练计划，扩大覆盖面，促进项目落地转化。举办全国大学生创新创业大赛，办好全国职业院校技能大赛，支持举办各类科技创新、创意设计、创业计划等专题竞赛。支持高校学生成立创新创业协会、创业俱乐部等社团，举办创新创业讲座论坛，开展创新创业实践。

（六）改革教学和学籍管理制度

各高校要设置合理的创新创业学分，建立创新创业学分积累与转换制度，探索将学生开展创新实验、发表论文、获得专利和自主创业等情况折算为学分，将学生参与课题研究、项目实验等活动认定为课堂学习。为有意愿有潜质的学生制定创新创业能力培养计划，建立创新创业档案和成绩单，客观记录并量化评价学生开展创新创业活动情况。优先支持参与创新创业的学生转入相关专业学习。实施弹性学制，放宽学生修业年限，允许调整学业进程、保留学籍休学创新创业。设立创新创业奖学金，并在现有相关评优评先项目中拿出一定比例用于表彰优秀创新创业的学生。

（七）加强教师创新创业教育教学能力建设

各地区、各高校要明确全体教师创新创业教育责任，完善专业技术职务评聘和绩效考核标准，加强创新创业教育的考核评价。配齐配强创新创业教育与创业就业指导专职教师队伍，并建立定期考核、淘汰制度。聘请知名科学家、创业成功者、企业家、风险投资人等各行各业优秀人才，担任专业课、创新创业课授课或指导教师，并制定兼职教师管理规范，形成全国万名优秀创新创业导师人才库。将提高高校教师创新创业教育的意识和能力作为岗前培训、课程轮训、骨干研修的重要内容，建立相关专业教师、创新创业教育专职教师到行业企业挂职锻炼制度。加快完善高校科技成果处置和收益分配机制，支持教师以对外转让、合作转化、作价入股、自主创业等形式将科技成果产业化，并鼓励带领学生创新创业。

（八）改进学生创业指导服务

各地区、各高校要建立健全学生创业指导服务专门机构，做到"机构、人员、场地、经费"四到位，对自主创业学生实行持续帮扶、全程指导、一站式服务。健全持续化信息服务制度，完善全国大学生创业服务网功能，建立地方、高校两级信息服务平台，为学生实时提供国家政策、市场动向等信息，并做好创业项目对接、知识产权交易等服务。各地区、各有关部门要积极落实高校学生创业培训政策，研发适合学生特点的创业培训课程，建设网络培训平台。鼓励高校自主编制专项培训计划，或与有条件的教育培训机构、行业协会、群团组织、企业联合开发创业培训项目。各地区和具备条件的行业协会要针对区域需求、行业发展，发布创业项目指南，引导高校学生识别创业机会、捕捉创业商机。

（九）完善创新创业资金支持和政策保障体系

各地区、各有关部门要整合发展财政和社会资金，支持高校学生创新创业活动。各高校要优化经费支出结构，多渠道统筹安排资金，支持创新创业教育教学，资助学生创新创业项目。部委属高校应按规定使用中央高校基本科研业务费，积极支持品学兼优且具有较强科研潜质的在校学生开展创新科研工作。中国教育发展基金会设立大学生创新创业教育奖励基金，用于奖励对创新创业教育作出贡献的单位。鼓励社会组织、公益团体、企事业单位和个人设立大学生创业风险基金，以多种形式向自主创业大学生提供资金支持，提高扶持资金使用效益。深入实施新一轮大学生创业引领计划，落实各项扶持政策和服务措施，重点支持大学生到新兴产业创业。有关部门要加快制定有利于互联网创业的扶持政策。

三、加强组织领导

（一）健全体制机制

各地区、各高校要把深化高校创新创业教育改革作为"培养什么人，怎样培养人"的重要任务摆在突出位置，加强指导管理与监督评价，统筹推进本地本校创新创业教育工作。各地区要成立创新创业教育专家指导委员会，开展高校创新创业教育的研究、咨询、指导和服务。各高校要落实创新创业教育主体责任，把创新创业教育纳入改革发展重要议事日程，成立由校长任组长、分管校领导任副组长、有关部门负责人参加的创新创业教育工作领导小组，建立教务部门牵头，学生工作、团委等部门齐抓共管的创新创业教育工作机制。

（二）细化实施方案

各地区、各高校要结合实际制定深化本地本校创新创业教育改革的实施方案，明确责任分工。教育部属高校需将实施方案报教育部备案，其他高校需报学校所在地省级教育部门和主管部门备案，备案后向社会公布。

（三）强化督导落实

教育部门要把创新创业教育质量作为衡量办学水平、考核领导班子的重要指标，纳入高校教育教学评估指标体系和学科评估指标体系，引入第三方评估。把创新创业教育相关情况列入本科、高职高专、研究生教学质量年度报告和毕业生就业质量年度报告重点内容，接受社会监督。

（四）加强宣传引导

各地区、各有关部门以及各高校要大力宣传加强高校创新创业教育的必要性、紧迫性、重要性，使创新创业成为管理者办学、教师教学、学生求学的理性认知与行动自觉。及时总结推广各地各高校的好经验好做法，选树学生创新创业成功典型，丰富宣传形式，培育创客文化，努力营造敢为人先、敢冒风险、宽容失败的氛围环境。

5.1.2 教育部等部委下发的相关文件

5.1.2.1 关于推进职业院校服务经济转型升级面向行业企业开展职工继续教育的意见

2015年6月18日，教育部、人力资源社会保障部下发了《关于推进职业院校服务经济转型升级面向行业企业开展职工继续教育的意见》（教职成[2015]3号），全文如下：

各省、自治区、直辖市教育厅（教委）、人力资源社会保障厅（局），新疆生产建设兵团教育局、人力资源社会保障局：

为贯彻落实全国职业教育工作会议精神和《国务院关于加快发展现代职业

教育的决定》，发挥职业院校开展职工继续教育的优势，提高职工文化知识水平和技术技能水平，推进和谐劳动关系建设，促进大众创业、万众创新，服务好新常态下行业企业的转型升级，现就推进职业院校（含技工院校）面向行业企业开展职工继续教育提出以下意见。

一、坚持把开展职工继续教育作为职业院校的重要职责

（一）重要意义。职工继续教育是继续教育的重要组成部分和现代职业教育的重要内容。职业院校坚持学历教育与非学历教育并举，广泛开展职工继续教育，对于主动适应经济发展新常态，进一步激发职业院校办学活力、深化产教融合校企合作，提高产业服务能力、帮助企业创造更大价值，提升人力资本素质、服务创新驱动战略、建设学习型社会具有重要意义。

（二）指导思想。深入贯彻落实党的十八大和十八届三中、四中全会精神，深入贯彻落实习近平总书记系列重要讲话精神，以服务经济转型升级、服务企业技术技能积累、服务职工职业生涯发展，推动产业结构加快由中低端向中高端迈进为宗旨，坚持政府推动、行业指导、需求导向、深化产教融合、校企合作，加大职工继续教育工作力度，增强职工继续教育的针对性、灵活性、开放性，把提高职业能力和培养职业精神高度融合，为企业职工提供继续教育服务支持。

（三）目标任务。到2020年，职业院校普遍面向行业企业持续开展职工继续教育，市场意识明显增强，职工继续教育课程资源建设、师资队伍建设和信息化建设水平显著提升。重点提高职工的职业理想和职业道德、技术技能、管理水平以及学历层次。通过开展职工继续教育，全面促进学校管理创新，全面提高教育教学质量，全面提升服务经济社会发展的能力。

到2020年，全国职业院校开展职工继续教育人次绝对数达全日制在校生数的1.2倍以上，承担职工继续教育总规模不低于1.5亿人次，实现教育类型多元化、管理规范化，多数职业院校成为行业企业职工继续教育的重要阵地，在全国建成1000个职工继续教育品牌职业院校，为加强企业职工继续教育提供有力支撑。

二、推进职业院校面向行业企业开展多种类型的职工继续教育

（四）稳步发展学历继续教育。职业院校要充分发挥师资、专业优势，紧密结合区域经济发展需要和职工学历提升的需求，以在职学习为主面向行业企业开展多种形式的学历继续教育。提高职业院校招收企业职工比例，并在招生考试工作中加强对职业技能的考核。注重不同层次、不同类型学历继续教育的衔接，构建技术技能人才成长"立交桥"。

（五）广泛开展立足岗位的技术技能培训。职业院校要充分利用学校资源，特别是实训教学资源，与行业企业共同开发培训项目，并采用送教进企、引训入校等多种途径，为行业企业提供多层次、多类型、立足岗位需求的技术技能

教育培训服务。职业院校要积极承接行业企业委托的班组长、农民工、复转军人、女职工等特定群体的专项培训。高度重视为小微企业提供培训服务。

（六）积极开展面向前沿的高端研修培训。有条件的职业院校要发挥科技创新对产业结构优化升级的驱动作用，紧贴重点产业发展需求，与行业企业深度合作，协同开展高端人才研修项目，推动关键技术、工艺、流程研发，促进科技成果转化。鼓励职业院校与企业共同建立研修制度，并结合企业技术创新、转型升级、项目引进等，培养培训企业亟需领域的高端技术技能人才。

（七）主动为企业提供技术服务。职业院校要积极参与以企业为主体的产业技术创新机制建设，与企业开展双边、多边技术协作，推动产学研结合向纵深发展，共同开展和承担课题研究、技术开发、应用技术咨询、新技术培训和推广等服务，并针对企业生产中遇到的问题进行技术诊断，推动企业改进工艺流程，实现协同创新。开展多种形式的联合办学，共建企业大学、培训中心，共建兼具生产和教学功能的实训中心、产品研发中心、技术服务中心等。

（八）积极参与学习型企业建设。职业院校要与企业共同组织开展基于工作场所的学习活动，积极为企业提供知识讲座、课程资源开发、技术辅导等服务，以多种形式参与企业大学等企业内设培训机构的建设。鼓励职业院校的院系与企业车间、班组结对子，建立校企合作的学习团队。探索构建基于互联网的企业虚拟大学或虚拟学习社区。

三、提高职业院校开展职工继续教育的能力和质量

（九）增强市场意识和服务能力。职业院校要树立市场意识、竞争意识和服务意识，认真研究教育培训市场规律。深入行业企业，系统分析经济转型、产业升级、技术进步对岗位能力提出新的要求，以及职工多样化的学习需求，加强校内资源统筹、整合力度。学习借鉴国内外知名企业和教育培训机构运行模式，推进学校管理创新，不断提高继续教育质量，增强服务能力，探索合作开展国际继续教育。把开展职工继续教育作为建设职业教育集团的重要内容。

（十）促进课程资源融通共享。职业院校要根据企业需求，以相关专业全日制学历教育课程资源为基础，提供职工继续教育课程资源订制服务，促进两套课程资源的融通互促。探索职业培训课程学分转换为相关专业学历证书课程学分。通过开展职工继续教育，合作开发或购买企业培训资源，使职业院校成为汇聚和整合企业、社会培训资源的平台，并推进职工继续教育优质资源跨区域、跨行业共建共享。鼓励引进国际精品培训课程和先进培训模式。

（十一）提高教师教学能力。鼓励职业院校专业课教师同时成为企业培训师，驾驭学校、企业"两个讲台"。完善职业院校教师定期到企业实践制度，鼓励教师在企业实习期间参与企业培训、技术研发等活动。完善职业院校绩效工资制

度和职务（职称）评聘办法，鼓励教师承担培训任务，认可相关工作量。探索建立职业院校教师和企业培训师资源共建共享机制。动员、组织、汇聚社会教育教学力量，参与职业院校开展的职工继续教育活动。

（十二）提高信息化建设与应用水平。鼓励职业院校与行业企业、高等学校、专业机构等合作，搭建网络学习平台和移动学习平台，整合优质资源与专业服务，面向企业职工开设继续教育网络课程和在线培训项目。鼓励职业院校与行业企业共同开发虚拟仿真实训系统，推广培训过程与生产过程实时互动的远程教学。支持建设服务支柱产业相关专业领域校企共享的职工继续教育数字化课程资源库、案例库。

（十三）实施职业院校职工继续教育品牌创建计划。分行业、分层次、分地域建设一批职工继续教育品牌职业院校，引导其建设一批优质校企共享的实训基地、开发一批精品职工继续教育教学资源、培养一批职工继续教育名师、形成一批高质量职工继续教育理论研究成果。促进先进技术向教学内容的转化，实现产业发展与教育教学环节的融合，成为企业技术技能积累与创新的重要载体。

四、构建职业院校开展职工继续教育的保障机制

（十四）加强组织领导和服务。地方各级教育部门和人力资源社会保障部门要加强沟通协作，共同帮助职业院校协调解决开展职工继续教育工作中遇到的实际困难和问题。

（十五）发挥行业指导作用。推动行业主管部门或行业协会制定行业职工继续教育规划。行业职业教育教学指导委员会要发布行业人才培养培训需求和行业职工继续教育年度报告，参与指导教育教学，开展质量评价，搭建交流平台；推进校企合作，引导本行业领域的广大企业积极依托职业院校开展职工继续教育。鼓励教育行政部门通过授权委托、购买服务等方式，把适宜行业组织承担的职责交给行业组织，给予政策支持并强化服务监管。

（十六）发挥企业主导作用。推动落实教育规划纲要关于"将继续教育工作与工作考核、岗位聘任（聘用）、职务（职称）评聘、职业注册等人事管理制度的衔接"的要求，以及《国务院关于加快发展现代职业教育的决定》关于"规模以上企业要有专门机构和人员组织实施职工继续教育，对接职业院校"的要求。推动企业将职工继续教育纳入企业发展规划和年度工作计划，积极创建学习型企业。

（十七）发挥职业院校主体作用。职业院校作为独立法人，是市场主体之一，享有办学自主权，要深入研究市场需求，回应社会关切，注重人才培养培训质量，提高服务区域产业经济发展的能力和水平。要把开展职工继续教育作为职业院校的重要任务，继续教育的软硬件与全日制在校生学历教育的软硬件要兼

顾。坚持市场性与公益性相结合，教育培训价格由供需双方依法协商确定。

（十八）完善有关评价考核制度。职业院校要高度重视职工继续教育工作，将其纳入学校总体发展规划，学校领导班子中有专人负责。职业教育研究机构及职业院校要加强对职工继续教育质量评价标准、评价方法的研究，建立业绩考核标准与制度。要积极探索将非学历继续教育人数折算成全日制学历教育人数的办法，把开展职工继续教育的规模、成效作为职业院校办学质量评价、教育督导和绩效评估的重要内容。逐步建立第三方评价机制。

（十九）完善投入保障机制。认真落实《国务院关于加快发展现代职业教育的决定》关于"企业要依法履行职工教育培训和足额提取教育培训经费的责任"，"其中用于一线职工教育培训的比例不低于60%"的要求。对实施职工继续教育的企业、院校和接受教育培训的人员，符合国家职业培训补贴政策和职业教育资助政策的，按规定给予补贴和资助。

（二十）营造良好社会环境。鼓励职业院校积极参与职业教育活动周、科技活动周等，面向企业开展相关活动，加大对职工继续教育有关政策、项目的宣传力度。推动企业职工全员参与、终身学习。要完善有关表彰奖励制度，将在职工继续教育工作中做出突出贡献的职业院校和个人纳入其中，平等对待。要进一步加强职工继续教育研究，扎实做好职业院校、行业企业开展职工继续教育的经验和典型的总结推广工作，充分运用多种媒体广泛开展舆论宣传，努力营造全社会关心和支持企业职工继续教育发展的良好氛围。

5.1.2.2　职业院校管理水平提升行动计划（2015—2018年）

2015年8月28日，教育部以教职成[2015]7号文印发了《职业院校管理水平提升行动计划（2015—2018年)》，该计划全文如下：

提升管理水平是促进职业院校内涵发展的现实要求，是提高人才培养质量的重要保障。近年来，职业院校依法治校意识日益增强，管理制度不断完善，管理工作得到普遍重视。但是，与加快推进依法治教和治理能力现代化的新要求相比，职业院校在管理理念、能力和信息化水平等方面仍有差距。为全面贯彻落实《国务院关于加快发展现代职业教育的决定》和全国人大常委会职业教育法执法检查有关要求，落实国家有关职业教育各项决策部署，发挥管理工作对职业教育改革发展的推动、引领和保障作用，不断提高职业院校管理规范化、精细化、科学化水平，自2015年秋季学期起，倡导践行"改变从今天开始"，实施职业院校管理水平提升行动计划(2015—2018年）（以下简称行动计划）。

一、总体要求

（一）指导思想

全面贯彻党的十八大和十八届三中、四中全会精神，深入贯彻习近平总书记系列重要讲话精神，落细落小落实《国务院关于加快发展现代职业教育的决定》，坚持依法治校，建立和完善现代职业学校制度，以强化教育教学管理为重点，进一步更新管理理念、完善制度标准、创新运行机制、改进方式方法、提升管理水平，为基本实现职业院校治理能力现代化奠定坚实基础。

（二）工作目标

经过三年努力，职业院校以人为本管理理念更加巩固，现代学校制度逐步完善，办学行为更加规范，办学活力显著增强，办学质量不断提高，依法治校、自主办学、民主管理的运行机制基本建立，多元参与的职业院校质量评价与保障体系不断完善，职业院校自身吸引力、核心竞争力和社会美誉度明显提高。

——政策法规落实到位。国家职业教育有关法规、制度及标准得到落实，质量意识普遍增强，办学行为更加规范，学校常规管理，特别是学生、课程教学、招生、学籍、实习、安全等重点领域的管理有效加强。

——管理能力显著提升。学校章程普遍建立，治理结构不断完善，管理队伍专业化水平大幅提升，信息化管理手段广泛应用，管理工作的薄弱环节全面改善，办学活力显著增强，管理规范、特色鲜明、办学质量高、社会声誉好的典型学校不断涌现。

——质量保障机制更加完善。职业院校管理状态"大数据"初步建成，学校人才培养工作的自我诊断、反馈、改进机制基本形成，政府、行业、企业及社会等多方参与学校评价的机制更加健全，职业院校教育质量年度报告制度逐步完善。

（三）基本原则

——规范办学，激发活力。确立管理工作在职业院校办学中的基础性地位，落实国家职业教育有关法规、制度及标准，全面规范办学行为，不断激发办学活力，切实提高职业院校依法办学的能力和水平。

——问题导向，标本兼治。以教育教学管理为重点，针对学校常规管理中的薄弱环节和突出问题，立知、立行、立改，对症施治、标本兼治，全面提高职业院校管理工作的有效性。

——活动贯穿，全面行动。设计和开展灵活多样的活动，以活动促管理、以活动促落实，推动职教系统全员参与。充分调动社会各方力量，积极参与行动计划的实施，形成推动职业院校管理水平提升的良好氛围和工作合力。

——科研引领，注重长效。结合不同区域实际和中高职特点，加强职业院校管理的制度、标准、评价等理论与实践研究，引导和帮助职业院校建立自我诊断、自我改进和自我完善的长效机制。

二、重点任务

（一）突出问题专项治理行动

职业院校要对照国家职业教育有关法规、制度及标准，围绕以下重点领域，结合学校实际，全面查摆管理工作中存在的突出问题，有针对性地开展专项治理系列活动。

——诚信招生承诺活动。加强招生政策和工作纪律的宣传教育，面向社会公开承诺诚信招生、阳光招生，规范招生简章，学校主要领导和招生工作相关人员签订责任书，不以虚假宣传和欺骗手段进行招生，杜绝有偿招生等违规违纪现象。

——学籍信息核查活动。全面落实学籍电子注册和管理制度，严格执行《高等学校学生学籍学历电子注册办法》、《中等职业学历教育学生学籍电子注册办法》。充分利用学生管理信息系统，加强学籍电子注册、学籍异动、学生信息变更等环节的管理，注重电子信息的核查，确保学籍电子档案数据准确、更新及时、程序规范，杜绝虚假学籍、重复注册等现象。

——教学标准落地活动。按照《教育部关于深化职业教育教学改革全面提高人才培养质量的若干意见》等文件要求，完善学校专业人才培养方案，强化教学过程管理，组织开展教学计划执行情况检查，注重教学效果的反馈与改进，杜绝课程开设与教学实施随意变动等现象。

——实习管理规范活动。严格执行学生实习管理相关规定，强化以育人为目标的实习过程管理和考核评价，完善学生实习责任保险、信息通报等安全制度，维护学生合法权益，改变学生顶岗实习的岗位与其所学专业面向的岗位群不一致等现象。

——平安校园创建活动。加强学校安全管理，落实"一岗双责"责任制，建立健全安全应急处置机制和人防、物防、技防"三防一体"的安全防范体系，消除水电、消防、餐饮、交通和实训等方面的安全隐患。

——财务管理规范活动。严格执行国家财经法律法规，建立健全学校财务管理制度；增强绩效意识，夯实会计基础工作；严格预算管理，强化预算约束；建立完善学校内部控制机制，强化财务风险防范意识；加强学生资助等专项资金的过程控制，规范会计行为，防止和杜绝虚报虚列、违规使用资金等现象的发生。

各级教育行政部门根据实际，针对重点领域和共性问题，加强对职业院校开展专项治理活动的调研、指导和检查，督促学校落实专项治理行动的各项要求，并建立长效机制。

（二）管理制度标准建设行动

职业院校要加快学校章程建设步伐，建立健全体现职业院校办学特点的内部管理制度、标准和运行机制，不断完善现代职业学校制度。

——加快学校章程建设。依法制定和完善具有各自特色的学校章程，中职学校加快推进章程建设工作，高职院校完成章程制定工作，按要求履行审批程序并实施。以章程建设为契机，加大行业、企业和社区等参与学校管理的力度，不断完善学校治理结构和决策机制。

——完善管理制度标准。以学校章程为基础，理顺和完善教学、学生、后勤、安全、科研和人事、财务、资产等方面的管理制度、标准，建立健全相应的工作规程，形成规范、科学的内部管理制度体系。

——强化制度标准落实。加强对管理制度、标准的宣传和学习，明确落实管理制度、标准的奖惩机制，强化管理制度、标准执行情况的监督、检查，确保落实到位。

各级教育行政部门要为职业院校制定章程搭建交流、咨询和服务平台，推动形成一校一章程的格局；组织开展职业院校管理指导手册研制工作，为完善学校管理制度提供科学指导。

（三）管理队伍能力建设行动

职业院校要适应发展需求，遵循管理人员成长规律，以提升岗位胜任力为重点，制订并实施学校管理队伍能力提升计划，不断提高管理人员的专业化水平。

——明确能力要求。按照国家对职业院校管理人员的专业标准和工作要求，围绕学校发展、育人文化、课程教学、教师成长、内部管理等方面，结合学校实际和不同管理岗位特点，细化院校长、中层管理人员和基层管理人员等能力要求，引导管理人员不断提升岗位胜任力。

——加强培养培训。以需求为导向，以能力要求为依据，科学制订各类管理人员培养培训方案，完成一轮管理人员全员培训；搭建学习平台，建立分层次、多形式的培训体系，做到日常培训与专题培训相结合，在职学习与脱产进修相结合，理论学习与经验交流相结合，不断提升管理人员的敬业精神和业务能力。

——强化激励保障。坚持民主、公开、竞争、择优的原则，选拔聘用管理人员，拓展管理人员的发展空间和上升通道，形成有利于优秀管理人才脱颖而出的机制；积极推进以岗位能力要求为依据的目标考核，把考核结果与干部任免、培养培训、收入分配等结合起来，强化管理人员的职业意识，激发管理人员的内在动力。

各级教育行政部门要把职业院校管理骨干培养培训纳入国家和省级校长能力提升、教师素质提高等培训计划统筹实施，组织开展管理经验交流活动，搭建管理专题网络学习平台，为职业院校管理队伍水平提升创造条件。

（四）管理信息化水平提升行动

职业院校要以落实《职业院校数字校园建设规范》为重点，加快信息化技术系统建设，建立健全信息化管理机制，增强信息化管理素养和能力，促进信息技术与教育教学的深度融合。

——强化管理信息化整体设计。制订和完善数字校园建设规划，做好管理信息系统整体设计，建设数据集中、系统集成的应用环境，实现教学、学生、后勤、安全、科研等各类数据管理的信息化和数据交换的规范化。

——健全管理信息化运行机制。建立基于信息化的管理制度，成立专门机构，确定专职人员，建立健全管理信息系统应用和技术支持服务体系，保证系统数据的全面、及时、准确和安全。

——提升管理信息化应用能力。强化管理人员信息化意识和应用能力培养，提高运用信息化手段对各类数据进行记录、更新、采集、分析，以及诊断和改进学校管理的能力。

各级教育行政部门要加强统筹协调，加大政策支持和经费投入力度，加快推进《职业院校数字校园建设规范》的贯彻实施，组织开展信息化管理创新经验交流与现场观摩等活动，促进职业院校管理信息化水平不断提高。

（五）学校文化育人创新行动

职业院校要坚持立德树人，积极培育和践行社会主义核心价值观，弘扬"劳动光荣、技能宝贵、创造伟大"的时代风尚，营造以文化人的氛围，从学校理念、校园环境、行为规范、管理制度等方面对学校文化进行系统设计，充分发挥学校文化育人的整体功能。

——凝练学校核心文化。总结体现现代职教思想、职业特质、学校特色、可传承发展的校训和校风、教风、学风等核心文化，形成独特的文化标识，并通过板报、橱窗、走廊、校史陈列室、广播电视和新媒体等平台进行传播，发挥其在学校管理中的熏陶、引领和激励作用。

——精选优秀文化进校园。弘扬中华优秀传统文化和现代工业文明，加强技术技能文化积累，开展劳模、技术能手、优秀毕业生等进学校活动，促进产业文化和优秀企业文化进校园、进课堂，着力培养学生的职业理想与职业精神。

——培养学生自主发展能力。创新德育实现形式，充分利用开学典礼和毕业典礼、入党入团、升国旗等仪式和重大纪念日、民族传统节日等时点，将社会主义核心价值观内化于心、外化于行。广泛组织丰富多彩的学生社团活动，深入开展学生文明礼仪教育、行为规范教育以及珍爱生命、防范风险教育，培养学生的社会责任感和自信心，促进守规、节俭、整洁、环保等优良习惯的养成，提升自我教育、自我管理、自我服务的能力。

各级教育行政部门要联合社会各方力量，因地制宜组织开展校训和校风、教风、学风及文化标识、优秀学生社团等遴选展示活动，持续组织"文明风采"竞赛等德育活动，推动职业院校文化育人工作创新，不断提高职业院校文化软实力。

（六）质量保证体系完善行动

职业院校要适应技术技能人才培养需要，不断完善产教融合、校企合作的人才培养机制，建立健全全员参与、全程控制、全面管理的质量保证体系。

——建立教育教学质量监控体系。确立全面质量管理理念，把学习者职业道德、技术技能水平和就业质量作为人才培养质量评价的重要标准，强化人才培养全程的质量监控，完善由学校、行业、企业和社会机构等共同参与的质量评价、反馈与改进机制，全面保证人才培养质量。

——完善职业教育质量年度报告制度。加强职业院校人才培养状态数据采集与分析，充分发挥数据平台在质量监控中的重要作用，进一步完善高职院校质量年度报告制度，逐步提高年度报告质量和水平；建立中职学校质量年度报告制度，国家中职示范（重点）学校自2016年起、其他中职学校自2017年起，每年发布质量年度报告。

各地教育行政部门要加大对本地区职业教育质量统筹监管的力度，建立和完善质量预警机制。省级教育行政部门要加强对本地区职业院校人才培养状态数据的审核，编制并发布省级职业教育质量年度报告。教育部定期组织质量年报的合规性审查，并将结果向社会公布。

三、保障措施

（一）加强组织领导

教育行政部门是组织实施行动计划的责任主体。教育部负责行动计划的总体设计、全面部署和监督指导，掌握重点任务推进节奏（重点任务分工及进度安排表见附件1，附件略）；省级教育行政部门要结合本地实际，研究制订行动计划实施方案并细化工作安排，将本地区行动计划实施方案报教育部备案，并加大统筹推进力度，加强对本行政区域各地市、县级教育行政部门组织实施行动计划和有关重点工作的检查指导。职业院校是具体落实行动计划的责任主体，根据行动计划整体部署，并结合学校管理工作实际，对照《职业院校管理工作主要参考点》（见附件2，略），制订工作方案和年度推进计划，建立工作机制，明确目标任务和路线图、时间表、责任人，确保行动计划有序开展、有效落实。

（二）加强宣传发动

各级教育行政部门和职业院校要全面开展宣传教育活动，分层次、多形式地开展行动计划以及国家职业教育有关政策法规和制度标准的宣传解读活动，领会精神实质，明确工作要求，营造舆论氛围；创新宣传载体和方式，充分发挥专题网站、新媒体和公共数据平台等的作用，实施微学习、微传播，在各自门户网站设立"职业院校管理水平提升行动计划"专栏，并通过专家辅导、专题研讨和微电影、动画宣传片等师生喜闻乐见的形式，使国家有关职业院校管理政策要求入脑、入心；组织发动新闻媒体、社会团体和科研机构等各方力量，参与行动计划的宣传，不断扩大行动计划的参与度和影响力，形成实施行动计划的工作合力。

（三）加强督促检查

行动计划是现代职业教育质量提升计划的重要内容，各地各院校管理水平和质量将作为资金分配的重要因素。各级教育行政部门要建立督查调研、情况通报、限期报告、跟踪问效等制度，完善行动计划落实情况督促检查工作机制；职业院校要创新工作方法，采取实地检查、随机抽查、群众评议和走访行业企业、社区、家庭等方式，充分利用信息化等手段，全面了解和掌握职业院校管理工作实效，发现典型并及时予以总结推广，发现问题并迅速进行督促整改。教育部建立行动计划实施进展情况简报、通报和重大问题限期整改报告制度，并视情况组织专项督查；委托第三方依据学校管理工作实效及实施行动计划取得的实绩，分类遴选全国职业院校管理500强，充分发挥其示范、引领、辐射作用，确保行动计划提出的各项目标任务落到实处。

（四）加强指导服务

各级教育行政部门要发挥科研在职业院校管理中的引领作用，加强职业院校管理专家队伍建设，组织开展相关理论与实践研究，跟踪行动计划的实施进展情况，并及时提供专业指导；按照不同管理主题，广泛征集和宣传职业院校优秀管理案例。教育部组织专业力量设计面向学校管理者、教师、学生以及行业企业人员等的问卷，开展大样本网络调查，形成全国职业院校管理状态"大数据"及分析报告，为学校诊断、改进管理工作和教育行政部门宏观决策提供实证依据。

5.1.2.3　关于进一步开展中等职业学校"文明风采"竞赛活动促进活动育人的意见

2015年9月11日，教育部等七部门下发了《关于进一步开展中等职业学校"文明风采"竞赛活动促进活动育人的意见》（教职成[2015]8号），全文如下：
各省、自治区、直辖市教育厅（教委）、人力资源社会保障厅（局）、文明办、团委、妇联、关工委、中华职业教育社，计划单列市教育局、人力资源社会保障局、文明办、团委、妇联、关工委，新疆生产建设兵团教育局、人力资源社会保障局、文明办、团委、妇联、关工委：

2004年以来，教育部联合有关部门在全国持续开展了中等职业学校"文明风采"竞赛活动（以下简称"文明风采"竞赛活动）。活动每年一届，坚持正确育人导向，贴近学校和学生实际，突出活动育人、实践育人、文化育人，增强了德育工作的针对性、实效性、吸引力和感染力，受到师生的普遍欢迎，成为职业教育领域具有特色的品牌德育活动。为贯彻全国职业教育工作会议精神和《国务院关于加快发展现代职业教育的决定》（国发〔2014〕19号），加强和改进新形势下中等职业学校德育工作，现就进一步开展"文明风采"竞赛活动，促进活动育人提出如下意见。

一、充分认识开展"文明风采"竞赛活动的重要意义

（一）"文明风采"竞赛活动是中等职业学校育人工作的重要组成部分。活动开展以来，全面贯彻党的教育方针，落实党和国家关于职业教育的政策，创新学校德育工作形式，以竞赛形式推动活动育人，已成为展示师生良好精神风貌和综合素养的重要舞台，成为呈现职业教育成果、增强职业教育吸引力的重要窗口，是加强和改进中等职业学校德育工作的重要举措，是落实立德树人根本任务、提高育人实效的重要抓手。

（二）新形势对深入开展"文明风采"竞赛活动提出了新要求。党的十八大以来，以习近平同志为总书记的党中央高度重视职业教育，对加快发展现代职业教育进行了全面部署。进一步开展"文明风采"竞赛活动，对于加强和改进学校德育工作、增强德育工作的针对性和实效性、提升学校办学水平，对于培养学生职业精神、提升学生思想道德素质和综合素养、促进学生全面和可持续发展，对于培育和践行社会主义核心价值观、弘扬"劳动光荣、技能宝贵、创造伟大"的时代风尚、营造"人人皆可成才、人人尽展其才"的良好环境，具有十分重要的意义。各地各学校要进一步提高认识，切实组织开展好"文明风采"竞赛活动，推进活动育人，努力提高育人质量，培养数以亿计的高素质劳动者和技术技能人才，为实现"两个一百年"奋斗目标和中华民族伟大复兴中国梦提供坚实人才保障。

二、准确把握开展"文明风采"竞赛活动的指导思想和基本要求

（三）指导思想。深入贯彻落实习近平总书记系列重要讲话精神，贯彻落实《中等职业学校德育大纲（2014年修订）》和《中共教育部党组 共青团中央关于在各级各类学校推动培育和践行社会主义核心价值观长效机制建设的意见》，坚持立德树人根本任务，勤学、修德、明辨、笃实，积极培育和践行社会主义核心价值观，丰富活动内容，创新方式方法，形成"校校组织，班班活动，人人参与"的制度机制，以赛促教、以赛促学，不断提高学生思想道德素质和综合素养，促进学生全面发展、健康成长。

（四）基本要求

——坚持正确育人导向。"文明风采"竞赛活动，竞赛是机制，育人是目的。活动的主题、赛项的设置要坚持正确政治方向和育人导向，紧跟时代步伐、与时俱进，强化活动过程育人，以竞赛形式实现育人目的。

——坚持面向全体学生。活动项目的设计及活动的组织要充分发挥学生主体作用，激发学生参与的积极性，鼓励引导全体学生参与，为每个学生提供人生出彩的机会。

——坚持融入日常德育。要把竞赛活动作为德育工作的有机组成部分，与其他各项德育工作统筹安排，相互衔接、同步实施，避免竞赛活动与日常德育"两张皮"。

——坚持公开公平公正。要规范竞赛活动的组织工作和程序，做到公开透明。细化遴选规则，加强过程监督，确保遴选结果客观公正，达到正面育人导向作用。

——坚持统筹合力推进。各部门要健全工作机制，切实履行职责，推进竞赛活动制度化规范化。各地各学校要高度重视，充分组织开展突出职校特点、职教特色的活动。

三、完善"文明风采"竞赛活动的组织方式和内容形式

（五）切实将活动纳入学校整体德育工作计划。"文明风采"竞赛活动是在中等职业学校开展的德育实践活动，要与学校日常德育工作同部署同安排。活动的主体是学生，要引导全体学生参与。活动内容和安排要与中等职业学校德育目标、德育内容、德育途径和德育评价等紧密结合，引导学生重在参与、重在过程，在活动中健康成长、提升素质。活动时间安排与学校学年同步。从2015年起，每学年上学期开始至次年下学期结束为一个活动周期，每学年一届，年年开展。

（六）改进组织方式，突出学校开展活动的基础作用。"文明风采"竞赛活动采取学校具体组织、省级和全国层层进行遴选激励的方式开展。学校是活动的基础，各学校要按照本意见和本地活动安排开展相应的活动，并组织学校层面的优秀作品遴选、宣传展示和激励，向省级活动组织机构报送优秀作品。省级活动组织机构根据全国总体要求制订符合本地实际情况的活动实施方案，组织发动学校参与活动，组织省级层面的优秀作品遴选、宣传展示和激励，向全国活动组织机构选送全国竞赛活动方案设置赛项的优秀作品。全国活动组织机构发挥引领推动作用，负责全国活动方案的制订和实施，组织对各省级活动组织机构选送的作品进行遴选、宣传展示和激励，并在"职业教育活动周"期间举办总结展示活动。

（七）以育人为导向确定活动主题和赛项。"文明风采"竞赛活动，每届确

定一个活动主题。活动主题要围绕立德树人根本任务，体现新形势新要求和学生实际。赛项设置应突出活动主题，要把社会主义核心价值观、中国特色社会主义和中国梦、中华优秀传统文化教育、职业精神培育等融入赛项活动内容，既重视展示师生个人风采，又注重弘扬团队精神，鼓励设置展示团队精神风貌的活动项目。全国竞赛活动将把征文演讲类、职业规划类、摄影视频类、才艺展示类等师生认可、参与度高、具有较强育人效果的赛项设为常规赛项，并根据新形势和各地活动开展情况进行优化调整。鼓励各地各学校结合地域文化、专业特点等开展具有特色的活动项目。

（八）完善活动激励机制和工作制度。全国活动组织机构及各地各学校应对参与竞赛活动的个人和集体予以相应激励。学校要将学生参与竞赛活动的情况列入学生品德评定记录，作为学生评先评优、奖学金评定、就业升学推荐等方面的重要依据；要将教师指导学生参与竞赛活动的情况计入工作量，对优秀指导教师在评奖评优、进修学习、绩效考核等方面给予优先考虑。教育、人力资源社会保障部门要将学校开展竞赛活动情况作为学校德育工作评价考核、评优评先、有关项目评审的重要指标。要加强各级"文明风采"竞赛活动的工作制度建设，逐步完善赛项设置、作品遴选、宣传激励等制度。严格程序，规范流程，加强活动过程监督，明确作品遴选标准，完善专家、教师、学生共同参与遴选的办法，不断规范竞赛活动。严格工作纪律，防止和严肃处理活动中的弄虚作假和违规行为，维护活动风清气正。

四、加强"文明风采"竞赛活动的组织领导和条件保障

（九）健全活动组织机构。"文明风采"竞赛活动由教育部、人力资源社会保障部、中央文明办、共青团中央、全国妇联、中国关工委、中华职业教育社联合主办，主办单位成立竞赛活动组织委员会，负责竞赛活动的决策、指导和监督。委托教育部职业技术教育中心研究所具体承办，中国职业技术教育学会、人力资源社会保障部职业培训教材工作委员会办公室协办。承办单位牵头成立竞赛活动执行委员会，负责竞赛活动的具体组织实施。执行委员会设立秘书处，负责日常事务。省级教育行政部门要沟通协调其他联合主办部门，成立省级活动组织机构，充分发挥各方力量组织开展活动。各学校要成立由主要负责人牵头的工作领导小组，德育处（学生处）等部门具体组织实施。

（十）加强条件保障。各级教育部门和学校要为"文明风采"竞赛活动的开展提供经费保障，活动经费从德育经费中支出。鼓励企业和相关单位对活动提供赞助。省级活动组织机构要落实活动承办单位、工作人员、活动经费等。各学校要对活动的组织实施给予人员、经费和条件保障。鼓励各地建设"文明风采"竞赛活动网络平台，发挥网络在开展活动中的作用。

（十一）强化宣传推广。要综合利用主流媒体和网站、微博、微信等新媒体，扩大竞赛活动的影响，为活动的广泛深入开展营造良好舆论氛围。要通过汇编出版获奖作品、网上公开展播、纳入教学资源库、组织巡回展览等形式，宣传展示优秀作品，加大成果转化力度，将优秀作品加工转化为教育教学资源。要大力宣传活动的成效，充分展示职业学校、师生的良好精神风貌，传播职业教育正能量、好声音、新形象。

（十二）形成工作合力。"文明风采"竞赛活动是一项系统性工作，需要各地各部门的合作和支持。教育部门要主动承担牵头责任，发挥好沟通、协调、联络作用，促进形成多部门合作、共同推进的机制。人力资源社会保障部门要指导技工院校依据《技工院校德育课程标准》开展好德育教学工作，并积极组织发动技工学校参与活动。文明办要将活动作为精神文明建设的重要载体，统筹纳入精神文明建设工作。共青团要发挥组织优势和指导学生会、学生社团的作用，动员和组织学生参加活动。妇联、关工委、中华职业教育社等要积极参与和支持活动的开展，发挥各自优势作用，形成合力推进的工作局面。

5.1.2.4　高等职业教育创新发展行动计划（2015—2018 年）

2015 年 10 月 19 日，教育部以教职成 [2015]9 号文印发了《高等职业教育创新发展行动计划（2015—2018 年)》，该行动计划全文如下：

为贯彻落实《国务院关于加快发展现代职业教育的决定》和全国人大常委会职业教育法执法检查有关要求，创新发展高等职业教育，制定本行动计划。

一、总体要求

（一）指导思想

以邓小平理论、"三个代表"重要思想、科学发展观为指导，切实贯彻习近平总书记重要指示精神，服务"四个全面"战略布局和创新驱动发展战略，以立德树人为根本，以服务发展为宗旨，以促进就业为导向，坚持适应需求、面向人人，坚持产教融合、校企合作，坚持工学结合、知行合一，推动高等职业教育与经济社会同步发展，加强技术技能积累，提升人才培养质量，为实现"两个一百年"奋斗目标和中华民族伟大复兴的中国梦提供坚实人才保障。

（二）基本原则

——坚持政府推动与引导社会力量参与相结合。强化地方政府统筹发展职业教育的责任，落实高等职业院校办学自主权，探索本科层次职业教育实现形式；充分发挥市场机制作用，引导社会力量参与办学，发挥企业重要办学主体作用，探索发展股份制、混合所有制高等职业院校。

——坚持顶层设计与支持地方先行先试相结合。加强现代职业教育国家制度建设，深化重要领域和关键环节改革；鼓励和支持有条件的地区率先开展试点，积极探索现代职业教育体系建设的实现路径和制度创新，完善现代职业教育的国家标准、国家机制和国家政策。

——坚持扶优扶强与提升整体保障水平相结合。支持部分普通本科高等学校转型发展、优质专科高等职业院校创新发展、职业院校骨干专业特色发展，在体制机制创新、人才培养模式改革、社会服务能力提升等方面率先取得突破；健全高等职业院校生均拨款制度和质量保证机制，全面提高保障水平。

——坚持教学改革与提升院校治理能力相结合。以提高质量为核心，深化专业内涵建设，推进课程体系、教学模式改革；与人才培养和教师能力提升相结合开展应用技术研发；创新校企合作、工学结合的育人机制；推动专科高等职业院校依法制定章程，完善治理结构，提升治理能力。

（三）主要目标

通过三年建设，高等职业教育整体实力显著增强，人才培养的结构更加合理、质量持续提高，服务中国制造2025的能力和服务经济社会发展的水平显著提升，促使高等教育结构优化成效更加明显，推动现代职业教育体系日臻完善。

——体系结构更加合理。人才培养的层次、规模与经济社会发展更加匹配，专科层次职业教育在校生达到1420万人，接受本科层次职业教育学生达到一定规模，以职业需求为导向的专业学位研究生培养模式改革取得阶段成果。

——服务发展的能力进一步增强。技术技能人才培养质量大幅提升，高等职业院校的布局结构、专业设置与区域产业发展结合更加紧密；应用技术研发能力和社会服务水平大幅提高；与行业企业共同推进技术技能积累创新的机制初步形成；服务中国制造2025的能力显著增强。

——可持续发展的机制更加完善。公办高等职业院校生均拨款制度全面建立；院校治理能力明显改善；职普沟通更加便捷，升学渠道进一步畅通；支持社会力量参与职业教育的政策更加健全；产教融合发展成效更加明显；职业教育国家标准体系更加完善；职业教育信息化水平明显提高。

——发展质量持续提升。以专业为载体的优质教育资源总量和覆盖区域不断扩大，支持优质专科高等职业院校争创国际先进水平的机制基本形成；多方参与、多元评价的质量保证机制更加完善；基于增强发展能力的东中西部合作机制更加成型；融人文素养、职业精神、职业技能为一体的育人文化初步形成；我国高等职业教育的国际影响持续扩大、国际话语权不断增强。

二、主要任务与举措

（一）扩大优质教育资源

根据区域特点，以专业建设为重点，提升要素质量、创新发展形式、扩大优质教育资源的总量和覆盖面，提高区域高等职业教育的均衡程度和社会认可度。

1. 提升专业建设水平

加强专科高等职业院校的专业建设，凝练专业方向、改善实训条件、深化教学改革，整体提升专业发展水平。支持紧贴产业发展、校企深度合作、社会认可度高的骨干专业建设。支持专科高等职业院校与技术先进、管理规范、社会责任感强的规模以上企业深度合作，共建生产性实训基地。面向企业的创新需求，依托重点专业（群），校企共建研发机构。面向国家重点发展产业，提高专业的技术协同创新能力，促进区域产业结构调整和新兴产业发展。探索发展本科层次职业教育专业。培养中国制造2025需要的不同层次人才。

2. 开展优质学校建设

坚持以示范建设引领发展，鼓励支持地方建设一批办学定位准确、专业特色鲜明、社会服务能力强、综合办学水平领先、与地方经济社会发展需要契合度高、行业优势突出的优质专科高等职业院校，持续深化教育教学改革、大幅提升技术创新服务能力、实质性扩大国际交流合作、培养杰出技术技能人才，增强专业教师和毕业生在行业企业的影响力，提升学校对产业发展的贡献度，争创国际先进水平。

3. 引进境外优质资源

加强与信誉良好的国际组织、跨国企业以及职业教育发达国家开展交流与合作，探索中外合作办学的新途径、新模式。支持专科高等职业院校学习和引进国际先进成熟适用的职业标准、专业课程、教材体系和数字化教育资源；选择类型相同、专业相近的国（境）外高水平院校联合开发课程，共建专业、实验室或实训基地，建立教师交流、学生交换、学分互认等合作关系；申办聘请外国专家（文教类）许可、举办高水平中外合作办学项目和机构。

4. 加强教师队伍建设

围绕提升专业教学能力和实践动手能力，健全专科高等职业院校专任教师的培养和继续教育制度。推进高水平大学和大中型企业共建"双师型"教师培养培训基地，探索"学历教育＋企业实训"的培养办法；完善以老带新的青年教师培养机制；建立教师轮训制度；专业教师每五年企业实践时间累计不少于6个月。增强职业技术师范院校的职教教师培养能力。

加强以专业技术人员和高技能人才为主，主要承担专业课程教学和实践教学任务的兼职教师队伍建设。支持专科高等职业院校按照有关规定自主聘请兼职教师，学校在编制年度预算时应统筹考虑经费安排；加强兼职教师的职业教育教学规律与教学方法培训；支持兼职教师或合作企业牵头教学研究项目、组织实施教学改革；把指导学生顶岗实习的企业技术人员纳入兼职教师管理范围。将企事业单位兼职教师任教情况作为个人业绩考核的重要内容。兼职教师数按每学年授课160学时为1名教师计算。在有关民族地区加强双语双师型教师队伍建设。

5. 推进信息技术应用

顺应"互联网+"的发展趋势，构建国家、省、学校三级数字教育资源共建共享体系。国家级资源主要面向专业布点多、学生数量大、行业企业需求迫切的专业领域；省级资源根据本地发展需要和职业教育基础，与国家级资源错位规划建设；校级资源根据院校自身条件补充建设，突出校本特色。研制资源建设指南和监测评价体系，在保证公共服务基础上鼓励围绕应用成效展开竞争。探索建立高效率低成本的资源可持续开发、应用、共享、交易服务模式和运作机制。

应用信息技术改造传统教学，促进泛在、移动、个性化学习方式的形成。在现场实习安排困难或危险性高的专业领域，开发替代性虚拟仿真实训系统；针对教学中难以理解的复杂结构复杂运动等，开发仿真教学软件。推广教学过程与生产过程实时互动的远程教学。

推进落实职业院校数字校园建设相关标准；加快职业教育管理信息化平台建设，消除信息孤岛；将信息技术应用能力作为教师评聘考核的重要依据。办好全国职业院校信息化教学大赛。

6. 完善高等职业教育结构

推进高等学校分类管理，系统构建专科、本科、专业学位研究生培养体系。加快专科高等职业院校改革步伐，深化人才培养模式改革，提升应用技术创新服务能力，拓展社区教育和终身学习服务；持续缩减本科高校举办的就业率（不含升学）低的专科高等职业教育规模，推动部分地方普通本科高等学校转型发展，引导一批独立学院发展成为应用技术类型高校，重点举办本科层次职业教育；推动产学结合培养专业学位研究生，强化实践能力培养；开展设立专科高等职业教育学位的可行性研究。

健全职业教育接续培养制度。加快高等职业教育标准体系制定工作；协调各级职业教育的专业设置与目录管理；系统设计接续专业的人才培养方案和教学内容安排；从专业设置入手规范初中起点五年制高职办学，强化专科高等职业院校的主导作用；探索区别于学科型人才培养的本科层次职业教育实现形式和培养模式。探索以学分转换和学力补充为核心的职普互通机制。推进毕业证书与职业资格证书对接。

7. 推动职业教育集团化发展

鼓励中央企业和行业龙头企业、行业部门、高等职业院校等，围绕区域经济发展对人才的需求，牵头组建职业教育集团，并按照属地化管理原则在省级教育行政部门备案。开展多元投入主体依法共建职业教育集团的改革试点，通过人员互聘、平台共享，探索建立基于产权制度和利益共享机制的集团治理结构与运行机制；建立基于学分转换的集团内部教学管理模式。支持有特色的专科高等职业院校以输出品牌、资源和管理的方式成立连锁型职业教育集团。积极吸收科研院所及其他社会组织参与职业教育集团。鼓励职业教育集团与跨国企业、境外教育机构等开展合作。

8. 促进区域协调发展

科学规划区域高等职业教育布局与发展。引导专科高等职业院校集中力量办好当地需要的特色优势专业（群）。探索基于增强发展能力的东中西部合作机制，支持东中西部学校联合办学，鼓励和支持东中部地区高等职业院校（或职教集团），通过托管、集团化办学等形式，对口支援西部地区职业教育发展。支援革命老区、西藏及四省藏区、新疆和集中连片特殊困难地区的专科高等职业院校提升办学基础能力和人才培养水平。深入推进地市级高等职业教育综合改革试点。

（二）增强院校办学活力

尊重和激发基层首创精神，以外部体制创新、内部机制改革、院校功能拓展为抓手增强院校办学活力，提高高等职业院校对市场的适应能力和自主发展能力。

1. 推进分类考试招生

健全"文化素质＋职业技能"的考试招生办法。根据不同生源特点和培养需要，规范实施专科高等职业院校以高考为基础的考试招生、单独考试招生、综合评价招生、面向中职毕业生的技能考试招生、中高职贯通招生、技能拔尖人才免试招生。研究制订职业院校应届毕业生进入高层次学校学习的办法，拓宽和完善职业教育学生继续学习通道。逐步扩大高等职业院校招收有实践经历人员的比例。适度提高专科高等职业院校招收中等职业学校毕业生的比例和本科高等学校，特别是应用技术类型本科高校，招收职业院校毕业生的比例。

2. 建立学分积累与转换制度

推动专科高等职业院校逐步实行学分制，推进与学分制相配套的课程开发和教学管理制度改革，建立以学分为基本单位的学习成果认定积累制度；开展不同类型学习成果的积累、认定，建立全国统一的学习者终身学习成果档案（包含各类学历和非学历教育），设立学分银行；在坚持培养要求的基础上，探索普通本科高校、高等职业院校、成人高校、社区教育机构之间的学分转移与认定。

3. 探索混合所有制办学

深化办学体制改革，鼓励社会力量以资本、知识、技术、管理等要素参与公办高等职业院校改革。试点社会力量通过政府购买服务、委托管理等方式参与办学活力不足的公办高等职业院校改革。鼓励民间资金与公办优质教育资源嫁接合作，在经济欠发达地区扩大优质高等职业教育资源。鼓励企业和公办高等职业院校合作举办适用公办学校政策、具有混合所有制特征的二级学院。鼓励专业技术人才、高技能人才在高等职业院校建设股份合作制工作室。支持成立混合所有制高等职业院校联盟。鼓励行业企业办和民办高等职业院校建立教师年金制度。支持营利性民办高等职业院校探索建立股权激励机制。

4. 鼓励行业参与职业教育

健全与行业联合召开职业教育工作会议的机制，联合制定行业职业教育发展指导意见。支持行业根据发展需要举办高等职业教育，切实履行举办方责任。鼓励和支持行业加强对本系统、本行业高等职业院校的规划与指导；扶持行业加强指导能力建设；以购买服务方式支持行业职业教育教学指导委员会在规定的领域范围内自主开展工作，在指导专业和课程改革、协调师资队伍建设、推进校企合作、开展教学评价等方面发挥作用。推动建立行业人力资源需求预测、就业形势分析、专业预警定期发布制度。办好全国职业院校技能大赛。

5. 发挥企业办学主体作用

支持企业发挥资源技术优势举办高等职业院校，按照职业教育规律规范管理。鼓励企业将职工教育培训交由高等职业院校承担，鼓励企业与学校共建共管职工培训中心。支持企业建设兼具生产与教学功能的公共实训基地。规模以上企业设立专门机构（或人员）负责职工教育培训、对接高等职业院校，设立学生实习和教师实践岗位。支持地方各级政府在安排职业教育专项经费、制定支持政策、购买社会服务时，将企业举办的公办性质高等职业院校与其他公办院校同等对待。对企业因接收实习生所实际发生的与取得收入有关的合理支出，按现行税收法律规定在计算应纳税所得额时扣除。将企业开展职业教育的情况纳入企业社会责任报告。研制职业教育校企合作促进办法。

6. 落实高等职业院校办学自主权

按照中央关于分类推进事业单位改革的精神，构建政府、高校、社会新型关系，加快转变政府职能，督促地（市、州）政府进一步明确管理高等职业教育的职责与权限，进一步明确高等职业院校的办学权利和义务，更好落实学校办学主体地位。简政放权，支持学校自主确定教学科研行政等内部组织机构的设置和人员配备，支持高校面向社会依法依规自主公开招聘教学科研行政管理等各类人员、自主选聘教职工、自主确定内部收入分配；放管结合，健全以章程为统领规范行使办学自主权的制度体系；优化服务，履行好政府保基本的兜底责任和监管职责。

7. 支持民办教育发展

创新民办高等职业教育办学模式，社会声誉好、教学质量高、就业有保障的民办专科高等职业院校，可由省级政府统筹、在核定的办学规模内自主确定招生方案。落实教育、财税、土地、金融等支持政策，鼓励各类办学主体通过独资、合资、合作等形式举办民办高等职业教育，稳步扩大优质民办职业教育资源。以政府规划、社会贡献和办学质量为依据，探索政府通过"以奖代补"、购买服务等方式支持民办高等职业教育发展和鼓励社会力量参与高等职业教育办学的办法。

8. 服务社区教育和终身学习

专科高等职业院校要发挥场地、设施、师资、教学实训设备、网络及教育资源优势，向社区开放服务；面向社区成员开展与生活密切相关的职业技能培训，以及民主法治、文明礼仪、保健养生、生态文明等方面的教育活动。开设养生保健、文化艺术、信息技术、家政服务、社会工作、医疗护理、园艺花卉、传统工艺等专业的职业院校，应结合学校特色率先开展老年教育。与社区教育机构建立联席会议制度，为社区居民代表参与学校发展规划和社区教育服务计划提供平台，协调社区企事业单位为学生实习实训提供条件，开展校园周边环境综合治理。

学历教育和非学历培训并举、全日制与非全日制并重发展多样化的职工继续教育，为劳动者终身学习提供更多机会。以职业道德、职业发展、就业准备、创业指导等为主要内容开展就业创业教育，为普通教育学生提供职业发展辅导，为劳动者多渠道多形式提高就业质量服务。鼓励专科高等职业院校主动承接政府和企事业单位组织的职业培训，按照国家有关规定开展退役士兵职业教育培训。

（三）加强技术技能积累

服务区域、产业发展和国家外交政策需要，紧密结合培养杰出人才和加强教师队伍建设，加强应用技术的传承应用研发能力，提高培养人才的水平和技术服务的附加值。

1. 服务中国制造2025

根据区域发展规划和产业转型升级需要优化院校布局和专业结构，将专科高等职业院校建设成为区域内技术技能积累的重要资源集聚地。重点服务中国制造2025，主动适应数字化网络化智能化制造需要，围绕强化工业基础、提升产品质量、发展制造业相关的生产性服务业调整专业、培养人才。优先保证新一代信息技术产业、高档数控机床和机器人、航空航天装备、海洋工程装备及高技术船舶、先进轨道交通装备、节能与新能源汽车、电力装备、农机装备、新材料、生物医药及高性能医疗器械产业相关专业的布局与发展。加强现代服务业亟需人才培养，加快满足社会建设和社会管理人才需求。

2. 支持优质产能"走出去"

配合国家"一带一路"战略，助力优质产能走出去，扩大与"一带一路"沿线国家的职业教育合作。主动发掘和服务"走出去"企业的需求，培养具有国际视野、通晓国际规则的技术技能人才和中国企业海外生产经营需要的本土人才。支持专科高等职业院校将国际先进工艺流程、产品标准、技术标准、服务标准、管理方法等引入教学内容；与积极拓展国际业务的大型企业联合办学，共建国际化人才培养基地；发挥专科高等职业院校专业优势，配合"走出去"企业面向当地员工开展技术技能培训和学历职业教育。

3. 深化校企合作发展

推动专科高等职业院校与当地企业合作办学、合作育人、合作发展，鼓励校企共建以现代学徒制培养为主的特色学院；以市场为导向多方共建应用技术协同创新中心。对于师生拥有自主知识产权的技术开发、产品设计、发明创造等成果，选择自主创业的，按规定给予启动资金贷款贴息、税费减免等政策扶持；与企业合作转化的，可按照法律规定在企业作价入股。支持学校与技艺大师、非物质文化遗产传承人等合作建立技能大师工作室，开展技艺传承创新等活动。

4. 加强创新创业教育

将学生的创新意识培养和创新思维养成融入教育教学全过程，按照高质量创新创业教育的需要调配师资、改革教法、完善实践、因材施教，促进专业教育与创新创业教育有机融合；集聚创新创业教育要素与资源，建设依次递进、有机衔接、科学合理的创新创业教育专门课程（群）；充分利用各种资源建设大学科技园、大学生创业园、创业孵化基地和小微企业创业基地，作为创业教育实践平台；建立健全学生创业指导服务专门机构，做到"机构、人员、场地、经费"四到位，对自主创业学生实行持续帮扶、全程指导、一站式服务；举办全国大学生创新创业大赛，支持举办各类科技创新、创意设计、创业计划等专题竞赛。

探索将学生完成的创新实验、论文发表、专利获取、自主创业等成果折算为学分，将学生参与课题研究、项目实验等活动认定为课堂学习；为有意愿有潜质的学生制定创新创业能力培养计划，建立创新创业档案和成绩单，客观记录并量化评价学生开展创新创业活动情况；优先支持参与创新创业的学生转入相关专业学习；实施弹性学制，放宽学生修业年限，允许调整学业进程、保留学籍休学创新创业。

5. 开展现代学徒制培养

支持地方和行业引导、扶持企业与高等职业院校联合开展"现代学徒制"

培养试点。校企共同制定和实施人才培养方案，试点学校主要负责理论课程教学、学生日常管理等工作，合作企业主要负责选派工程技术人员（能工巧匠）承担实践教学任务、组织实习实训；校企联合保障学生权益、保证合理报酬，按照国家有关规定落实学生责任保险和工伤保险。地方应允许符合条件的高等职业院校采用单独考试招生的办法从企业员工中招收符合本地高考报名条件的学生，使学生兼具企业员工身份；国家亟需专业经教育部同意可进行跨省招生试点。完善技术兵种与专科高等职业院校联合招收定向培养直招士官的组织方式和支持政策，支持技术兵种全程参与人才培养。

6. 培育新型职业农民

建立公益性农民培养培训制度，扶持涉农专科高等职业院校的发展和专业建设。提高涉农专科高等职业院校为三农服务的能力，围绕农业产业链和流通链培养培训适应科技进步和农业产业化需要的学生和新型职业农民，创新招生就业、人才培养、农学结合、校企合作、顶岗实习、社会服务等工作机制，推进农科教统筹、产学研合作；支持高等职业院校与涉农企业共建农业职业教育集团；构建覆盖全国、服务完善的现代职业农民教育网络。推进城乡区域合作，引导各地将项目、资金、设备、人才向涉农专科高等职业院校倾斜，动员相关行业、企业、高等学校、科研院所等参与专业建设，特别加大对农业、水利、林业、粮食和供销等涉农行业职业教育的支持力度。

7. 促进文化传承创新与传播

深化文化艺术类职业教育改革，重点培养文化创意人才、基层文化人才，传承创新民族文化与工艺。加强文化创意、影视制作、出版发行等重点文化产业技术技能人才的培养；依托职业教育体系，保护、传承和创新民族传统工艺与非物质文化遗产，培养各民族文艺人才。支持高等职业院校加强民族文化和民间技艺相关专业的建设和人才培养。提升民族地区的高等职业院校支持当地特色优势产业、基本公共服务、社会管理的能力。

8. 扩大职业教育国际影响

广泛参与国际职业教育合作与发展。加强与职业教育发达国家的政策对话，探索对发展中国家开展职业教育援助的渠道和政策。积极参与职业教育国际标准与规则的研究制定，开发与之对应的专业标准和课程体系，扩大国际话语权、增强国家软实力。提高高等职业院校专业教师的外语交流能力，鼓励示范性和沿边地区高等职业院校利用学校品牌和专业优势吸引境外学生来华学习，并不断扩大规模；支持专科高等职业院校到国（境）外办学，为周边国家培养熟悉中华传统文化、当地经济发展亟需的技术技能人才。推进全国职业院校技能大赛国际化。

（四）完善质量保障机制

落实各级政府责任，放管结合完善依法治校，逐步形成政府依法履职、院校自主保证、社会广泛参与，教育内部保证与教育外部评价协调配套的现代职业教育质量保障机制。

1. 提高经费保障水平

落实生均拨款政策，建立多渠道筹资机制，提高经费保障水平。各地应引导激励行政区域内各地市级政府（单位）建立完善以改革和绩效为导向的专科高等职业院校生均拨款制度，保证学校正常运转、保障基本教学条件、提升内涵建设水平、支撑院校综合改革。生均拨款制度应当覆盖本地区所有独立设置的公办高等职业院校；举办高等职业院校的有关部门和单位，应当参照院校所在地公办高等职业院校的生均拨款标准，建立完善所属高等职业院校生均拨款制度。2017年，本省专科高等职业院校年生均财政拨款平均水平不低于12000元。学费收入优先保证学校基本教学方面的支出。

2. 完善院校治理结构

落实《高等学校章程制定暂行办法》，建立健全依法自主管理、民主监督、社会参与的高等职业院校治理结构。完成高等职业院校章程制定、修订工作。坚持和完善公办高等职业院校党委领导下的校长负责制，提升学校的资源整合、科学决策和战略规划能力，开展校长公开选拔聘任试点。推动高等职业院校设立有办学相关方代表参加的理事会或董事会机构，发挥咨询、协商、审议与监督作用。设立校级学术委员会，作为校内最高学术机构，统筹行使学术事务的决策、审议、评定和咨询等职权，发挥在专业建设、学术评价、学术发展和学风建设等事项上的重要作用。结合实际需要，根据条件设立校级专业指导委员会，指导促进专业建设与教学改革。加强风险安全制度建设。

3. 完善质量年报制度

巩固学校、省和国家三级高等职业教育质量年度报告制度，进一步提高年度质量报告的量化程度、可比性和可读性。专科高等职业院校和省级教育行政部门每年发布质量报告；支持第三方撰写发布国家高等职业教育质量年度报告；强化对报告发布情况和撰写质量的监督管理。稳步推进高等职业院校人才培养工作状态数据管理系统的建设、部署与应用，逐步加强状态数据在宏观管理、行政决策、院校治理、教学改革、年度报告中的基础性作用。

4. 建立诊断改进机制

以高等职业院校人才培养工作状态数据为基础，开展教学诊断和改进（以下简称诊改）工作。加强分类指导，保证新建高等职业院校基本办学质量，推动高等职业院校全面建立完善内部质量保证体系，支持优质高等职业院校实现更高水平发展。教育部牵头研制高等职业院校教学工作诊改指导方案，针对高等职业院校不同发展阶段特点确定诊改重点，供地方和院校参照施行；省级教育行政部门负责统筹推进行政区域内高等职业院校诊改工作，根据需要抽样复核诊改工作质量；院校举办方协同高等职业院校自主诊断、切实改进。

支持对用人单位影响力大的行业组织开展专业层面的教学诊改试点，以行业企业用人标准为依据，通过结果评价、结论排名、建议反馈的形式，倒逼职业院校的专业改革与建设，职业院校自愿参加。专业诊改方案由相关行业制订、教育部认可后实施。

5. 改进高职教师管理

完善教师专业技术职务（职称）评聘办法，将师德表现、教学水平、应用技术研发成果与社会服务成效等作为高等职业院校教师专业技术职务（职称）评聘和工作绩效考核的重要内容，有条件的地方可以实行单独评审。鼓励高等职业院校制定和执行反映自身发展水平的"双师型"教师标准（不低于2008年《高等职业院校人才培养工作评估方案》规定的标准）。根据职业教育特点、比照本科高等学校核定公办专科高等职业院校教职工编制；新增教师编制主要用于引进具有实践经验的专业教师。推动教师分类管理、分类评价的人事管理制度改革；全面推行按岗聘用、竞聘上岗；制订体现高等职业教育特点的教师绩效评价标准，绩效工资内部分配向"双师型"教师适当倾斜。原则上55岁以下的教授、副教授每学期至少讲授一门课程。

6. 加强相关理论研究

加强国家级、省级、市（地）级职业教育科研机构建设，加强高等职业教育改革发展的宏观政策研究和热点难点问题研究，开展指导教育教学改革和相关标准建设的理论研究。各地应统筹高等职业教育研究工作，加强高等职业教育研究机构和队伍建设，加大投入支持相关研究工作。鼓励有条件的高等职业院校建立专门教育研究机构，发挥学校人才、信息、资源聚集的优势，引导广大教师围绕专业建设、课程改革、实践教学、终身学习等方面开展教学研究。

（五）提升思想政治教育质量

加强以职业道德培养和职业素质养成为特点的高等职业教育学生思想政治教育工作，着力培养既掌握熟练技术，又坚守职业精神的技术技能人才。

1. 加强和改进学生思想政治教育工作

深入开展中国特色社会主义和中国梦教育，在广大师生中积极培育和践行社会主义核心价值观，引导大学生关心国家命运，自觉把个人理想与国家梦想、个人价值与国家发展结合起来。规范形势与政策教育教学，加强民族团结教育，加强中华优秀传统文化教育，深入开展"我的中国梦"主题教育活动，推进学雷锋活动常态化。健全学生思想政治教育长效机制，创新网络思想政治教育方式方法。提高高校思想政治理论课实效，推进辅导员队伍专业化、职业化建设，扶持学生优秀社会实践活动，加强心理健康教育与咨询机构建设，全面推进《全国大学生思想政治教育质量测评体系（试行）》。创建平安校园、和谐校园。

2.促进职业技能培养与职业精神养成相融合

加强文化素质教育，坚持知识学习、技能培养与品德修养相统一，将人文素养和职业素质教育纳入人才培养方案，加强文化艺术类课程建设，完善人格修养，培育学生诚实守信、崇尚科学、追求真理的思想观念。贯彻落实《高等学校体育工作基本标准》，促进学生身心健康；充分发挥校园文化对职业精神养成的独特作用，推进优秀产业文化进教育、企业文化进校园、职业文化进课堂，将生态环保、绿色节能、循环经济等理念融入教育过程；利用学校博物馆、校史馆、图书馆、档案馆等，发挥学校历史沿革、专业发展历程、杰出人物事迹的文化育人作用。围绕传播职业精神组织第二课堂，弘扬以德为先、追求技艺、重视传承的中华优秀传统文化。发挥学生党支部、共青团、学生会、学生社团的作用，与政府、行业、企业合作开展内容丰富、形式新颖、传递正能量的实践育人活动和校园文化活动。注重用优秀毕业生先进事迹教育引导在校学生。

三、保障措施

本计划是今后一个时期高等职业教育战线贯彻2014年全国职业教育工作会议精神和落实全国人大常委会职业教育法执法检查有关要求，深入推进改革发展的路线图，各地必须高度重视，保证落实。

（一）加强组织领导

教育部负责协调国务院相关部门牵头制定国家层面的政策、制度和标准，省级政府是实施行动计划的责任主体。各地教育行政部门要充分发挥统筹规划、宏观管理作用，主动协调配合发展改革、财政、人社、农业、扶贫等有关部门，协调项目预算、保证任务落实。各地要发挥职业教育工作部门联席会议作用，根据本行动计划内容，结合实际制定好落实方案；按照国家财政体制改革要求，统筹各类教育培训经费，保证落实方案的顺利实施；推动职业教育改革试验区和体制改革试点先行先试，出台政策、配套条件，有效解决瓶颈问题。

（二）强化管理督查

各地要逐级按照职能分工量化落实方案，逐级分解任务、明确目标、落实责任，确定时间表和任务书，实行项目管理；将落实方案执行情况列入省政府督查范围，将目标责任完成情况作为督查对象业绩考核的重要内容。省级教育行政部门要充分发挥业务指导作用，会同有关部门加强对相关工作的日常指导、检查与跟踪，及时总结经验、发现问题，根据实际需要不断完善工作要求。行业部门要引导和督促相关行业企业制定和执行实施方案。鼓励社会各界对计划实施情况进行监督。教育部将汇总整理各地申请承担的任务及量化指标、统筹梳理各地自主申请的项目及建设方案予以发布，同时做好事中监督管理、事后检查验收工作；各地实际任务及项目的完成情况将作为中央财政改革绩效奖补、国家职业教育改革发展试验区和"国家教育体制改革试点"布局和验收的重要依据。

（三）营造良好环境

鼓励各地根据需要出台职业教育条例、校企合作促进办法等地方性法规，优化区域政策环境。坚持"先培训、后就业"，"先培训、后上岗"的原则；消除城乡、行业、学校、身份、性别等一切影响平等就业的制度障碍和就业歧视；深化收入分配制度改革，切实提高劳动报酬在初次分配中的比重。按照国家有关规定完善职业教育先进单位和先进个人表彰奖励制度，定期开展职业教育活动周宣传教育工作。通过主流媒体和各种新兴媒体，广泛宣传高等职业教育方针政策、高等职业院校先进经验和技术技能人才成果贡献，引导全社会树立重视职业教育的理念，促进形成"劳动光荣、技能宝贵、创造伟大"的社会氛围。

5.1.2.5　关于引导部分地方普通本科高校向应用型转变的指导意见

2015年10月21日，教育部、国家发展改革委、财政部下发了《关于引导部分地方普通本科高校向应用型转变的指导意见》（教发[2015]7号），全文如下：各省、自治区、直辖市教育厅（教委）、发展改革委、财政厅（局），新疆生产建设兵团教育局、发展改革委、财务局：

为贯彻落实党中央、国务院关于引导部分地方普通本科高校向应用型转变（以下简称转型发展）的决策部署，推动高校转型发展，现提出如下意见。

一、重要意义

当前，我国已经建成了世界上最大规模的高等教育体系，为现代化建设作出了巨大贡献。但随着经济发展进入新常态，人才供给与需求关系深刻变化，面对经济结构深刻调整、产业升级加快步伐、社会文化建设不断推进特别是创新驱动发展战略的实施，高等教育结构性矛盾更加突出，同质化倾向严重，毕业生就业难和就业质量低的问题仍未有效缓解，生产服务一线紧缺的应用型、复合型、创新型人才培养机制尚未完全建立，人才培养结构和质量尚不适应经济结构调整和产业升级的要求。

积极推进转型发展，必须采取有力举措破解转型发展改革中顶层设计不够、改革动力不足、体制束缚太多等突出问题。特别是紧紧围绕创新驱动发展、中国制造2025、互联网＋、大众创业万众创新、"一带一路"等国家重大战略，找准转型发展的着力点、突破口，真正增强地方高校为区域经济社会发展服务的能力，为行业企业技术进步服务的能力，为学习者创造价值的能力。各地各高校要从适应和引领经济发展新常态、服务创新驱动发展的大局出发，切实增强对转型发展工作重要性、紧迫性的认识，摆在当前工作的重要位置，以改革创新的精神，推动部分普通本科高校转型发展。

二、指导思想和基本思路

1. 指导思想

贯彻党中央、国务院重大决策，主动适应我国经济发展新常态，主动融入产业转型升级和创新驱动发展，坚持试点引领、示范推动，转变发展理念，增强改革动力，强化评价引导，推动转型发展高校把办学思路真正转到服务地方经济社会发展上来，转到产教融合校企合作上来，转到培养应用型技术技能型人才上来，转到增强学生就业创业能力上来，全面提高学校服务区域经济社会发展和创新驱动发展的能力。

2. 基本思路

——坚持顶层设计、综合改革。系统总结近年来高等教育和职业教育改革的成功经验，增强改革的系统性、整体性和协调性。不断完善促进转型发展的政策体系，推动院校设置、招生计划、拨款制度、学校治理结构、学科专业设置、人才培养模式、师资队伍建设、招生考试制度等重点难点领域的改革。充分发挥评估评价制度的导向作用，以评促建、以评促转，使转型高校的教育目标和质量标准更加对接社会需求、更加符合应用型高校的办学定位。

——坚持需求导向、服务地方。发挥政府宏观调控和市场机制作用，推进需求传导式的改革，深化产教融合、校企合作，促进高校科学定位、特色发展，加强一线技术技能人才培养，促进毕业生就业质量显著提高，科技型创业人才培养取得重大突破，将一批高校建成有区域影响力的先进技术转移中心、科技服务中心和技术创新基地。

——坚持试点先行、示范引领。转型的主体是学校。按照试点一批、带动一片的要求，确定一批有条件、有意愿的试点高校率先探索应用型（含应用技术大学、学院）发展模式。充分发挥试点高校的示范引领作用，激发高校转型内生动力活力，带动更多地方高校加快转型步伐，推动高等教育改革和现代职业教育体系建设不断取得新进展。

——坚持省级统筹、协同推进。转型的责任在地方。充分发挥省级政府统筹权，根据区域经济社会发展和高等教育整体布局结构，制定转型发展的实施方案，加强区域内产业、教育、科技资源的统筹和部门之间的协调，积极稳妥推进转型发展工作。

三、转型发展的主要任务

3. 明确类型定位和转型路径。确立应用型的类型定位和培养应用型技术技能型人才的职责使命，以产教融合、校企合作为突破口，根据所服务区域、行业的发展需求，找准切入点、创新点、增长点，制定改革的时间表、路线图。转型高校要结合"十三五"规划编制工作，切实发扬民主，通过广泛的思想动员，将学校类型定位和转型发展战略通过学校章程、党代会教代会决议的形式予以明确。

4.加快融入区域经济社会发展。建立合作关系，使转型高校更好地与当地创新要素资源对接，与经济开发区、产业聚集区创新发展对接，与行业企业人才培养和技术创新需求对接。积极争取地方政府、行业企业支持，通过建设协同创新中心、工业研究院、创新创业基地等载体和科研、医疗、文化、体育等基础设施共建共享，形成高校和区域经济社会联动发展格局。围绕中国制造2025、"一带一路"、京津冀协同发展、长江经济带建设、区域特色优势产业转型升级、社会建设和基本公共服务等重大战略，加快建立人才培养、科技服务、技术创新、万众创业的一体化发展机制。

5.抓住新产业、新业态和新技术发展机遇。创新发展思路，增强把握社会经济技术重大变革趋势的能力，加强战略谋划和布局，实现弯道超车。适应、融入、引领所服务区域的新产业、新业态发展，瞄准当地经济社会发展的新增长点，形成人才培养和技术创新新格局。促进新技术向生产生活广泛渗透、应用，推动"互联网+"战略在当地深入推进，形成人才培养和技术创新新优势。以服务新产业、新业态、新技术为突破口，形成一批服务产业转型升级和先进技术转移应用特色鲜明的应用技术大学、学院。

6.建立行业企业合作发展平台。建立学校、地方、行业、企业和社区共同参与的合作办学、合作治理机制。校企合作的专业集群实现全覆盖。转型高校可以与行业、企业实行共同组建教育集团，也可以与行业企业、产业集聚区共建共管二级学院。建立有地方、行业和用人单位参与的校、院理事会（董事会）制度、专业指导委员会制度，成员中来自于地方政府、行业、企业和社区的比例不低于50%。支持行业、企业全方位全过程参与学校管理、专业建设、课程设置、人才培养和绩效评价。积极争取地方、行业、企业的经费、项目和资源在学校集聚，合作推动学校转型发展。

7.建立紧密对接产业链、创新链的专业体系。按需重组人才培养结构和流程，围绕产业链、创新链调整专业设置，形成特色专业集群。通过改造传统专业、设立复合型新专业、建立课程超市等方式，大幅度提高复合型技术技能人才培养比重。建立行业和用人单位专家参与的校内专业设置评议制度，形成根据社会需求、学校能力和行业指导依法设置新专业的机制。改变专业设置盲目追求数量的倾向，集中力量办好地方（行业）急需、优势突出、特色鲜明的专业。

8.创新应用型技术技能型人才培养模式。建立以提高实践能力为引领的人才培养流程，率先应用"卓越计划"的改革成果，建立产教融合、协同育人的人才培养模式，实现专业链与产业链、课程内容与职业标准、教学过程与生产过程对接。加强实验、实训、实习环节，实训实习的课时占专业教学总课时的比例达到30%以上，建立实训实习质量保障机制。扩大学生的学习自主权，实施以学生为中心的启发式、合作式、参与式教学，逐步扩大学生自主选择专业和课程的权利。具有培养专业学位研究生资格的转型高校要建立以职业需求为导向、以实践能力培养为重点、以产学结合为途径的专业学位研究生培养模式。工程硕士等有关专业学位类别的研究生教育要瞄准产业先进技术的转移和创新，与行业内领先企业开展联合培养，主要招收在科技应用和创新一线有实际工作经验的学员。

9.深化人才培养方案和课程体系改革。以社会经济发展和产业技术进步驱动课程改革，整合相关的专业基础课、主干课、核心课、专业技能应用和实验实践课，更加专注培养学习者的技术技能和创新创业能力。认真贯彻落实《关于深化高等学校创新创业教育改革的实施意见》，将创新创业教育融入人才培养全过程，将专业教育和创业教育有机结合。把企业技术革新项目作为人才培养的重要载体，把行业企业的一线需要作为毕业设计选题来源，全面推行案例教学、项目教学。将现代信息技术全面融入教学改革，推动信息化教学、虚拟现实技术、数字仿真实验、在线知识支持、在线教学监测等广泛应用，通过校校合作、校企合作联合开发在线开放课程。

10.加强实验实训实习基地建设。按照工学结合、知行合一的要求，根据生产、服务的真实技术和流程构建知识教育体系、技术技能训练体系和实验实训实习环境。按照所服务行业先进技术水平，采取企业投资或捐赠、政府购买、学校自筹、融资租赁等多种方式加快实验实训实习基地建设。引进企业科研、生产基地，建立校企一体、产学研一体的大型实验实训实习中心。统筹各类实践教学资源，构建功能集约、资源共享、开放充分、运作高效的专业类或跨专业类实验教学平台。

11.促进与中职、专科层次高职有机衔接。建立与普通高中教育、中等职业教育和专科层次高等职业教育的衔接机制。有条件的高校要逐步提高招收在职技术技能人员的比例，积极探索建立教育-就业"旋转门"机制，为一线技术技能人才的职业发展、终身学习提供有效支持。适当扩大招收中职、专科层次高职毕业生的比例。制定多样化人才培养方案，根据学习者来源、知识技能基础和培养方向的多样性，全面推进模块化教学和学分制。

12.广泛开展面向一线技术技能人才的继续教育。瞄准传统产业改造升级、新兴产业发展和新型城镇化过程中一线劳动者技术提升、技能深化、职业转换、城市融入的需求，大力发展促进先进技术应用、形式多样、贴近需求的继续教育。主动承接地方继续教育任务，加强与行业和领先企业合作，使转型高校成为地方政府、行业和企业依赖的继续教育基地，成为适应技术加速进步的加油站、顺应传统产业变革的换乘站、促进新兴产业发展的人才池。

13. 深化考试招生制度改革。按照国家考试招生制度改革总体方案，积极探索有利于技术技能人才职业发展的考试招生制度。试点高校招收中、高等职业院校优秀应届毕业生和在职优秀技术技能人员，应当将技术技能测试作为录取的主要依据之一，教育部制定有关考试招生改革实施意见。试点高校考试招生改革办法应当报省级教育行政部门批准并以省为单位报教育部备案。招生计划、方案、过程、结果等要按有关规定向社会公开。

14. 加强"双师双能型"教师队伍建设。调整教师结构，改革教师聘任制度和评价办法，积极引进行业公认专才，聘请企业优秀专业技术人才、管理人才和高技能人才作为专业建设带头人、担任专兼职教师。有计划地选送教师到企业接受培训、挂职工作和实践锻炼。通过教学评价、绩效考核、职务（职称）评聘、薪酬激励、校企交流等制度改革，增强教师提高实践能力的主动性、积极性。

15. 提升以应用为驱动的创新能力。积极融入以企业为主体的区域、行业技术创新体系，以解决生产生活的实际问题为导向，广泛开展科技服务和应用性创新活动，努力成为区域和行业的科技服务基地、技术创新基地。通过校企合作、校地合作等协同创新方式加强产业技术技能积累，促进先进技术转移、应用和创新。打通先进技术转移、应用、扩散路径，既与高水平大学和科研院所联动，又与中职、专科层次高职联动，广泛开展面向中小微企业的技术服务。

16. 完善校内评价制度和信息公开制度。建立适应应用型高校的人才培养、科学研究质量标准、内控体系和评估制度，将学习者实践能力、就业质量和创业能力作为评价教育质量的主要标准，将服务行业企业、服务社区作为绩效评价的重要内容，将先进技术转移、创新和转化应用作为科研评价的主要方面。完善本科教学基本状态数据库，建立本科教学质量、毕业生就业质量年度报告发布制度。

四、配套政策和推进机制

17. 落实省级政府统筹责任。各地要结合本地本科高校的改革意愿和办学基础，在充分评估试点方案的基础上确定试点高校。试点高校应综合考虑民办本科高校和独立学院。省级改革试点方案要落实和扩大试点高校的考试招生、教师聘任聘用、教师职务（职称）评审、财务管理等方面的自主权。

18. 加快推进配套制度改革。建立高校分类体系，实行分类管理，制定应用型高校的设置标准。制定应用型高校评估标准，开展转型发展成效评估，强化对产业和专业结合程度、实验实习实训水平与专业教育的符合程度、双师型教师团队的比例和质量、校企合作的广度和深度等方面的考察，鼓励行业企业等第三方机构开展质量评价。制定试点高校扩大专业设置自主权的改革方案，支持试点高校依法加快设置适应新产业、新业态、新技术发展的新专业。支持地方制定校企合作相关法规制度和配套政策。

19. 加大对试点高校的政策支持。通过招生计划的增量倾斜、存量调整，支持试点高校符合产业规划、就业质量高和贡献力强的专业扩大招生。将试点高校"双师双能型"高水平师资培养纳入中央和地方相关人才支持项目。在国家公派青年骨干教师出国研修项目中适当增加试点高校选派计划。支持试点高校开展与国外同类高校合作办学，与教育援外、对外投资等领域的国家重大战略项目相结合走出去办学。充分发挥应用技术大学（学院）联盟等作用，与国外相应联盟、协会开展对等合作交流。

20. 加大改革试点的经费支持。各地可结合实际情况，完善相关财政政策，对改革试点统筹给予倾斜支持，加大对产业发展急需、技术性强、办学成本高和艰苦行业相关专业的支持力度。建立以结果为导向的绩效评价机制，中央财政根据改革试点进展和相关评估评价结果，通过中央财政支持地方高校发展等专项资金，适时对改革成效显著的省（区、市）给予奖励。高校要健全多元投入机制，积极争取行业企业和社会各界支持，优化调整经费支出结构，向教育教学改革、实验实训实习和"双师双能型"教师队伍建设等方面倾斜。积极创新支持方式，探索政府和社会资本合作（PPP）等模式，吸引社会投入。

21. 总结推广改革试点典型经验。在省级试点的基础上，总结梳理改革试点的经验和案例，有计划地推广一批试点方案科学、行业企业支持力度较大、实施效果显著的试点典型高校，并加大政策和经费支持力度。教育、发展改革、财政等部门共同建立跟踪检查和评估制度。

22. 营造良好改革氛围和舆论环境。加强对转型发展高校各级领导干部和广大师生员工的思想教育和政策宣传，举办转型试点高校领导干部专题研修班和师资培训班，坚定改革信心，形成改革合力。广泛动员各部门、专家学者和用人单位参与改革方案的设计和政策研究。组织新闻媒体及时宣传报道试点经验。

根据本意见精神，教育部、发展改革委、财政部建立协调工作机制，加强对转型发展工作的指导。

5.1.3 住房和城乡建设部下发的相关文件

5.1.3.1 关于加强住房城乡建设行业职业技能竞赛组织管理工作的通知

2015 年 3 月 5 日，住房和城乡建设部办公厅下发了《关于加强住房城乡建设行业职业技能竞赛组织管理工作的通知》（建办人 [2015]9 号），全文如下：

部管各社会团体：

为规范住房城乡建设行业职业技能竞赛（经住房城乡建设部同意、部管有关社团举办的国家级二类竞赛。以下简称竞赛）活动，促进部管社会团体科学合理、健康有序地组织开展竞赛，根据《关于进一步加强职业技能竞赛管理工作的通知》（劳社部发[2000]6号）精神，现就加强竞赛组织管理工作的有关事项通知如下。

一、竞赛目的

贯彻落实《国家中长期人才发展规划纲要（2010—2020年)》，加强高技能人才队伍建设，促进技术交流和技艺切磋，完善岗位练兵和技术比武的长效机制，进而推动住房城乡建设行业职业培训工作，提高一线生产操作人员的技能水平，保证工程建设质量安全。

二、竞赛管理

部人事司负责竞赛的协调指导工作。竞赛举办单位成立竞赛组织委员会，负责竞赛的组织实施工作。

三、竞赛备案申报

拟举办竞赛的单位，需根据各自职责，在可行性分析研究的基础上，于当年10月底前向部人事司提交下一年度拟举办竞赛的备案审核材料，包括：《住房城乡建设行业职业技能竞赛备案审核表》（附件1，略）和竞赛组织实施方案。部人事司根据各单位申报情况，汇总拟定下一年度行业竞赛计划，于当年11月底前将意见反馈各竞赛举办单位。通过备案审核的竞赛举办单位按有关规定向人力资源社会保障部提出竞赛申请。举办同职业（工种）的全国性竞赛活动，原则上每两年不能超过一次。

四、竞赛实施

竞赛举办单位要明确工作职责分工，认真做好筹备工作，制定科学、合理的竞赛方案，精心组织实施，强化竞赛全过程管理。

（一）竞赛名称。竞赛冠以"全国住房城乡建设行业××职业（工种)"的名称。若有企业赞助，也可冠以"全国住房城乡建设行业××杯××职业（工种)"的名称。

（二）竞赛工种设置。应根据行业实际需求情况，选择从业人员量大面广、专业性较强、具有行业代表性的工种开展竞赛活动。

（三）参赛人员范围。凡从事竞赛设置职业（工种)，年满18周岁的从业人员，均可按照公布的竞赛方案要求，通过单位报名或个人报名方式参加。

（四）竞赛内容设置。竞赛以实际操作为主，实行百分制。对确需设置理论知识考核内容的赛项，理论知识和实际操作两项考核成绩分别实行百分制，合并计算总成绩，其中理论知识考核成绩占总成绩比例不超过 30%。竞赛举办单位要严格按照职业技能标准组织命题工作，并与命题人员签订保密协议。

（五）裁判员选用。竞赛裁判员应选用具有与竞赛职业（工种）相应的职业技能鉴定考评员担任，也可适当选用具有该竞赛职业（工种）技师及以上职业资格或中级及以上专业技术职务的人员担任。对与参赛选手有利害关系或其他特殊关系，可能影响公正评判的，实行执裁回避制度。

（六）竞赛场地选择。竞赛场地应选择选手相对集中、内外环境适宜、交通便利的场所。竞赛使用的材料和设备应根据竞赛职业(工种)试题要求选择确定，由竞赛举办单位负责配备。

（七）竞赛经费管理。竞赛的组织实施要坚持勤俭节约的原则，通过争取国家财政支持，主办、承办、协办等单位共同出资，社会赞助等多种渠道筹集竞赛经费。

五、竞赛成绩评定

竞赛应以社会效益为先，坚持公开、公正、公平的原则，由裁判员按照职业标准或国家相应的技术标准、规定，对选手完成任务情况进行综合评判，严格按竞赛成绩从高到低评定选手的名次。坚决杜绝竞赛选手通过弄虚作假等手段取得名次，坚决杜绝裁判员给人情分、面子分以及搞平衡等情况发生。

六、竞赛奖励

竞赛结果可按参赛人数确定一、二、三等奖的获奖人数，一般获奖人数不超过参赛人数的 30%，技术复杂程度较高的职业（工种）可适当放宽至 35%。原则上同一职业(工种)参赛人数不得超过 120 人，竞赛获奖人数不得超过 30 人。住房城乡建设部对获奖者复核后授予"全国住房城乡建设行业技术能手"称号，并纳入全国住房城乡建设行业高技能人才库。竞赛各职业（工种）获得前三名的选手可由竞赛举办单位报人力资源社会保障部申请全国技术能手称号。

竞赛举办单位应在竞赛结束后 30 个工作日内，将本次竞赛情况总结和《全国住房城乡建设行业技术能手申请表》（附件 2，略）报部人事司复核留存。

七、其他

各竞赛举办单位要做好区域性竞赛与全国性竞赛的衔接工作，充分调动各地参与和支持全国性竞赛的积极性。要充分利用报纸、广播、电视、网络等媒体，广泛宣传竞赛的有关情况，及时报道优秀选手及优秀教练员、培养单位的先进事迹，营造尊重劳动、崇尚技能、岗位成才、技能成才的良好氛围。

5.1.3.2 关于加强建筑工人职业培训工作的指导意见

2015 年 3 月 26 日，住房和城乡建设部下发了《关于加强建筑工人职业培训工作的指导意见》（建人 [2015]43 号），全文如下：

各省、自治区住房城乡建设厅，直辖市建委，新疆生产建设兵团建设局，国务院国资委管理的有关建筑业企业：

为贯彻落实《国务院关于加快发展现代职业教育的决定》（国发 [2014]19 号）和中央城镇化工作会议精神，不断提高建筑工人素质和技能水平，保证工程质量和安全生产，现就加强建筑工人职业培训工作提出以下意见：

一、指导思想

以邓小平理论、"三个代表"重要思想、科学发展观为指导，深入贯彻习近平总书记系列重要讲话精神，坚持以人为本，以服务建筑业发展为宗旨，确立企业在工人职业培训工作中的主体地位，充分调动企业和工人的积极性。深化体制机制改革，统筹发挥好政府和市场的作用，引导行业技术革新和生产方式变革。注重产教融合、校企合作，加快培养大批高素质建筑业技术技能人才和新型产业工人。

二、基本原则

（一）企业主导，调动企业和工人的积极性

发挥企业的主体作用，引导建筑施工企业积极参与职业培训，探索建立企业自主培训考核机制，增强企业提升职工技能水平和综合素质的积极性、主动性。探索建立建筑工人工资水平与职业培训等级相挂钩机制，充分调动建筑工人参加职业培训、获得相应等级证书的积极性。

（二）制度保障，发挥市场机制作用

住房城乡建设主管部门要完善培训工作体系，着力营造制度环境，加强规范管理和监督指导。加强市场引导，鼓励社会力量参与建筑工人职业培训，充分利用优质职业培训资源，促进行业职业培训与社会需求紧密对接。

（三）产教融合，培养新型产业工人

发挥建设类职业院校、技工学校的作用，强化校企协同育人，推动教育教学改革与产业转型升级衔接配套。深化产教融合，探索建立建筑业现代学徒制度，开展企业招工即为学校招生试点，加快培养新型产业工人队伍。

三、总体目标

到 2016 年底，一级资质及以上的建筑施工企业实现自有工人全员培训、持证上岗。到 2020 年，实现全行业建筑工人全员培训、持证上岗。到 2025 年，基本形成以中级技工为主体，高级技工为骨干，技师、高级技师为龙头，老、中、青比例合理，职业化程度较高的产业工人队伍。

四、重点任务

（一）明确工作职责

住房城乡建设部负责制定建筑工人职业培训的政策措施，指导并监督管理建筑工人职业培训工作；组织制定建筑业各职业技能标准；组织制定职业培训考核评价办法、全国统一的建筑工人职业培训合格证书式样和编码规则；组织或委托部属单位、行业组织、企业编写建筑业各职业（工种）培训大纲，协调地方建立并完善考核评价题库，建立并维护建筑工人职业培训管理信息系统。省级住房城乡建设主管部门负责制定本地区建筑工人职业培训工作的配套措施办法，指导并监督管理本地区建筑工人职业培训工作。

（二）实行分级分类培训

根据《建设工程质量管理条例》和《建设工程安全生产管理条例》有关要求，依据职业技能标准实行建筑工人分级分类培训、全员持证上岗。对从事技术工种的工人，应按照住房城乡建设部颁布的职业技能标准相应等级要求，组织开展安全生产教育培训、理论知识培训和操作技能培训；对施工现场的普工，应组织开展安全生产教育培训。建筑工人经培训合格后方可上岗，并由施工企业或培训机构核发培训合格证书。对从事建筑施工特种作业的人员，应当经专门培训考核合格后取得住房城乡建设主管部门颁发的《建筑施工特种作业人员操作资格证书》。建筑施工企业应有计划地对项目班组长进行重点培训，提升项目班组长的技能水平和综合管理能力。

（三）发挥企业主体作用

建筑施工企业是建筑工人职业培训的主体，应建立健全建筑工人职业培训制度，采取自主培训或委托培训的方式，对企业自有工人进行相应职业培训，严格按要求执行持证上岗。积极鼓励支持建筑施工企业建立培训考核机构，自主开展本企业工人的培训、考核和发证工作。有条件的施工总承包特级、一级企业应与本企业长期协作的劳务企业共同开展建筑工人职业培训。施工总承包、专业承包企业应当做好所承包工程项目施工现场建筑工人的岗前培训，并对施工现场建筑工人持证上岗负监督管理责任。

（四）优化培训资源

鼓励建筑施工企业通过积极创建农民工业余学校、建立集中培训实训基地、购买社会培训服务等多种形式，提高建筑工人整体素质和技能水平。鼓励行业专业培训机构、职业院校（技师学院、技工学校）和社会团体等教学力量积极参与建筑工人职业培训，按照市场化要求，发挥优势和特色，构建与企业培训基地互为补充的培训网络，扩大建筑工人职业培训的覆盖范围。鼓励建筑施工企业举办或参与举办职业教育，对接职业院校设立学生实习实训和专业教师实践岗位。鼓励建筑类职业院校（技师学院、技工学校）积极争取财政支持，加强软硬件教学条件建设，多渠道扩大招生规模，开展校企联合招生、联合培养的新型现代学徒制试点，推进校企一体化育人，深化产教融合，为建筑业输送更多合格的现代产业工人。

（五）创新考培模式

针对建筑业生产中操作性强、材料消耗大、成本高的岗位或工种，可采取基地集中培训与施工现场培训、分阶段培训与一次性培训、师傅带徒弟与集中辅导、基地或施工现场阶段性测试与模块化考核相结合等灵活多样的形式，将培训、实操训练、考核评价与现场施工结合起来。要充分发挥网络平台作用，有条件的地方应开设网上培训学校，实现优秀培训教育资源共享，不断探索建立高效实用、成本低廉的培训模式。鼓励企业充分利用建筑工地农民工业余学校、自有培训场所等开展安全生产和施工技术交底教育，并根据实际情况利用施工淡季或工闲业余时间开展技能提升培训。

（六）建立激励约束机制

各地住房城乡建设主管部门要逐步建立和推行工程项目生产人员配备标准，各工程项目应配备一定数量、比例的相应级别技术工人，主要生产岗位须具有高级工及以上技术工人。各地区要结合本地实际情况，将持证上岗制度与企业资质管理、招标投标、质量和安全监督、施工现场检查、企业信誉等级、工程评优等行业管理规定和要求结合起来，形成合力，推动建筑工人培训和取得证书。

鼓励施工企业探索工人技能分级管理机制和办法，建立建筑工人职业培训考核等级与基本工资挂钩制度，建立高技能人才技能职务津贴和特殊岗位津贴制度。鼓励施工企业搭建高技能人才成长平台，通过设立相关职业（工种）的专业委员会，让更多的高技能人才参与新项目的研发、技术革新和改造、疑难技术攻关等，推动高技能人才向知识型、研究型、创新型转变，进而带动行业技能水平提升。鼓励开展建筑业职业技能竞赛活动，为建筑工人提供展示技能、交流技艺的平台，促进职业技能水平的提升。

（七）保障培训经费

建筑施工企业要依法切实履行职工教育培训和足额提取教育培训经费的责任，确保建筑工人培训经费足额合理使用。对不按规定提取和使用教育培训经费并拒不改正的企业，住房城乡建设主管部门要提出批评、责令整改。各地住房城乡建设主管部门要加强与相关部门的沟通协调，积极争取、充分利用政府财政经费补贴，减轻企业培训考核资金压力，帮助建筑类职业院校（技师学院、技工学校）提升软硬件培训实力。

（八）健全监督管理机制

各级住房城乡建设主管部门要认真履行监管职责，对培训考核全过程实行动态监管，建立工作信息公开的制度和机制，逐步完善建筑施工企业信用体系，督促建筑施工企业等相关单位做好工作。要重点加强对建筑施工企业培训主体责任落实情况的监督，凡不承担培训主体责任、持证上岗情况未达到相应要求的企业，应依法对其进行处罚和处理。要加强对职业培训机构的监管，充分发挥社会监督作用，建立举报和责任追究制度，对工作不力、弄虚作假等违法违纪行为，要及时予以通报批评、制止和纠正，严肃追究责任。要创新监督检查方式，对施工现场建筑工人持证情况实施有效监督。要建立健全培训机构动态管理的认定退出机制，开展培训考核工作的质量评估。

（九）加强信息化管理

各地住房城乡建设主管部门要督促施工企业严格落实实名制管理，在施工现场配备专职的劳务员，负责登记建筑工人的基本信息、培训技能、诚信状况、工资结算等情况。逐步建立统一的建筑工人培训信息管理系统，规范建筑工人职业培训与考核管理，掌握建筑工人的结构比例及流动情况，引导和推进全员持证上岗，提高信息化管理水平。

（十）加强组织落实

各地住房城乡建设主管部门要加强组织领导，结合实际，制定相关配套政策措施，明确职责分工，狠抓工作落实。要确定推进此项工作的单位和专门人员，充分调动相关部门工作积极性，发挥特点优势，加强协调配合。在拟制本地区建设事业发展"十三五"规划时，明确建筑工人职业培训工作的任务目标。要组织相关单位加强工作交流，相互学习促进，认真总结建筑工人职业培训工作的好经验、好做法，树立先进典型，发挥引导示范作用。对开展建筑工人职业培训工作成效突出的企业和机构，要及时表扬并纳入诚信体系；对开展建筑工人职业培训工作不力的企业和机构，要及时督促改进。要充分利用多种渠道，宣传建筑工人职业培训的重要意义、先进典型和优秀成果，努力形成各级领导高度重视、社会各界关心支持、建筑企业和建筑工人积极参与的职业培训良好局面。

5.1.3.3　高等学校工程造价专业本科指导性专业规范

2015年3月30日，住房城乡建设部人事司、住房城乡建设部高等学校土建学科教学指导委员会向高等学校工程管理和工程造价学科专业指导委员会下发了关于同意颁布《高等学校工程造价本科指导性专业规范》的通知，要求其指导有关高等学校认真实施。高等学校工程造价本科指导性专业规范的主要内容如下：

一、学科基础

本《专业规范》所称工程造价专业，是指2012年教育部颁布的《普通高等学校本科专业目录》中设置于管理学门类下管理科学与工程专业类的工程造价专业（代码：120105，可授管理学或工学学士学位）。

工程造价专业的主要支撑学科为管理科学与工程、建设工程相关学科以及经济学、管理学、法学门类的相关学科。

根据中华人民共和国国家标准《建设工程分类标准》GB/T 50841—2013，工程造价专业所涉及的建设工程主要是指建筑工程、土木工程和机电工程三大类。其中，建筑工程包括民用建筑工程、工业建筑工程以及构筑物工程和其他建筑工程；土木工程包括道路工程、轨道工程、桥涵工程、隧道工程、水工工程、矿山工程、架线与管沟工程以及其他土木工程；机电工程包括工业、农林、交通、水工、建筑、市政等各类工程中的设备、管路、线路工程。

二、培养目标

工程造价专业培养适应社会主义现代化建设需要，德、智、体全面发展，掌握建设工程领域的基本技术知识，掌握与工程造价管理相关的管理、经济和法律等基础知识，具有较高的科学文化素养、专业综合素质与能力，具有正确的人生观和价值观，具有良好的思想品德和职业道德、创新精神和国际视野，全面获得工程师基本训练，能够在建设工程领域从事工程建设全过程造价管理的高级专门人才。

工程造价专业毕业生能够在建设工程领域的勘察、设计、施工、监理、投资、招标代理、造价咨询、审计、金融及保险等企事业单位、房地产领域的企事业单位和相关政府部门，从事工程决策分析与经济评价、工程计量与计价、工程造价控制、工程建设全过程造价管理与咨询、工程合同管理、工程审计、工程造价鉴定等方面的技术与管理工作。

三、培养规格

工程造价专业人才的培养规格应满足社会对本专业人才知识结构、能力结构、综合素质的相关要求。

1. 知识结构

（1）人文社会科学知识：熟悉哲学、政治学、社会学、心理学、历史学等社会科学基本知识，了解文学、艺术等方面的基本知识。

（2）自然科学知识：掌握高等数学、工程数学知识，熟悉物理学、信息科学、环境科学的基本知识，了解可持续发展相关知识，了解当代科学技术发展现状及趋势。

（3）工具性知识：掌握一门外国语，掌握计算机及信息技术的基本原理及相关知识。

（4）专业知识：掌握工程制图与识图、工程测量、工程材料、土木工程（或建筑工程、机电安装工程）、工程力学、工程施工技术等工程技术知识；掌握工程项目管理、工程定额原理、工程计量与计价、工程造价管理、管理运筹学、施工组织等工程造价管理知识；掌握经济学原理、工程经济学、会计学基础、工程财务等经济与财务管理知识；掌握经济法、建设法规、工程招标投标及合同管理等法律法规与合同管理知识；熟悉工程计量与计价软件及其应用、工程造价信息管理等信息技术知识。

（5）相关专业领域知识：了解城乡规划、建筑、市政、环境、设备、电气、交通、园林以及金融保险、工商管理、公共管理等相关专业的基础知识。

2. 能力结构

（1）综合专业能力

能够掌握和应用现代工程造价管理的科学理论、方法和手段，具备发现、分析、研究、解决工程建设全过程造价管理实际问题的能力；

能够进行工程项目策划及投融资分析，具备编制和审查工程投资估算的能力；

能够进行工程设计方案的技术经济分析，具备编制和审查工程设计概预算的能力；

能够进行工程招标投标策划、合同策划，具备编制工程招标投标文件及工程量清单、确定合同价款和进行工程合同管理的能力；

能够进行工程施工方案的技术经济分析，具备编制资金使用计划及工程成本规划的能力；具备能够进行工程风险管理的能力；

能够进行工程计量与成本控制，具备编制和审查工程结算文件、工程变更和索赔文件、竣工决算报告的能力；

能够进行工程造价分析与核算，具备工程造价审计、工程造价纠纷鉴定的能力。

（2）表达、信息技术应用及创新能力

具备较强的中外文书面和口头表达能力；

能够检索和分析中外文专业文献，具备对专业外语文献进行读、写、译的基本能力；

具备运用计算机及信息技术辅助解决工程造价专业相关问题的基本能力；

初步具备创新意识与创新能力，能够发现、分析、提出新观点和新方法，具备初步进行科学研究的能力。

3. 素质结构

（1）思想道德：具有正确的政治方向，行为举止符合社会道德规范，愿为国家富强、民族振兴服务；爱岗敬业、坚持原则、勇于担当，具有良好的职业道德和敬业精神；树立科学的世界观、正确的人生观和价值观；具有诚信为本、以诚待人的思想，求真务实、言行一致；关心集体，具有较强的集体荣誉感和团结协作的精神。

（2）文化素质：具有宽厚的文化知识积累，初步了解中外历史，尊重不同的文化与风俗，有一定的文化与艺术鉴赏能力；具有积极进取、开拓创新的现代意识和精神；具有较强的与他人交往的意识和能力。

（3）专业素质：获得科学思维方法的基本训练，养成严谨求实、理论联系实际、不断追求真理的良好科学素养；具有系统工程意识和综合分析素养，能够从工程造价角度分析工程设计与施工中的不足和缺陷，具有预防和处理与工程造价管理相关的重点难点和关键问题的能力。

（4）身心素质：身体健康，达到国家体育锻炼合格标准要求；能理性客观地分析事物，具有正确评价自己与周围环境的能力；具有较强的情绪控制能力，能乐观面对挑战和挫折，具有良好的心理承受能力和自我调适能力。

四、教学内容

工程造价专业教学内容分为知识体系、实践体系和创新训练三部分，通过有序的课堂教学、实践教学和课外活动，实现学生的知识融合与能力提升。

（一）知识体系

工程造价专业知识体系由人文社会科学基础知识、自然科学基础知识、工具性知识和专业知识四部分构成。

工程造价专业知识部分包括知识领域、知识单元和知识点三级内容。知识单元规定了专业知识的基本要素，是工程造价专业教学中的最基本教学内容。

工程造价专业选修知识由各高等学校根据自身办学定位、办学条件及支撑学科特点自主设置。

1.专业知识部分的构成

工程造价专业知识体系中专业知识部分由以下五个知识领域构成：

（1）建设工程技术基础；

（2）工程造价管理理论与方法；

（3）经济与财务管理；

（4）法律法规与合同管理；

（5）工程造价信息化技术。

2.知识单元

知识单元是工程造价专业知识领域中知识点的最小集合，本《专业规范》规定了工程造价专业知识领域的知识单元及对应知识点，共计178个知识单元和502个知识点，是工程造价专业学生必须掌握的知识。

考虑到行业、地区人才需求差别以及各高等学校人才培养特色的不同，《专业规范》留出部分选修学时，各高等学校可根据自身办学条件、专业定位设置选修课程。针对建设工程技术基础、工程造价管理理论与方法、经济与财务管理、法律法规与合同管理、工程造价信息化技术五个专业领域，《专业规范》还推荐了相关知识单元、知识点及学时，供各高等学校制定人才培养方案时参考。

（二）实践体系

工程造价专业实践体系包括各类实验、实习、设计、社会实践以及科研训练等。实践体系内容分实践领域、实践单元、知识与技能点三个层次。通过实践教学，培养学生分析、研究、解决工程造价管理实际问题的综合实践能力和科学研究的初步能力。

1. 实验领域

工程造价专业实验领域包括基础实验、专业基础实验、专业实验及研究性实验四个部分。

（1）基础实验。包括计算机及信息技术应用实验。

（2）专业基础实验。包括工程材料实验、工程力学实验等。

（3）专业实验。包括工程计量、计价及造价管理软件应用实验、工程管理类软件应用实验等。

（4）研究性实验。各高等学校可结合自身实际情况，针对专业知识开设，以设计性、综合性实验为主。

2. 实习领域

工程造价专业实习领域包括认识实习、课程实习、生产实习和毕业实习四个部分。

（1）认识实习。按工程造价专业知识的相关教学要求安排实践，应选择符合专业培养目标要求的相关内容。

（2）课程实习。包括工程测量实习、工程现场实习以及其他与专业有关的课程实习。

（3）生产实习与毕业实习。各高等学校应根据自身办学特色及工程造价专业学生所需培养的综合专业能力，安排实习内容、时间和方式。

3. 设计领域

工程造价专业设计领域包括课程设计和毕业设计（论文）两个部分。

课程设计和毕业设计（论文）的实践按专业特色安排相关内容。

社会实践及科研训练等实践教学环节由各高等学校结合自身实际情况设置。

（三）创新训练

工程造价专业人才的培养应体现知识、能力、素质协调发展的原则，应特别强调大学生创新思维、创新方法和创新能力的培养。创新训练与初步科研能力培养应在整个本科教学和管理相关工作中贯彻和实施，要注重以知识体系为载体，在课堂教学中进行创新训练；应以实践体系为载体，在实验、实习和设计中进行创新训练；选择合适的知识单元和实践环节，提出创新思维、创新方法、创新能力的训练目标，构建和实施创新训练单元。提倡和鼓励学生参加创新活动，如国家大学生创新创业训练计划、学校大学生科研训练计划、相关专业或学科竞赛及工程计量与计价大赛、BIM 大赛、创新大赛等大学生创新实践训练等。

有条件的高等学校可开设创新训练的专门课程，如创新思维和创新方法、工程造价管理研究方法、大学生创新性实验等，这些创新训练课程也应纳入工程造价专业培养方案。

五、课程体系

各高等学校应根据《专业规范》提出的培养目标及教学要求，并结合自身特色构建学校的课程体系。课程体系的必修课教学内容应覆盖本《专业规范》规定的全部知识单元及知识点；选修课可由各高等学校根据自身情况设置。

《专业规范》推荐的课程如下：

（1）工具性知识、人文社会科学基础知识、自然科学基础知识领域的推荐课程 22 门，建议 1036 学时。

（2）专业知识领域的推荐课程 23 门，建议 856 学时。

（3）实践体系中推荐安排实践教学环节 9 个。其中，基础实验教学环节建议 16 学时，专业基础实验教学环节建议 24 学时，实习建议 9 周，设计建议 20 周。

六、基本教学条件

（一）师资

（1）有工程造价专业教学团队，专业主讲教师应不少于 10 人，其中至少有教授 1 名、副教授 3 名。能够开展教学研究与科研活动，工程造价专业所在高等学校应具有相关学科的基本支撑条件，有专业教学管理人员。

（2）专业教学团队应具有合理的年龄结构、学位结构、职称结构、学缘结构，教师必须具备高校教师资格。有一定数量具有工程造价管理实践经历的专职、兼职教师；有建设工程技术、工程造价管理、经济与财务、法律法规与合同管理等学科背景构成的专任教师队伍；能独立承担主要专业课程教学任务。

（3）主要专业课主讲教师必须具有讲师及以上职称。高级职称教师每年应承担本科教学任务；每名教师每学年主讲的专业课不得超过 2 门；每名教师在学生毕业设计（论文）阶段同时指导的学生数量应不超过 15 名。

（二）教材

应选用符合本《专业规范》教学内容要求的教材或教学参考书，鼓励选用高校工程管理和工程造价学科专业指导委员会规划教材或推荐教材。教材内容应满足专业培养方案和教学计划要求并符合专业办学特色。

（三）教学资料

应有与工程造价专业学生数量相适应的专业图书、期刊、资料，应具有数字化资源和具有检索资源的工具。

（四）实验室

实验室软硬件设施应满足教学要求，设施、仪器、设备、计算机、相关专业软件的数量应能满足工程造价专业实验教学需要和学生日常学习需要。

（五）实习基地

有5个以上稳定的实习基地，并与课程设置和学生实习人数相适应，实习条件应满足相关实践教学要求。

（六）教学经费

学费收入用于四项教学经费（教学业务费、教学差旅费、教学仪器维修费、体育维持费）的比例需大于25%，并逐年有所增长。其中，教学业务费和教学仪器维修费需占四项教学经费的80%。

新设置的工程造价本科专业，开办经费一般不低于生均0.8万元（不包括学生宿舍、教室、办公场所等），至少应能确保专业办学硬件环境条件达到前述最低要求。

5.1.3.4 全国高等学校土木工程专业评估（认证）文件（2015年版）

2015年5月5日，住房和城乡建设部以建人[2015]第59号文印发了住房城乡建设部高等教育土木工程专业评估委员会编制的《全国高等学校土木工程专业评估（认证）文件（2015年版）》，该评估（认证）文件主要内容如下：

（1）住房城乡建设部高等教育土木工程专业评估委员会章程。包括总则、组织机构、职能与权限、工作制度和附则五章。

（2）高等学校土木工程专业评估（认证）标准。评估（认证）指标体系包括学生发展、专业目标、教学过程、师资队伍、教学资源、教学管理、质量评价7个一级指标。其中，学生发展包括学生来源（含吸引生源的措施、生源分布、考生对专业的了解3个观察点）、成才环境（含活动平台、选择权、学分互认3个观察点）、学生指导和过程跟踪4个二级指标；专业目标包括专业定位、培养目标、知识要求（含自然科学知识、人文社会科学知识、工具知识、专业知识、相关领域知识5个观察点）、能力要求（含工程科学应用能力、土木工程技术基础应用能力、解决土木工程实际问题能力、综合能力4个观察点）、素质要求（含人文素质、科学素质、工程素质3个观察点）5个二级指标；教学过程包括教学计划（含科学性、合理性、完整性、时效性4个观察点）、课程实施（含教材选用、课程安排、教学方法、教育技术、考核方法5个观察点）、实践环节（含安排、指导、课外实践3个观察点）、毕业设计（含选题、指导、管理、质量4个观察点）4个二级指标；师资队伍包括教师结构（含整体结构、学科带头人、主干课程师资）、教师发展（含主讲教师、骨干教师、青年教师3个观察点）、管理队伍（含教学管理人员、学生管理人员2个观察点）3个二级指标；教学资源包括教学经费、教学设施（含实验室、实习基地、教室3个观察点）、信息资源（含图书资料、规范标准、工程软件3个观察点）3个二级指标；教学管理包括管理制度（含完备性、有效性、先进性3个观察点）、教学档案（含完整性、及时性、档案利用3个观察点）、过程控制（含监控体系、反馈机制、评价制度3个观察点）3个二级指标；质量评价包括内部评价（含毕业资格审核、培养目标达成度评价、毕业生去向、师生满意度4个观察点）、社会评价（含社会评价机制、毕业生满意度、社会声誉3个观察点）、持续改进（含毕业生跟踪反馈、社会变化响应、问题改进3个观察点）3个二级指标。

(3)高等学校土木工程专业评估(认证)程序与方法。包括申请与审核、自评、视察、鉴定、鉴定状态的保持、申诉与复议、评估（认证）程序框图及进程表等内容。

(4)高等学校土木工程专业评估（认证）专家工作指南。该指南是指导专业评估专家工作、并规范专家活动行为的重要文件，同时也供被评估学校进行评估工作准备、自评和配合现场视察工作时参考。

(5)高等学校土木工程专业评估（认证）学校工作指南。包括申请、自评、现场视察、鉴定状态保持等方面的程序安排和要求。

5.2 2015年中国建设教育发展大事记

5.2.1 住房和城乡建设领域教育大事记

5.2.1.1 高等教育

【住房和城乡建设部、陕西省人民政府签署共建西安建筑科技大学协议】2015年9月17日，住房和城乡建设部、陕西省人民政府在西安签署共建西安建筑科技大学协议。根据协议，住房和城乡建设部将在完善学校战略发展规划和学科建设规划，支持学校发挥特色优势特别是在绿色生态建筑、文化遗产保护、防灾减灾、水资源再生利用、建筑新材料等领域开展科学研究和技术成果推广等给予指导和扶持；陕西省将把学校作为陕西省重点建设的高水平大学，在重大科研项目评审、人才引进和学位点、重点学科、重点实验室、工程技术中心建设、教师队伍编制等政策、经费方面给予重点支持。住房和城乡建设部副部长易军、陕西省副省长庄长兴分别代表部省签署共建协议。

【住房和城乡建设部、北京市人民政府签署共建北京建筑大学协议】2015年10月9日，住房和城乡建设部、北京市人民政府在北京签署共建北京建筑大学协议。根据协议，住房和城乡建设部将在完善北京建筑大学战略发展规划和学科建设规划，以及特色专业、实践教学基地、工程技术研究中心建设等方面给予指导和支持，重点支持学校开展智慧城市、绿色生态建筑、工程防灾减灾、城市节水与水资源利用等领域的教学、科研和技术转化应用；北京市将把北京建筑大学作为北京市高等教育建设的重点，加大政策支持和经费投入，在重大科研项目、人才引进、重点学科建设、教师队伍编制等方面给予重点支持。住房和城乡建设部副部长易军，北京市委常委、副市长陈刚分别代表部市签署共建协议。

【住房和城乡建设部组织召开高等学校城市设计教学研讨会】为贯彻落实习近平总书记重要指示精神，进一步加强高校城市设计人才培养，住房和城乡建设部组织高等学校建筑学、城乡规划、风景园林学科专业指导委员会于2015年7月30至31日，在天津联合召开高等学校城市设计教学研讨会。住房和城乡建设部城乡规划司负责人，中国城市规划设计研究院、中国城市规划学会、天津市规划局、深圳市城市设计促进中心、清华大学、同济大学、东南大学、天津大学有关专家就加强城市设计管理和高校城市设计教学作专题发言。高等学校建筑学、城乡规划、风景园林学科专业指导委员会委员以及有关高校代表约180人参加研讨，并参观考察了天津城市设计典型案例。

【住房和城乡建设部组建第六届全国高等学校建筑学专业教育评估委员会】2015年1月，住房和城乡建设部下发《关于印发第六届全国高等学校建筑学专业教育评估委员会组成人员名单的通知》建人函 [2015]16 号，组建了第六届全国高等学校建筑学专业教育评估委员会，任期五年。主任委员由清华大学朱文一担任；副主任委员共2人，由中国中元国际工程公司丁建、东南大学王建国担任；委员共28人，名单如下：北京市建筑设计研究院马泷，重庆大学卢峰，上海建筑设计研究院刘恩芳，山东建筑大学刘甦，哈尔滨工业大学孙澄，清华大学建筑设计研究院庄惟敏，北京建筑大学汤羽扬，同济大学吴长福，沈阳建筑大学张伶伶，郑州大学张建涛，天津大学张颀，西安建筑科技大学李昊，华中科技大学李保峰，中南建筑设计院李春舫，中国建筑设计研究院汪恒，西南交通大学沈中伟，华南理工大学肖毅强，中国建筑学会周畅，深圳市建筑设计研究总院孟建民，大连理工大学范悦，中国建筑西北设计研究院赵元超，中国建筑东北设计研究院赵成中，浙江大学徐雷，淡士伦建筑师事务所曹亮功，浙江省建筑设计研究院曹跃进，华东建筑设计研究院黄秋平，中国建筑科学研究院薛明，秘书长由住房城乡建设部人事司人员担任。

【教育部组建全国住房和城乡建设职业教育教学指导委员会】2015年6月，教育部印发《关于公布全国行业职业教育教学指导委员会（2015—2019年）组成人员的通知》（教职成函〔2015〕9号），组建相关行业职业教育教学指导委员会（行指委），任期四年，至2019年12月31日。其中，住房和城乡建设职业教育教学指导委员会负责住房和城乡建设职业教育的研究、指导、咨询和服务工作，由58人组成。主任委员由住房城乡建设部人事司陈宜明担任；副主任委员4名，由住房城乡建设部人事司赵琦、陈付，中国建设教育协会朱光，四川建筑职业技术学院吴泽担任；秘书长由四川建筑职业技术学院胡兴福担任；委员52名，名单如下：中国建设教育协会胡晓光，江苏城乡建设职业学院王伟，辽宁建筑职业学院王丽，广州中望龙腾软件股份有限公司王长民，河南省建筑工程学校王立霞，中国城市建设研究院有限公司王磐岩，山西省建筑工程技术学校任雁飞，广联达软件股份有限公司刘谦，中国建筑工程总公司刘晓初，湖北城市建设职业技术学院危道军，北京燃气集团燃气学院吕瀛，湖南城建职业技术学院朱向军，上海市城市建设工程学校朱迎迎，邢台职业技术学院许光，浙江建设职业技术学院何辉，江苏建筑职业技术学院吴光林，中国建设工程造价管理协会吴佐民，杨凌职业技术学院张迪，南京工业职业技术学院张小明，深圳市松大科技有限公司张彦礼，广州市交通运输职业学校张燕文，广州市市政职业学校杨玉衡，上海市建筑工程学校杨秀方，住房城乡建设部人力资源开发中心杨彦奎，同济大学沈晔，四川省绵阳水利电力学校肖伦斌，辽宁城市建设职业技术学院陈晓军，上海城市管理职业技术学院陈锡宝，广西城市建设学校陈静玲，江苏农林职业技术学院周兴元，江苏建筑职业技术学院季翔，武汉职业技术学院武敬，江西省建筑工业学校罗小毛，广州市土地房产管理职业学校郑细珠，中国建筑工业出版社咸大庆，中亿丰建设集团股份有限公司宫长义，河北城乡建设学校贺海宏，黑龙江建筑职业技术学院赵研，内蒙古建筑职业技术学院徐建平，上海市公用事业学校柴虹亮，常州工程职业技术学院袁洪志，国家开放大学郭鸿，山西建筑职业技术学院符里刚，内蒙古建筑职业技术学院银花，广州市建筑工程职业学校黄民权，江苏城乡建设职业学院黄志良，南宁职业技术学院黄春波，中国建筑业协会景万，黑龙江建筑职业技术学院景海河，河南省建筑工程学校韩应江，山东城市建设职业学院韩培江，云南建设学校廖春洪。

【全国住房和城乡建设职业教育教学指导委员会组建专业类指导委员会】根据《教育部关于公布全国行业职业教育教学指导委员会（2015—2019年）组成

人员的通知》（教职成函［2015］9号）及有关规定，全国住房和城乡建设职业教育教学指导委员会（行指委）组建了6个专业类指导委员会，分别是：建筑与规划类专业指导委员会、土建施工类专业指导委员会、建筑设备类专业指导委员会、工程管理类专业指导委员会、市政工程类专业指导委员会、房地产类专业指导委员会。

【全国住房和城乡建设职业教育教学指导委员会建筑与规划类专业指导委员会组成人员名单】建筑与规划类专业指导委员会主持学校为江苏建筑职业技术学院，主任委员为江苏建筑职业技术学院季翔；副主任委员3人，分别为（按姓氏笔画排序）：湖南城建职业技术学院朱向军，上海市城市建设工程学校朱迎迎，江苏农林职业技术学院周兴元；委员23人，名单如下（按姓氏笔画排序）：江苏城乡建设职业学院王伟，广西建设职业技术学院甘翔云，山西建筑职业技术学院冯美宇，长沙环境保护职业技术学院吕文明，山西省建筑工程技术学校任雁飞，辽宁城市建设职业技术学院刘艳芳，宁波工程学院刘超英，上海城市管理职业技术学院李进，黑龙江建筑职业技术学院李宏，甘肃建筑职业技术学院李君宏，哈尔滨职业技术学院李晓琳，内蒙古建筑职业技术学院杨青山，重庆建筑工程职业学院吴国雄，黎明职业大学陈卫华，上海建峰职业技术学院周培元，杨凌职业技术学院赵建民，四川建筑职业技术学院钟建，浙江建设职业技术学院徐哲民，湖北城市建设职业技术学院高卿，江苏建筑职业技术学院黄立营（兼秘书），南宁职业技术学院黄春波，辽宁建筑职业学院鲁毅，山东城市建设职业技术学院解万玉。

【全国住房和城乡建设职业教育教学指导委员会土建施工类专业指导委员会组成人员名单】土建施工类专业指导委员会主持学校为黑龙江建筑职业技术学院，主任委员为黑龙江建筑职业技术学院景海河；副主任委员4人，分别为（按姓氏笔画排序）：湖北城市建设职业技术学院危道军，上海市建筑工程学校杨秀方，杨凌职业技术学院张迪，黑龙江建筑职业技术学院赵研（兼秘书）；委员26人，名单如下（按姓氏笔画排序）：北京工业职业技术学院王强，黄河水利职业技术学院王付全，新疆建设职业技术学院石建平，成都航空职业技术学院冯光灿，黄冈职业技术学院刘晓敏，青海建筑职业技术学院刘海峰，辽宁建筑职业技术学院孙玉红，昆明冶金高等专科学校杜绍堂，内蒙古建筑职业技术学院李仙兰，绵阳职业技术学院肖伦斌，四川建筑职业技术学院吴明军，河南建筑职业技术学院吴承霞，浙江建设职业技术学院沙玲，山西建筑职业技术学院宋岩丽，深圳职业技术学院张伟，江苏建筑职业技术学院陈年和，泰州职业技术学院陈红秋，广东工程职业技术学院赵冬，广东建设职业技术学院赵鹏飞，内蒙古机电职业技术学院郝俊，石家庄铁路职业技术学院战启芳，邯郸职业技术学院钟芳林，浙江省建筑安装高级技工学校钱正海，上海建峰职业技术学院徐辉，广州市建筑工程职业学校黄民权，云南建设学校廖春洪。

【全国住房和城乡建设职业教育教学指导委员会建筑设备类专业指导委员会组成人员名单】建筑设备类专业指导委员会主持学校为山西建筑职业技术学院，主任委员为山西建筑职业技术学院符里刚；副主任委员3人，分别为（按姓氏笔画排序）：江苏建筑职业技术学院吴光林，南京工业职业技术学院张小明，上海市公用事业学校柴虹亮；委员21人，名单如下（按姓氏笔画排序）：辽宁建筑职业学院王丽，贵州建设职业技术学院王昌辉，江苏城乡建设职业学院王建玉，江西建设职业技术学院朱繁，新疆建设职业技术学院汤万龙，成都航空职业技术学院杨婉，宁夏建设职业技术学院吴晓辉，青海建筑职业技术学院余增元，山西建筑职业技术学院张炯（兼秘书），内蒙古建筑职业技术学院张汉军，广州市交通运输职业学校张燕文，广东建设职业技术学院陈光荣，浙江交通职业技术学院金湖庭，山东城市建设职业学院高绍远，浙江建设职业技术学院黄亦沄，广西建设职业技术学院彭红圃，黑龙江建筑职业技术学院董娟，天津国土资源和房屋职业学院蒋英，河南建筑职业技术学院韩应江，新疆安装工程学校翟艳，四川建筑职业技术学院颜凌云。

【全国住房和城乡建设职业教育教学指导委员会工程管理类专业指导委员会组成人员名单】工程管理类专业指导委员会主持学校为四川建筑职业技术学院，主任委员为四川建筑职业技术学院胡兴福，副主任委员4人，分别为（按姓氏笔画排序）：河北城乡建设学校贺海宏，国家开放大学郭鸿，江苏城乡建设职业学院黄志良，内蒙古建筑职业技术学院银花；委员20人，名单如下（按姓氏笔画排序）：辽宁城市建设职业技术学院王斌，河南建筑职业技术学院王立霞，广西建设职业技术学院文桂萍，山西建筑职业技术学院田恒久，湖北城市建设职业技术学院华均，江西建设职业技术学院刘小庆，山东科技职业学院齐景华，日照职业技术学院孙刚，黑龙江建筑职业技术学院吴耀伟，江西工业贸易职业技术学院何隆权，湖南高速铁路职业技术学院陈安生，黎明职业大学陈俊峰，常州工程职业技术学院郑慧虹，湖南城建职业技术学院胡六星，济南工程职业技术学院侯洪涛，四川建筑职业技术学院袁建新（兼秘书），深圳职业技术学院夏清东，江苏建筑职业技术学院郭起剑，重庆建筑工程职业学院黄春蕾，重庆工贸职业技术学院程媛。

【全国住房和城乡建设职业教育教学指导委员会市政工程类专业指导委员会组成人员名单】市政工程类专业指导委员会主持学校为内蒙古建筑职业技术学院，主任委员内蒙古建筑职业技术学院徐建平；副主任委员3人，分别为（按姓氏笔画排序）：邢台职业技术学院许光，辽宁城市建设职业技术学院陈晓军，山东城市建设职业学院韩培江；委员 21 人，名单如下（按姓氏笔画排序）：宁夏建设职业技术学院马精凭，深圳职业技术学院邓爱华，黑龙江建筑职业技术学院边喜龙，浙江建设职业技术学院朱勇年，包头铁道职业技术学院闫宏生，江西建设职业技术学院李汉华，广州市市政职业技术学院杨玉衡，四川建筑职业技术学院杨转运，甘肃建筑职业技术学院邱琴忠，上海城市管理职业技术学院张弘，河南交通职业技术学院张鹏，贵州交通职业技术学院张玉杰，江苏建筑职业技术学院张宝军，重庆建筑工程职业学院张银会，广西城市建设学校陈静玲，陕西铁路工程职业技术学院罗建华，上海市公用事业学校季强，青海建筑职业技术学院庚汉成，安徽交通职业技术学院章劲松，重庆工程职业技术学院游普元，内蒙古建筑职业技术学院谭翠萍 (兼秘书)。

【全国住房和城乡建设职业教育教学指导委员会房地产类专业指导委员会组成人员名单】房地产类专业指导委员会主持学校为浙江建设职业技术学院，主任委员为浙江建设职业技术学院何辉；副主任委员 3 人，分别为（按姓氏笔画排序）：上海城市管理职业技术学院陈锡宝，武汉职业技术学院武敬，广州市土地房产管理职业学校郑细珠；委员 18 人，名单如下（按姓氏笔画排序）：天津国土资源和房屋职业学院王钊，四川建筑职业技术学院邓培林，山西建筑职业技术学院冯占红，湖南城建职业技术学院刘霁，青岛市房地产职业中等专业学校刘合森，宁夏建设职业技术学院孙建萍，甘肃建筑职业技术学院杨晶，江苏建筑职业技术学院杨锐，上海建峰职业技术学院杨光辉，黑龙江建筑职业技术学院谷学良，浙江建设职业技术学院陈旭平（兼秘书），南京工业职业技术学院陈林杰，桂林师范高等专科学校陈慕杰，上海市房地产学校周建华，新疆建设职业技术学院孟庆杰，广东建设职业技术学院章鸿雁，内蒙古建筑职业技术学院斯庆，长沙民政职业技术学院谢希钢。

【2014—2015 年度高等学校建筑学专业教育评估工作】2015 年，全国高等学校建筑学专业教育评估委员会对湖南大学、合肥工业大学、郑州大学、大连理工大学、武汉理工大学、厦门大学、安徽建筑大学、西安交通大学、烟台大学、天津城建大学、新疆大学、福建工程学院、河南工业大学等 13 所学校的建筑学专业教育进行了评估。评估委员会全体委员对各学校的自评报告进行了审阅，于 5 月派遣视察小组进校实地视察。之后，经评估委员会全体会议讨论并投票表决，做出了评估结论并报送国务院学位委员会。9 月，国务院学位委员会印发《关于批准湖南大学等高等学校开展建筑学学士、硕士专业学位授予工作的通知》（学位 [2015] 31 号），授权这些高校行使或继续行使建筑学专业学位授予权。2015 年高校建筑学专业评估结论如表 5-1 所示。

2015 年高校建筑学专业评估结论　　　　　　表 5-1

序号	学校	专业	授予学位	合格有效期		备注
				本科	硕士研究生	
1	湖南大学	建筑学	学士、硕士	7 年 (2015.5～2022.5)	7 年 (2015.5～2022.5)	复评
2	合肥工业大学	建筑学	学士、硕士	7 年 (2015.5～2022.5)	7 年 (2015.5～2022.5)	复评
3	郑州大学	建筑学	学士、硕士	4 年 (2015.5～2019.5)	4 年 (2015.5～2019.5)	复评
4	大连理工大学	建筑学	学士、硕士	7 年 (2015.5～2022.5)	7 年 (2015.5～2022.5)	复评
5	武汉理工大学	建筑学	学士、硕士	4 年 (2015.5～2019.5)	4 年 (2015.5～2019.5)	复评
6	厦门大学	建筑学	学士、硕士	4 年 (2015.5～2019.5)	4 年 (2015.5～2019.5)	复评
7	安徽建筑大学	建筑学	学士	4 年 (2015.5～2019.5)	—	复评
8	西安交通大学	建筑学	学士、硕士	4 年 (2015.5～2019.5)	4 年 (2015.5～2019.5)	复评
9	烟台大学	建筑学	学士	4 年 (2015.5～2019.5)	—	复评
10	天津城建大学	建筑学	学士、硕士	4 年 (2015.5～2019.5)	4 年 (2015.5～2019.5)	学士复评 硕士初评
11	新疆大学	建筑学	学士	4 年 (2015.5～2019.5)	—	初评
12	福建工程学院	建筑学	学士	4 年 (2015.5～2019.5)	—	初评
13	河南工业大学	建筑学	学士	有条件 4 年 (2015.5～2019.5)	—	初评

　　截至 2015 年 5 月，全国共有 56 所高校建筑学专业通过专业教育评估，受权行使建筑学专业学位（包括建筑学学士和建筑学硕士）授予权，其中具有建筑学学士学位授予权的有 55 个专业点，具有建筑学硕士学位授予权的有 35 个专业点。详见表 5-2。

高校建筑学专业教育评估通过学校和有效期情况统计表　　表 5-2
（截至 2015 年 5 月，按首次通过评估时间排序）

序号	学校	本科合格有效期	硕士合格有效期	首次通过评估时间
1	清华大学	2011.5 ~ 2018.5	2011.5 ~ 2018.5	1992.5
2	同济大学	2011.5 ~ 2018.5	2011.5 ~ 2018.5	1992.5
3	东南大学	2011.5 ~ 2018.5	2011.5 ~ 2018.5	1992.5
4	天津大学	2011.5 ~ 2018.5	2011.5 ~ 2018.5	1992.5
5	重庆大学	2013.5 ~ 2020.5	2013.5 ~ 2020.5	1994.5
6	哈尔滨工业大学	2013.5 ~ 2020.5	2013.5 ~ 2020.5	1994.5
7	西安建筑科技大学	2013.5 ~ 2020.5	2013.5 ~ 2020.5	1994.5
8	华南理工大学	2013.5 ~ 2020.5	2013.5 ~ 2020.5	1994.5
9	浙江大学	2011.5 ~ 2018.5	2011.5 ~ 2018.5	1996.5
10	湖南大学	2015.5 ~ 2022.5	2015.5 ~ 2022.5	1996.5
11	合肥工业大学	2015.5 ~ 2022.5	2015.5 ~ 2022.5	1996.5
12	北京建筑大学	2012.5 ~ 2019.5	2012.5 ~ 2019.5	1996.5
13	深圳大学	2012.5 ~ 2016.5	2012.5 ~ 2016.5	本科 1996.5/ 硕士 2012.5
14	华侨大学	2012.5 ~ 2016.5	2012.5 ~ 2016.5	1996.5
15	北京工业大学	2014.5 ~ 2018.5	2014.5 ~ 2018.5	本科 1998.5/ 硕士 2010.5
16	西南交通大学	2014.5 ~ 2021.5	2014.5 ~ 2021.5	本科 1998.5/ 硕士 2004.5
17	华中科技大学	2014.5 ~ 2021.5	2014.5 ~ 2021.5	1999.5
18	沈阳建筑大学	2011.5 ~ 2018.5	2011.5 ~ 2018.5	1999.5
19	郑州大学	2015.5 ~ 2019.5	2015.5 ~ 2019.5	本科 1999.5/ 硕士 2011.5
20	大连理工大学	2015.5 ~ 2022.5	2015.5 ~ 2022.5	2000.5
21	山东建筑大学	2012.5 ~ 2019.5	2012.5 ~ 2016.5	本科 2000.5/ 硕士 2012.5
22	昆明理工大学	2013.5 ~ 2017.5	2013.5 ~ 2017.5	本科 2001.5/ 硕士 2009.5
23	南京工业大学	2014.5 ~ 2018.5	2014.5 ~ 2018.5	本科 2002.5/ 硕士 2014.5
24	吉林建筑大学	2014.5 ~ 2018.5	2014.5 ~ 2018.5	本科 2002.5/ 硕士 2014.5
25	武汉理工大学	2015.5 ~ 2019.5	2015.5 ~ 2019.5	本科 2003.5/ 硕士 2011.5
26	厦门大学	2015.5 ~ 2019.5	2015.5 ~ 2019.5	本科 2003.5/ 硕士 2007.5
27	广州大学	2012.5 ~ 2016.5	—	2004.5
28	河北工程大学	2012.5 ~ 2016.5	—	2004.5

续表

序号	学校	本科合格有效期	硕士合格有效期	首次通过评估时间
29	上海交通大学	2014.5 ~ 2018.5	—	2006.6
30	青岛理工大学	2014.5 ~ 2018.5	2014.5 ~ 2018.5	本科 2006.6/ 硕士 2014.5
31	安徽建筑大学	2015.5 ~ 2019.5	—	2007.5
32	西安交通大学	2015.5 ~ 2019.5	2015.5 ~ 2019.5	本科 2007.5/ 硕士 2011.5
33	南京大学	—	2011.5 ~ 2018.5	2007.5
34	中南大学	2012.5 ~ 2016.5	2012.5 ~ 2016.5	本科 2008.5/ 硕士 2012.5
35	武汉大学	2012.5 ~ 2016.5	2012.5 ~ 2016.5	2008.5
36	北方工业大学	2012.5 ~ 2016.5	2014.5 ~ 2018.5	本科 2008.5/ 硕士 2014.5
37	中国矿业大学	2012.5 ~ 2016.5	—	2008.5
38	苏州科技学院	2012.5 ~ 2016.5	—	2008.5
39	内蒙古工业大学	2013.5 ~ 2017.5	2013.5 ~ 2017.5	本科 2009.5/ 硕士 2013.5
40	河北工业大学	2013.5 ~ 2017.5	—	2009.5
41	中央美术学院	2013.5 ~ 2017.5	—	2009.5
42	福州大学	2014.5 ~ 2018.5	—	2010.5
43	北京交通大学	2014.5 ~ 2018.5	2014.5 ~ 2018.5	本科 2010.5/ 硕士 2014.5
44	太原理工大学	2014.5 ~ 2018.5 （有条件）	—	2010.5
45	浙江工业大学	2014.5 ~ 2018.5	—	2010.5
46	烟台大学	2015.5 ~ 2019.5	—	2011.5
47	天津城建大学	2015.5 ~ 2019.5	2015.5 ~ 2019.5	本科 2011.5/ 硕士 2015.5
48	西北工业大学	2012.5 ~ 2016.5	—	2012.5
49	南昌大学	2013.5 ~ 2017.5	—	2013.5
50	广东工业大学	2014.5 ~ 2018.5	—	2014.5
51	四川大学	2014.5 ~ 2018.5	—	2014.5
52	内蒙古科技大学	2014.5 ~ 2018.5	—	2014.5
53	长安大学	2014.5 ~ 2018.5	—	2014.5
54	新疆大学	2015.5 ~ 2019.5	—	2015.5
55	福建工程学院	2015.5 ~ 2019.5	—	2015.5
56	河南工业大学	2015.5 ~ 2019.5 （有条件）	—	2015.5

【2014—2015年度高等学校城乡规划专业教育评估工作】2015年，住房和城乡建设部高等教育城乡规划专业评估委员会对北京建筑大学、广州大学、北京大学、青岛理工大学、天津城建大学、四川大学、广东工业大学、长安大学、郑州大学等9所学校的城乡规划专业进行了评估。评估委员会全体委员对各校的自评报告进行了审阅，于5月派遣视察小组进校实地视察。经评估委员会全体会议讨论并投票表决，做出了评估结论，见表5-3。

2015年高校城乡规划专业评估结论 表5-3

序号	学校	专业	授予学位	合格有效期		备注
				本科	硕士研究生	
1	北京建筑大学	城乡规划	学士	4年（2015.5～2019.5）	在有效期内	复评
2	广州大学	城乡规划	学士	4年（2015.5～2019.5）	—	复评
3	北京大学	城乡规划	学士	6年（2015.5～2021.5）	—	复评
4	青岛理工大学	城乡规划	学士	4年（2015.5～2019.5）	—	初评
5	天津城建大学	城乡规划	学士	4年（2015.5～2019.5）	—	初评
6	四川大学	城乡规划	学士	4年（2015.5～2019.5）	—	初评
7	广东工业大学	城乡规划	学士	4年（2015.5～2019.5）	—	初评
8	长安大学	城乡规划	学士	4年（2015.5～2019.5）	—	初评
9	郑州大学	城乡规划	学士	4年（2015.5～2019.5）	—	初评

截至2015年5月，全国共有42所高校的城乡规划专业通过专业评估，其中本科专业点41个，硕士研究生专业点25个。详见表5-4。

高校城乡规划专业评估通过学校和有效期情况统计表 表5-4
（截至2015年5月，按首次通过评估时间排序）

序号	学校	本科合格有效期	硕士合格有效期	首次通过评估时间
1	清华大学	—	2010.5～2016.5	1998.6
2	东南大学	2010.5～2016.5	2010.5～2016.5	1998.6
3	同济大学	2010.5～2016.5	2010.5～2016.5	1998.6
4	重庆大学	2010.5～2016.5	2010.5～2016.5	1998.6
5	哈尔滨工业大学	2010.5～2016.5	2010.5～2016.5	1998.6
6	天津大学	2010.5～2016.5	2010.5～2016.5（2006年6月～2010年5月硕士研究生教育不在有效期内）	2000.6
7	西安建筑科技大学	2012.5～2018.5	2012.5～2018.5	2000.6

序号	学校	本科合格有效期	硕士合格有效期	首次通过评估时间
8	华中科技大学	2012.5 ~ 2018.5	2012.5 ~ 2018.5	本科2000.6/硕士2006.6
9	南京大学	2014.5 ~ 2020.5（2006年6月~2008年5月本科教育不在有效期内）	2014.5 ~ 2020.5	2002.7
10	华南理工大学	2014.5 ~ 2020.5	2014.5 ~ 2020.5	2002.6
11	山东建筑大学	2014.5 ~ 2020.5	2014.5 ~ 2020.5	本科2004.6/硕士2012.5
12	西南交通大学	2010.5 ~ 2016.5	2014.5 ~ 2018.5	本科2006.6/硕士2014.5
13	浙江大学	2010.5 ~ 2016.5	2012.5 ~ 2016.5	本科2006.6/硕士2012.5
14	武汉大学	2012.5 ~ 2018.5	2012.5 ~ 2018.5	2008.5
15	湖南大学	2012.5 ~ 2018.5	2012.5 ~ 2016.5	本科2008.5/硕士2012.5
16	苏州科技学院	2012.5 ~ 2018.5	2014.5 ~ 2018.5	本科2008.5/硕士2014.5
17	沈阳建筑大学	2012.5 ~ 2018.5	2012.5 ~ 2018.5	本科2008.5/硕士2012.5
18	安徽建筑大学	2012.5 ~ 2016.5	—	2008.5
19	昆明理工大学	2012.5 ~ 2016.5	2012.5 ~ 2016.5	本科2008.5/硕士2012.5
20	中山大学	2013.5 ~ 2017.5	—	2009.5
21	南京工业大学	2013.5 ~ 2017.5	2013.5 ~ 2017.5	本科2009.5/硕士2013.5
22	中南大学	2013.5 ~ 2017.5	2013.5 ~ 2017.5	本科2009.5/硕士2013.5
23	深圳大学	2013.5 ~ 2017.5	2013.5 ~ 2017.5	本科2009.5/硕士2013.5
24	西北大学	2013.5 ~ 2017.5	2013.5 ~ 2017.5	2009.5
25	大连理工大学	2014.5 ~ 2020.5	2014.5 ~ 2018.5	本科2010.5/硕士2014.5
26	浙江工业大学	2014.5 ~ 2018.5	—	2010.5
27	北京建筑大学	2015.5 ~ 2019.5	2013.5 ~ 2017.5	本科2011.5/硕士2013.5
28	广州大学	2015.5 ~ 2019.5	—	2011.5
29	北京大学	2015.5 ~ 2021.5	—	2011.5
30	福建工程学院	2012.5 ~ 2016.5	—	2012.5
31	福州大学	2013.5 ~ 2017.5	—	2013.5
32	湖南城市学院	2013.5 ~ 2017.5	—	2013.5
33	北京工业大学	2014.5 ~ 2018.5	2014.5 ~ 2018.5	2014.5
34	华侨大学	2014.5 ~ 2018.5	—	2014.5
35	云南大学	2014.5 ~ 2018.5	—	2014.5
36	吉林建筑大学	2014.5 ~ 2018.5	—	2014.5
37	青岛理工大学	2015.5 ~ 2019.5	—	2015.5

续表

序号	学校	本科合格有效期	硕士合格有效期	首次通过评估时间
38	天津城建大学	2015.5 ~ 2019.5	—	2015.5
39	四川大学	2015.5 ~ 2019.5	—	2015.5
40	广东工业大学	2015.5 ~ 2019.5	—	2015.5
41	长安大学	2015.5 ~ 2019.5	—	2015.5
42	郑州大学	2015.5 ~ 2019.5	—	2015.5

【2014—2015 年度高等学校土木工程专业教育评估工作】2015 年，住房和城乡建设部高等教育土木工程专业评估委员会对西南交通大学、广州大学、中国矿业大学、苏州科技学院、西安交通大学、南昌大学、重庆交通大学、西安科技大学、东北林业大学、南京航空航天大学、广东工业大学、河南工业大学、黑龙江工程学院、南京理工大学、宁波工程学院、华东交通大学等 16 所学校的土木工程专业进行了评估。评估委员会全体委员对各校的自评报告进行了审阅，于 5 月派遣视察小组进校实地视察。经评估委员会全体会议讨论并投票表决，做出了评估结论，见表 5-5。

2015 年高校土木工程专业评估结论　　　　表 5-5

序号	学校	专业	授予学位	合格有效期	备注
1	西南交通大学	土木工程	学士	六年（2015.5 ~ 2021.5）	复评
2	广州大学	土木工程	学士	六年（2015.5 ~ 2021.5）	复评
3	中国矿业大学	土木工程	学士	六年（2015.5 ~ 2021.5）	复评
4	苏州科技学院	土木工程	学士	六年（2015.5 ~ 2021.5）	复评
5	西安交通大学	土木工程	学士	中期检查通过（2012.5 ~ 2017.5）	中期检查
6	南昌大学	土木工程	学士	六年（2015.5 ~ 2021.5）	复评
7	重庆交通大学	土木工程	学士	六年（2015.5 ~ 2021.5）	复评
8	西安科技大学	土木工程	学士	六年（2015.5 ~ 2021.5）	复评
9	东北林业大学	土木工程	学士	六年（2015.5 ~ 2021.5）	复评
10	南京航空航天大学	土木工程	学士	三年（2015.5 ~ 2018.5）	初评
11	广东工业大学	土木工程	学士	三年（2015.5 ~ 2018.5）	初评
12	河南工业大学	土木工程	学士	三年（2015.5 ~ 2018.5）	初评
13	黑龙江工程学院	土木工程	学士	三年（2015.5 ~ 2018.5）	初评
14	南京理工大学	土木工程	学士	三年（2015.5 ~ 2018.5）	初评
15	宁波工程学院	土木工程	学士	三年（2015.5 ~ 2018.5）	初评
16	华东交通大学	土木工程	学士	三年（2015.5 ~ 2018.5）	初评

截至2015年5月，全国共有85所高校的土木工程专业通过评估。详见表5-6。

高校土木工程专业评估通过学校和有效期情况统计表　　　　表5-6
（截至2015年5月，按首次通过评估时间排序）

序号	学校	本科合格有效期	首次通过评估时间	序号	学校	本科合格有效期	首次通过评估时间
1	清华大学	2013.5 ~ 2021.5	1995.6	19	北京交通大学	2009.5 ~ 2017.5	1999.6
2	天津大学	2013.5 ~ 2021.5	1995.6	20	大连理工大学	2009.5 ~ 2017.5	1999.6
3	东南大学	2013.5 ~ 2021.5	1995.6	21	上海交通大学	2009.5 ~ 2017.5	1999.6
4	同济大学	2013.5 ~ 2021.5	1995.6	22	河海大学	2009.5 ~ 2017.5	1999.6
5	浙江大学	2013.5 ~ 2021.5	1995.6	23	武汉大学	2009.5 ~ 2017.5	1999.6
6	华南理工大学	2010.5 ~ 2018.5	1995.6	24	兰州理工大学	2014.5 ~ 2020.5	2001.6
7	重庆大学	2013.5 ~ 2021.5	1995.6	25	三峡大学	2011.5 ~ 2016.5（2004年6月~2006年6月不在有效期内）	2002.6
8	哈尔滨工业大学	2013.5 ~ 2021.5	1995.6	26	南京工业大学	2011.5 ~ 2019.5	2002.6
9	湖南大学	2013.5 ~ 2021.5	1995.6	27	石家庄铁道大学	2012.5 ~ 2017.5（2006年6月~2007年5月不在有效期内）	2003.6
10	西安建筑科技大学	2013.5 ~ 2021.5	1995.6	28	北京工业大学	2012.5 ~ 2017.5	2002.6
11	沈阳建筑大学	2012.5 ~ 2020.5	1997.6	29	兰州交通大学	2012.5 ~ 2020.5	2002.6
12	郑州大学	2012.5 ~ 2017.5	1997.6	30	山东建筑大学	2013.5 ~ 2018.5	2003.6
13	合肥工业大学	2012.5 ~ 2020.5	1997.6	31	河北工业大学	2014.5 ~ 2020.5（2008年5月~2009年5月不在有效期内）	2003.6
14	武汉理工大学	2012.5 ~ 2017.5	1997.6	32	福州大学	2013.5 ~ 2018.5	2003.6
15	华中科技大学	2013.5 ~ 2021.5	1997.6	33	广州大学	2015.5 ~ 2021.5	2005.6
16	西南交通大学	2015.5 ~ 2021.5	1997.6	34	中国矿业大学	2015.5 ~ 2021.5	2005.6
17	中南大学	2014.5 ~ 2020.5（2002年6月~2004年6月不在有效期内）	1997.6	35	苏州科技学院	2015.5 ~ 2021.5	2005.6
18	华侨大学	2012.5 ~ 2017.5	1997.6	36	北京建筑大学	2011.5 ~ 2016.5	2006.6

续表

序号	学校	本科合格有效期	首次通过评估时间	序号	学校	本科合格有效期	首次通过评估时间
37	吉林建筑大学	2011.5～2016.5	2006.6	62	盐城工学院	2012.5～2017.5	2012.5
38	内蒙古科技大学	2011.5～2016.5	2006.6	63	桂林理工大学	2012.5～2017.5	2012.5
39	长安大学	2011.5～2016.5	2006.6	64	燕山大学	2012.5～2017.5	2012.5
40	广西大学	2011.5～2016.5	2006.6	65	暨南大学	2012.5～2017.5	2012.5
41	昆明理工大学	2012.5～2017.5	2007.5	66	浙江科技学院	2012.5～2017.5	2012.5
42	西安交通大学	2012.5～2017.5	2007.5	67	湖北工业大学	2013.5～2018.5	2013.5
43	华北水利水电大学	2012.5～2017.5	2007.5	68	宁波大学	2013.5～2018.5	2013.5
44	四川大学	2012.5～2017.5	2007.5	69	长春工程学院	2013.5～2018.5	2013.5
45	安徽建筑大学	2012.5～2017.5	2007.5	70	南京林业大学	2013.5～2018.5	2013.5
46	浙江工业大学	2013.5～2018.5	2008.5	71	新疆大学	2014.5～2017.5	2014.5
47	解放军理工大学	2013.5～2018.5	2008.5	72	长江大学	2014.5～2017.5	2014.5
48	西安理工大学	2013.5～2018.5	2008.5	73	烟台大学	2014.5～2017.5	2014.5
49	长沙理工大学	2014.5～2020.5	2009.5	74	汕头大学	2014.5～2017.5	2014.5
50	天津城建大学	2014.5～2020.5	2009.5	75	厦门大学	2014.5～2017.5	2014.5
51	河北建筑工程学院	2014.5～2020.5	2009.5	76	成都理工大学	2014.5～2017.5	2014.5
52	青岛理工大学	2014.5～2020.5	2009.5	77	中南林业科技大学	2014.5～2017.5	2014.5
53	南昌大学	2015.5～2021.5	2010.5	78	福建工程学院	2014.5～2017.5	2014.5
54	重庆交通大学	2015.5～2021.5	2010.5	79	南京航空航天大学	2015.5～2018.5	2015.5
55	西安科技大学	2015.5～2021.5	2010.5	80	广东工业大学	2015.5～2018.5	2015.5
56	东北林业大学	2015.5～2021.5	2010.5	81	河南工业大学	2015.5～2018.5	2015.5
57	山东大学	2011.5～2016.5	2011.5	82	黑龙江工程学院	2015.5～2018.5	2015.5
58	太原理工大学	2011.5～2016.5	2011.5	83	南京理工大学	2015.5～2018.5	2015.5
59	内蒙古工业大学	2012.5～2017.5	2012.5	84	宁波工程学院	2015.5～2018.5	2015.5
60	西南科技大学	2012.5～2017.5	2012.5	85	华东交通大学	2015.5～2018.5	2015.5
61	安徽理工大学	2012.5～2017.5	2012.5	—	—	—	—

【2014—2015 年度高等学校建筑环境与能源应用工程专业教育评估工作】
2015 年，住房和城乡建设部高等教育建筑环境与能源应用工程专业评估委员会
对山东建筑大学、北京建筑大学、南京理工大学、西南科技大学、河南城建学
院等 5 所学校的建筑环境与能源应用工程专业进行了评估。评估委员会全体委
员对学校的自评报告进行了审阅，于 5 月份派遣视察小组进校实地视察。经评
估委员会全体会议讨论并投票表决，做出了评估结论，见表 5～7。

2015 年高校建筑环境与能源应用工程专业评估结论　　　表 5-7

序号	学校	专业	授予学位	合格有效期	备注
1	山东建筑大学	建筑环境与能源应用工程	学士	五年（2015.5～2020.5）	复评
2	北京建筑大学	建筑环境与能源应用工程	学士	五年（2015.5～2020.5）	复评
3	南京理工大学	建筑环境与能源应用工程	学士	五年（2015.5～2020.5）	复评
4	西南科技大学	建筑环境与能源应用工程	学士	五年（2015.5～2020.5）	初评
5	河南城建学院	建筑环境与能源应用工程	学士	五年（2015.5～2020.5）	初评

截至 2015 年 5 月，全国共有 33 所高校的建筑环境与能源应用工程专业通
过评估。详见表 5-8。

高校建筑环境与能源应用工程专业评估通过学校和有效期情况统计表　　　表 5-8
（截至 2015 年 5 月，按首次通过评估时间排序）

序号	学校	本科合格有效期	首次通过评估时间	序号	学校	本科合格有效期	首次通过评估时间
1	清华大学	2012.5～2017.5	2002.5	8	湖南大学	2013.5～2018.5	2005.6
2	同济大学	2012.5～2017.5	2002.5	9	西安建筑科技大学	2014.5～2019.5	2004.5
3	天津大学	2012.5～2017.5	2002.5	10	山东建筑大学	2015.5～2020.5	2005.6
4	哈尔滨工业大学	2012.5～2017.5	2002.5	11	北京建筑大学	2015.5～2020.5	2005.6
5	重庆大学	2012.5～2017.5	2002.5	12	华中科技大学	2011.5～2016.5（2010 年 5 月～2011 年 5 月不在有效期内）	2005.6
6	解放军理工大学	2013.5～2018.5	2003.5	13	中原工学院	2011.5～2016.5	2009.5
7	东华大学	2013.5～2018.5	2003.5	14	广州大学	2011.5～2016.5	2010.5

续表

序号	学校	本科合格有效期	首次通过评估时间	序号	学校	本科合格有效期	首次通过评估时间
15	北京工业大学	2011.5 ~ 2016.5	2006.6	25	西安交通大学	2011.5 ~ 2016.5	2011.5
16	沈阳建筑大学	2012.5 ~ 2017.5	2007.6	26	兰州交通大学	2011.5 ~ 2016.5	2011.5
17	南京工业大学	2012.5 ~ 2017.5	2007.6	27	天津城建大学	2011.5 ~ 2016.5	2011.5
18	长安大学	2013.5 ~ 2018.5	2008.5	28	大连理工大学	2012.5 ~ 2017.5	2012.5
19	吉林建筑大学	2014.5 ~ 2019.5	2009.5	29	上海理工大学	2012.5 ~ 2017.5	2012.5
20	青岛理工大学	2014.5 ~ 2019.5	2009.5	30	西南交通大学	2013.5 ~ 2018.5	2013.5
21	河北建筑工程学院	2014.5 ~ 2019.5	2009.5	31	中国矿业大学	2014.5 ~ 2019.5	2014.5
22	中南大学	2014.5 ~ 2019.5	2009.5	32	西南科技大学	2015.5 ~ 2020.5	2015.5
23	安徽建筑大学	2014.5 ~ 2019.5	2009.5	33	河南城建学院	2015.5 ~ 2020.5	2015.5
24	南京理工大学	2015.5 ~ 2020.5	2010.5	—	—	—	—

【2014—2015年度高等学校给排水科学与工程专业教育评估工作】2015年，住房和城乡建设部高等教育给排水科学与工程专业评估委员会对西安建筑科技大学、北京建筑大学、华东交通大学、浙江工业大学、河北建筑工程学院等5所学校的给排水科学与工程专业进行了评估。评估委员会全体委员对各校的自评报告进行了审阅，于5月派遣视察小组进校实地视察。经评估委员会全体会议讨论并投票表决，做出了评估结论，见表5-9。

2015年高校给排水科学与工程专业评估结论　　　　表5-9

序号	学校	专业	授予学位	合格有效期	备注
1	西安建筑科技大学	给排水科学与工程	学士	五年（2015.5 ~ 2020.5）	复评
2	北京建筑大学	给排水科学与工程	学士	五年（2015.5 ~ 2020.5）	复评
3	华东交通大学	给排水科学与工程	学士	五年（2015.5 ~ 2020.5）	复评
4	浙江工业大学	给排水科学与工程	学士	五年（2015.5 ~ 2020.5）	复评
5	河北建筑工程学院	给排水科学与工程	学士	五年（2015.5 ~ 2020.5）	初评

截至2015年5月，全国共有33所高校的给排水科学与工程专业通过评估。详见表5-10。

高校给排水科学与工程专业评估通过学校和有效期情况统计表　　表 5-10
（截至 2015 年 5 月，按首次通过评估时间排序）

序号	学校	本科合格有效期	首次通过评估时间	序号	学校	本科合格有效期	首次通过评估时间
1	清华大学	2014.5～2019.5	2004.5	18	扬州大学	2013.5～2018.5	2008.5
2	同济大学	2014.5～2019.5	2004.5	19	山东建筑大学	2013.5～2018.5	2008.5
3	重庆大学	2014.5～2019.5	2004.5	20	武汉大学	2014.5～2019.5	2009.5
4	哈尔滨工业大学	2014.5～2019.5	2004.5	21	苏州科技学院	2014.5～2019.5	2009.5
5	西安建筑科技大学	2015.5～2020.5	2005.6	22	吉林建筑大学	2014.5～2019.5	2009.5
6	北京建筑大学	2015.5～2020.5	2005.6	23	四川大学	2014.5～2019.5	2009.5
7	河海大学	2011.5～2016.5	2006.6	24	青岛理工大学	2014.5～2019.5	2009.5
8	华中科技大学	2011.5～2016.5	2006.6	25	天津城建大学	2014.5～2019.5	2009.5
9	湖南大学	2011.5～2016.5	2006.6	26	华东交通大学	2015.5～2020.5	2010.5
10	南京工业大学	2012.5～2017.5	2007.5	27	浙江工业大学	2015.5～2020.5	2010.5
11	兰州交通大学	2012.5～2017.5	2007.5	28	昆明理工大学	2011.5～2016.5	2011.5
12	广州大学	2012.5～2017.5	2007.5	29	济南大学	2012.5～2017.5	2012.5
13	安徽建筑大学	2012.5～2017.5	2007.5	30	太原理工大学	2013.5～2018.5	2013.5
14	沈阳建筑大学	2012.5～2017.5	2007.5	31	合肥工业大学	2013.5～2018.5	2013.5
15	长安大学	2013.5～2018.5	2008.5	32	南华大学	2014.5～2019.5	2014.5
16	桂林理工大学	2013.5～2018.5	2008.5	33	河北建筑工程学院	2015.5～2020.5	2015.5
17	武汉理工大学	2013.5～2018.5	2008.5	—	—	—	—

【2014—2015 年度高等学校工程管理专业教育评估工作】2015 年，住房和城乡建设部高等教育工程管理专业评估委员会对华中科技大学、河海大学、华侨大学、深圳大学、苏州科技学院、兰州交通大学、河北建筑工程学院、解放军理工大学、广东工业大学等 9 所学校的工程管理专业进行了评估。评估委员会全体委员对各校的自评报告进行了审阅，于 5 月派遣视察小组进校实地视察。经评估委员会全体会议讨论并投票表决，做出了评估结论。详见表 5-11。

2015 年高校工程管理专业评估结论　　表 5-11

序号	学校	专业	授予学位	合格有效期	备注
1	华中科技大学	工程管理	学士	五年（2015.5～2020.5）	复评
2	河海大学	工程管理	学士	五年（2015.5～2020.5）	复评

续表

序号	学校	专业	授予学位	合格有效期	备注
3	华侨大学	工程管理	学士	五年（2015.5～2020.5）	复评
4	深圳大学	工程管理	学士	五年（2015.5～2020.5）	复评
5	苏州科技学院	工程管理	学士	五年（2015.5～2020.5）	复评
6	兰州交通大学	工程管理	学士	五年（2015.5～2020.5）	复评
7	河北建筑工程学院	工程管理	学士	五年（2015.5～2020.5）	复评
8	解放军理工大学	工程管理	学士	五年（2015.5～2020.5）	初评
9	广东工业大学	工程管理	学士	五年（2015.5～2020.5）	初评

截至 2015 年 5 月，全国共有 37 所高校的工程管理专业通过评估。详见表 5-12。

高校工程管理专业评估通过学校和有效期情况统计表　　　表 5-12
（截至 2015 年 5 月，按首次通过评估时间排序）

序号	学校	本科合格有效期	首次通过评估时间	序号	学校	本科合格有效期	首次通过评估时间
1	重庆大学	2014.5～2019.5	1999.11	16	中南大学	2011.5～2016.5	2006.6
2	哈尔滨工业大学	2014.5～2019.5	1999.11	17	湖南大学	2011.5～2016.5	2006.6
3	西安建筑科技大学	2014.5～2019.5	1999.11	18	沈阳建筑大学	2012.5～2017.5	2007.6
4	清华大学	2014.5～2019.5	1999.11	19	北京建筑大学	2013.5～2018.5	2008.5
5	同济大学	2014.5～2019.5	1999.11	20	山东建筑大学	2013.5～2018.5	2008.5
6	东南大学	2014.5～2019.5	1999.11	21	安徽建筑大学	2013.5～2018.5	2008.5
7	天津大学	2011.5～2016.5	2001.6	22	武汉理工大学	2014.5～2019.5	2009.5
8	南京工业大学	2011.5～2016.5	2001.6	23	北京交通大学	2014.5～2019.5	2009.5
9	广州大学	2013.5～2018.5	2003.6	24	郑州航空工业管理学院	2014.5～2019.5	2009.5
10	东北财经大学	2013.5～2018.5	2003.6	25	天津城建大学	2014.5～2019.5	2009.5
11	华中科技大学	2015.5～2020.5	2005.6	26	吉林建筑大学	2014.5～2019.5	2009.5
12	河海大学	2015.5～2020.5	2005.6	27	兰州交通大学	2015.5～2020.5	2010.5
13	华侨大学	2015.5～2020.5	2005.6	28	河北建筑工程学院	2015.5～2020.5	2010.5
14	深圳大学	2015.5～2020.5	2005.6	29	中国矿业大学	2011.5～2016.5	2011.5
15	苏州科技学院	2015.5～2020.5	2005.6	30	西南交通大学	2011.5～2016.5	2011.5

续表

序号	学校	本科合格有效期	首次通过评估时间	序号	学校	本科合格有效期	首次通过评估时间
31	华北水利水电大学	2012.5 ～ 2017.5	2012.5	35	西南科技大学	2014.5 ～ 2019.5	2014.5
32	三峡大学	2012.5 ～ 2017.5	2012.5	36	解放军理工大学	2015.5 ～ 2020.5	2015.5
33	长沙理工大学	2012.5 ～ 2017.5	2012.5	37	广东工业大学	2015.5 ～ 2020.5	2015.5
34	大连理工大学	2014.5 ～ 2019.5	2014.5	—	—	—	

5.2.1.2 干部教育培训及人才工作

【领导干部和专业技术人员培训工作】2015 年，住房和城乡建设部机关、直属单位和部管社会团体共组织培训班 329 项，721 个班次，培训住房和城乡建设系统领导干部和专业技术人员 89235 人次。受中组部委托，住房和城乡建设部举办全国市长研究班 6 期（境内班 4 期、境外班 2 期），培训城市书记市长和有关部委负责同志 163 名，其中省部级 3 名，厅局级 121 名，县处级 39 名。举办支援新疆培训班、支援青海玉树及定点帮扶的湟中县、大通县干部培训班各 1 期，培训相关地区领导干部和管理人员 261 名，住房和城乡建设部补贴经费 43 万元。

【举办全国专业技术人才知识更新工程高级研修班】根据人力资源社会保障部全国专业技术人才知识更新工程高级研修项目计划，2015 年住房城乡建设部在北京举办"建筑节能与低碳城市建设"、"村镇基础设施建设与农村垃圾治理"高级研修班，培训各地相关领域高层次专业技术人员 125 名，经费由人力资源社会保障部全额资助。

【住房和城乡建设部城乡规划管理中心获批设立博士后科研工作站】根据博士后管理工作有关规定，2015 年人力资源社会保障部、全国博士后管理委员会批准住房和城乡建设部城乡规划管理中心设立博士后科研工作站。住房和城乡建设部现有中国城市规划设计研究院、城乡规划管理中心 2 个博士后科研工作站。

【住房和城乡建设部选派 2 名博士服务团成员到西部地区服务锻炼】根据中央组织部、共青团中央关于第 16 批博士服务团成员选派工作安排，住房和城乡建设部选派了 2 名博士服务团成员赴西部地区服务锻炼。

5.2.1.3 职业资格工作

【住房和城乡建设领域职业资格考试情况】2015 年，全国共有 118.9 万人次报名参加住房和城乡建设领域职业资格全国统一考试（不含二级），当年共有 12.3 万人次通过考试并取得职业资格证书。详见表 5-13。

2015 年住房和城乡建设领域职业资格全国统一考试情况统计表　　表 5-13
（部分专业 2015 年未组织考试）

序号	专业	2015 年参加考试人数	2015 年取得资格人数
1	一级建造师	993858	90535
2	注册监理工程师	57973	17906
3	造价工程师	120125	10898
4	房地产估价师	13633	2343
5	房地产经纪人	3959	1596
合计		1189548	123278

【住房和城乡建设领域职业资格及注册情况】截至 2015 年底，住房和城乡建设领域取得各类职业资格人员共 141.7 万（不含二级），注册人数 105.4 万。详见表 5-14。

住房和城乡建设领域职业资格人员专业分布及注册情况统计表　　表 5-14
（截至 2015 年 12 月 31 日）

行业	类别		专业	取得资格人数	注册人数	备注
勘察设计	（一）注册建筑师（一级）			32542	32501	
	（二）勘察设计注册工程师	1. 土木工程	岩土工程	17159	15873	
			水利水电工程	8749	0	未注册
			港口与航道工程	1782	0	未注册
			道路工程	2411	0	未注册
		2. 结构工程（一级）		47683	45718	
		3. 公用设备工程		29524	24934	
		4. 电气工程		25028	18290	
		5. 化工工程		7346	5667	
		6. 环保工程		5913	0	未注册
		7. 机械工程		3458	0	未注册
		8. 冶金工程		1502	0	未注册
		9. 采矿 / 矿物工程		1461	0	未注册
		10. 石油 / 天然气工程		438	0	未注册
建筑业	（三）建造师（一级）			643500	476580	
	（四）监理工程师			251779	173187	
	（五）造价工程师			142960	140315	

续表

行业	类别	专业	取得资格人数	注册人数	备注
房地产业	（六）房地产估价师		53681	48691	
	（七）房地产经纪人		54032	30664	
	（八）物业管理师		63647	23149	
城市规划	（九）注册城市规划师		23191	18532	
	总计		1417786	1054101	

5.2.1.4 劳动与职业教育

【加强基础工作，规范培训标准】会同住房和城乡建设部人力资源开发中心完成住房和城乡建设部承担的《国家职业分类大典》修订工作，涉及住建行业82个职业，306个工种，历时五年，已于2015年7月底全部完成。组织修订的建筑工程施工、建筑工程安装、建筑装饰装修、园林、城镇供水、白蚁防治工等40个行业职业技能标准已形成报批稿。根据培训需求，组织编制、修订古建筑传统木工、古建筑传统瓦工、古建筑传统石工、古建筑传统油工、古建筑传统彩画工、弱电工、模板工、建筑门窗安装工等8个工种的职业技能标准，该项工作已经启动。

【做好建筑工人技能培训工作】2015年3月印发了《住房和城乡建设部关于加强建筑工人职业培训工作的指导意见》，6月印发了《住房和城乡建设部办公厅关于建筑工人职业培训合格证书有关事项的通知》，指导各地进一步推动建筑工人职业技能培训工作。12月底，召开住房和城乡建设行业一线从业人员职业技能培训工作座谈会，就各地落实《住房和城乡建设部关于加强建筑工人职业培训工作的指导意见》的情况进行交流研讨。印发《关于2015年全国建设职业技能培训与鉴定工作任务的通知》，计划2015年全年培训157万人，鉴定115万人。截至2015年12月底，共培训行业工人267万人次，鉴定169万人，培训鉴定均超额完成全年计划。

【做好高技能人才选拔培养工作】加强职业技能竞赛工作的协调指导，印发了《关于加强住房城乡建设行业职业技能竞赛组织管理工作的通知》。积极组织指导行业技能竞赛活动，促进高技能人才培养，委托中国建筑业协会，选拔2名选手参加第43届世界技能大赛砌筑、瓷砖镶贴两个项目的比赛，均获得优胜奖，获奖选手及其团队受到了易军同志的亲切接见。协调指导全国建设行业职业技能竞赛，指导中国城市燃气协会、中国安装协会举办了行业国家二类技能竞赛。

【加强行业中等职业教育指导工作】按照教育部的统一安排，完成了"全国住房和城乡建设职业教育教学指导委员会"换届工作。组织开展了部中等职业教育专业指导委员会的换届工作，通过个人申报，专家推荐、遴选等形式，成立了第六届住房和城乡建设部中等职业教育专业指导委员会，壮大了住房和城乡建设部中等职业教育专家机构。积极开展现代学徒制研究，服务行业人才培养。协调教育部职成司、中国建设教育协会等单位成功举办了2015年全国职业院校技能大赛中职组建设职业技能比赛。

【继续做好建筑业农民工工作】继续深入推进建筑工地农民工业余学校建设。2015年年初协调中国建筑业协会开展了全国建筑业企业创建农民工业余学校示范项目部的推荐活动，对全国57个在农民工业余学校创建、农民工教育培训等方面取得明显成效的典型企业、示范项目部进行了表扬，截至2015年底，各地累计创建农民工业余学校28.3万余所，培训农民工4045.2万人次。

5.2.2 中国建设教育协会大事记

5.2.2.1 协会常务理事会议

【五届二次常务理事会议】中国建设教育协会于2015年1月24日在北京召开了五届二次常务理事会议。共有47位常务理事或其委托的代表出席了会议，5位专业委员会秘书长应邀列席了会议。会议共进行了四项议题：

1. 常务理事听取2014年工作总结和讨论2015年工作计划；
2. 个分支机构交流2014年工作和2015年工作计划；
3. 讨论《中国建设教育协会分支机构管理办法》（讨论稿）
4. 增补和调整秘书处副秘书长人选和分支机构理事人选。

会议由朱光秘书长主持。刘杰理事长代表协会秘书处项大会报告了协会2014年的工作和2015年的工作安排。

【五届三次常务理事会议】中国建设教育协会于2015年10月召开了五届三次常务理事会议，这次会议采用通讯的方式进行。会议的主要内容是向各位常务理事通报协会秘书处和各专业委员会、地方协会的工作进展情况并交流信息。

5.2.2.2 协会专业委员会工作

【高等教育委员会】2015年专业委员会主任和秘书长都已变更，在这期间，他们积极协助秘书处举办了主题为"新常态下高等建筑教育发展"论坛暨第二届中国高等建筑教育高峰论坛。召开了高教专业委员会年会，编辑完成了每年一本的论文集。积极参与协会开展的BIM培训，课题立项、评审等活动。

【高职教育委员会】积极参与协会组织的BIM专家委员会的活动和《中国建设教育发展报告》的起草工作；完成了教育教学课题的选题推荐、立项申报、成果评奖等工作。协助秘书处举办了主题为"改革、实践、创新、创业"的高职院校书记校长论坛。与此同时，高职委还召开了第四次常委扩大会和年全委会；组织了首届全国高等职业院校教师建筑施工类课程信息化技能竞赛；开展了建筑专业、结构专业BIM技术应用培训活动。

【中职教育委员会】在2015年合并召开了第三届第二次全体会议和各分会年会暨"立德树人"主题论坛。会议紧密联系会员单位，发挥区域优势，开展研讨和经验交流等活动，增进了校际友谊，对会员单位具有很强的吸引力，提高了协会的凝聚力。中职委在自主开展活动的同时，还积极配合协会的工作。如：二级机构的审计、教育教学课题立项和评审、召开专家评审工作会，完成论文和课件的初评和申报工作。他们还积极为《中国建设教育》杂志提供中职委获奖论文，充实了会刊的稿源。

【继续教育委员会】创新思路，开拓进取，紧紧围绕提高行业继续教育水平开展相关工作，努力开创专委会工作新局面。在2015年，重点对行业继续教育存在的突出问题开展了调查研究，探讨制定建设行业继续教育实施的标准和指南。组织申报的住房城乡建设部课题"建筑产业现代化背景下施工现场专业人员能力提升研究"成功通过立项。组织行业专家编写了20本关于建筑与市政工程施工现场专业人员继续教育的教材。协助协会秘书处组织和参与了《中国建设教育发展报告》的编写工作。

【技工专业委员会】2015年，在推进职业教育、输送技能人才、社会人才培训和职业技能鉴定等方面取得了不俗的成绩。充分利用《建设技校报》这个平台，宣传协会各项工作，促进技校同仁相互交流，展现"技校人"的风采。为促进教学研究改革和学术交流，组织开展了论文和课件评选活动，并将优秀论文全部刊登在《建设技校报》上，充分发挥了优秀论文的交流促进作用和鼓励表彰作用。专委会还在专业建设、课程设置、教学教法、文化氛围等方面与建筑行业市场对接，与企业对接，把"新工业、新材料、新设备、新技术"带入学校，促进产教融合、校企合作，增强学生的就业能力、创业能力。2015年12月组织召开了六届三次会议。

【培训机构工作委员会】在2015年，多次组织会员单位学习国家及行业相关政策，走访部分省市的行政主管部门、注册中心、建筑企业和会员单位，充分听取各方的意见和建议，重点研究信息化技术在职业教育培训中的应用。在充分调研的基础上，启动了一些行业急需的培训项目的前期工作，编写已成熟项目的配套教材、录制视频课件。在广大会员的共同努力下，"职业能力"培训项目在山东、海南等地取得了较好效果。

【机械教育专业委员会】2015年机械教育专业委员会在培训和继续教育方

面都上了一个新台阶。为使培训更具针对性，他们在技工技能、行业服务现状、从业要求、各单位及学员需求等方面开展基础调研，在管理、技术、操作、服务等环节为从业人员的技能提升和职业规划提供特色服务。他们把开展培训业务提到"落实职业教育法"、"提高建设机械行业从业人员素质"的高度来认识，树立了"培训机构即行业服务机构"的理念，打开了专业委员会工作上升的空间。在发展会员方面，做了大量工作，效果显著。

【建筑企业专业委员会】在开展培训、编写教材、研讨会、论坛、参与协会编写《发展报告》等方面都做了大量工作。特别是在协会指导下，联合中建管理学院、学尔森国际教育集团，经过一年多的努力，出版发行了《建筑企业人力资源管理实务》和《建筑企业人力资源管理实务操作手册》两本书。这两本书针对当前建筑企业在人力资源管理方面存在的问题和挑战，从促进企业转型升级、做大做强的角度，摆问题、找原因、提对策。两本书内容全面详实、通俗易懂，既有前沿理论，又有实际案例，具有很强的针对性、实用性和可操作性。

【院校德育专业委员会】2015 年，在北京召开了"建设院校德育工作专委会常委扩大会议"、在沈阳建筑大学召开了"建设院校德育工作经验交流会"、在天津举办了"全国建设院校德育工作干部及骨干教师培训班"。开展了 2015 年度德育科研课题立项申报和 2013 ~ 2014 年度优秀教育教学科研成果评选的征集工作。2015 年还对专委会领导机构组成人员进行了调整和补充，平衡了各类学校在机构中的影响和作用。

【房地产专业委员会】在主要领导不到位、会员活动不利的情况下，一直坚持工作。努力落实协会秘书处的各项工作要求，在培训形势不利、效益下滑情况下，积极开展培训工作。特别是在分支机构证书到期，为争取保留银行账户做了大量的工作。

【公交专业委员会】在主要领导退休的情况下，坚持工作，为维持专业委员会的工作运转做了努力。

5.2.2.3 协会科研工作

【科研立项】2015 年协会广泛开展了教育教学科研课题的立项工作，为了使协会立项课题能够紧密结合会员单位的工作实际和发展需求，真正达到推进教育教学改革，促进学术研究和交流，为建设教育事业服务的目的，立项前协会向各专业委员会、地方建设教育协会和会员单位下发了《关于征集 2015 年度教育教学科研课题立项指南的通知》，为扎实开展 2015 年度教育教学科研课题申报工作奠定了良好的基础。2015 年立项课题内容涉及行业人才培养模式综合改革、专业和实践创新基地建设、课程和教材建设、企业职业教育培训、学生成长成才研究、学科竞赛、信息化建设等多个方面。各专业委员会认真组织完成了课题的申报和推荐工作，会员单位踊跃参加，本年度教育教学科研课题立项共 171 项。

【教育教学科研成果评优】2015 年为了做好教育教学科研成果评选工作，研究部下发通知，对评选范围、评选标准和程序以及参评材料的要求等都作出了明确规定，并且通过各会员单位、专业委员会以及地方建设教育协会进行了广泛的宣传发动和成果的征集推选。最后收到参评教育教学科研成果 100 份，论文 408 篇，经过专家认真慎重及反复审核，评出各种奖项 54 个。这次评选流程清晰、把关严格，会员单位积极性高、工作认真。为充分发挥获奖作品的作用，激励广大教育工作者积极参与教育教学科研活动，将获奖优秀作品以专刊的形式在会刊《中国建设教育》上予以发表。

【编写《中国建设教育发展年度报告》(2015)】为了反映我国建设教育在贯彻《国家中长期教育改革和发展规划纲要 (2010—2020 年)》、《国务院关于加快发展现代职业教育的决定》过程中取得的成绩和存在的问题，准确把握建设教育的发展趋势，对提高建设教育质量提供基础资料，协会决定从 2015 年开始，每年编制一本反映上一年度中国建设教育发展状况的分析研究报告——《中国建设教育发展年度报告》，《中国建设教育发展年度报告 (2015)》的具体编写工作由研究部组织落实，聘请来自高等学校、高中等职业院校、技工学校、企业、地方建设教育协会等不同领域且长期从事建设教育工作的 10 余位专家学者担任编委，聘请哈尔滨工业大学王要武教授担任主编，并于年内召开了两次编写工作会议。该《年度报告》于 2016 年 8 月由中国建筑工业出版社出版。

【编制"十三五"规划】为贯彻《国家中长期教育改革发展规划纲要》和国家"十三五"发展规划精神，协会把制定协会发展的"十三五"规划作为一项重要工作来抓。为了使"十三五"规划既紧密联系实际又具有科学的前瞻性和挑战性，秘书处广泛听取各专业委员会和地方建设教育协会等方面意见，研究制定规划方案，多次召开会议研究修改，并交常务理事会议审议，目前该项工作已经完成。

5.2.2.4 协会主题活动

【书记、校（院）长论坛】2015 年 8 月 20 ～ 21 日在江苏省常州市举行第七届全国建设类高职院校书记、院长论坛。本届论坛的主题是"改革·实践·创新·创业"，来自全国 38 所高职院校和有关单位的 78 位代表出席。教育部职成司高职高专处林宇处长、住房和城乡建设部人事司专培处何志方处长亲临指导并作了重要讲话，朱光副理事长在开幕式上作了重要讲话。论坛还邀请了我国资深教育评估专家、教育部高职院校人才培养工作评估研究课题组组长杨应崧教授作了专题报告。9 所院校的书记校长作了交流发言。

2015 年 10 月 26 ~ 27 日，第十一届全国建筑类高校书记、校（院）长论坛在苏州科技学院举行，本届论坛的主题是"新常态下高等建筑教育发展"，来自全国 28 家单位的 72 位代表出席。住房和城乡建设部人事司专培处高延伟副处长亲临指导并作了重要讲话。12 所院校的书记和校长围绕高校综合改革及"十三五"发展规划编制、深入推进内涵式发展、探索新常态下的发展模式"等问题进行了交流发言。

【各种赛事】2015 年 10 月举办的第八届"广联达杯"全国高等院校工程算量大赛和第六届全国高等院校工程项目管理沙盘模拟大赛，参加总决赛的院校达到 340 多所。

2015 年 6 月开始了全国第二届建筑类微课比赛，共收集本科类课件 80 件，高职类课件 188 件，中职类课件 77 件，最终的评审将于 2016 年 2 月进行。

历时 10 个月的第六届全国高等院校斯维尔杯 BIM 系列软件建筑信息模型大赛于 2015 年 5 月结束，全国有 380 所院校 2700 支团队参赛，覆盖全国所有省份。

首届 BIM 应用技能网络大赛在 2015 年 3 月 ~ 7 月顺利举行，这项赛事以更贴近 BIM 应用实际的方式，为学生搭建一个展示 BIM 应用技能作品的平台，共有 147 所院校，323 份作品参加了评比。

2015 年 7 月初承办了第七届全国职业院校技能大赛中职组建设职业技能比赛的建筑装饰、楼宇自动化安装与调试等赛事，赛事涉及范围广，在全国乃至所属省市产生了很大影响。

【夏令营活动】2015 年 7 月 29 日 ~ 8 月 6 日，协会主办了以"激情、沟通、超越"为主题的第六届全国高等院校建设类专业优秀大学生夏令营活动，来自全国 92 家高校的 93 位建设类专业优秀大学生以及来自台湾的 6 位建设类专业优秀大学生代表齐聚北京。

在为期 9 天的夏令营活动期间，开展了丰富多彩的交流活动：其中包括拓展训练；观看升旗仪式；瞻仰人民英雄纪念碑；参观故宫、长城等古建筑；国家博物馆、鸟巢等现代标志性建筑。学习了建筑信息化产业的相关前沿技术，拓展了视野。参观了北京市示范施工工地"天坛医院改建"现场，体验了建筑信息化给施工带来的新变化。此次夏令营还邀请到清华大学马智亮教授、北京建筑大学田林教授、广联达研究院副院长刘刚先生等业内知名专家围绕建筑信息化技术发展、古建筑知识等问题与同学们进行了座谈和交流。期间还开展了两岸学生交流演说活动。

5.2.2.5 协会培训工作

【建筑与市政工程施工现场专业人员培训】在地方建设教育协会、建筑企业人力资源工作委员会、房地产人力资源工作委员会、培训机构工作委员会及会员单位的共同努力下，建筑与市政工程施工现场专业人员培训项目得到了更多房地产开发企业、建筑施工企业的认可，全年培训人数超过 13 万人，增长幅度在 60% 以上。2015 年开发了"防腐保温施工技术"、"混凝土质量管理师"、"广电监理工程师" 3 个培训新项目，填补了行业空白，成为相关人员上岗的凭证，以及地方行政主管部门对相关企业资质审查的重要依据。

【短期培训项目】2015 年，由于建设行业大环境的变化，使得短期培训的培训班次数和总人数都有一定程度的减少，幅度超过 30%。在这种情况下，协会紧紧围绕住房城乡建设部的重点工作，开发相关的短期培训项目，特别是"《海绵城市建设技术指南》培训班、新版《建筑业企业资质标准》宣贯培训班"等项目，受到行政主管部门、企业和参培学员的一致好评。协会还修改了《中国建设教育协会合作培训管理办法》中的部分条款，完善短训班的管理资料，加强了监督检查力度。

【开发新的培训项目】与环保部环境评价中心建立初步合作关系，拟在建设工程环境保护、绿色施工技术等方面开展系列培训；与北京电信集团合作开发网络教育平台，录制了协会职业培训项目和一级建造师考前培训的部分课件，采用网络 + 面授的培训方式进行授课。该方式的具体特点是，网络教育完成基础知识学习任务，集中面授解决重点、难点复习任务。这种形式获得参培学员的认可，为大规模开展"网络 + 面授"培训打下了良好基础。

【编写职业培训考试题库】为推进行业职业培训信息化水平，协会还与中国建筑工业出版社、北京建筑大学、北京交通大学、清华大学、部分地方建设教育协会等多家单位合作编写了新版的职业培训考试题库，共涉及 14 个专业，完成新版试题数量超过 3000 道，累计试题超过 2 万道。经过各地建设行政主管部门和学员的使用，反馈效果较好。

【稳步推进职业教育国际合作】2015 年 6 月，协会与德国国际发展基金会和汉斯·赛德尔基金会合作，在北京市举办了为期 6 天的汽车维修专业师资培训班，内容包括：自动启停技术、油电混合技术、纯电动技术和自动驾驶技术。2015 年 11 月，与江苏省建设教育协会、德国汉斯·赛德尔基金会共同在南京市举办了为期 3 天的建筑类专业师资培训班，内容包括：人居自然环境设计、建筑智能化、建筑工业化。两期培训班均由德方专家授课，课堂模拟德国职业教育教学方式进行，受到了参培学员的好评。为进一步推进协会与国外相关机构合作积累了经验。

5.2.2.6 其他工作

【BIM 考评推广工作全面展开】为落实住房和城乡建设部《关于推进建筑信息模型应用的指导意见》及《住房城乡建设部关于推进建筑业发展和改革的

若干意见》的相关要求，协会根据自身特点及优势，组织全国知名专家学者、企业总工程师等相关人员研究编制了《全国 BIM 应用技能考评大纲》，得到了主管部门的肯定。在此基础上，与地方建设教育协会和专业委员会以及相关企业共同举办了 10 场全国师资培训，累计培训全国各会员单位教师 1500 余人次。组织全国 BIM 应用技能比赛 3 场，累计参赛院校 795 所，参赛学生 3 万余人次。组织部分单位针对 BIM 应用技能考评工作开展试考工作，充分验证考评工作组织流程、考题专业性、阅卷公正性，为 2016 年开展全国考评工作奠定了基础。

【协会刊物编辑工作】2015 年《中国建设教育》杂志共出版刊物 6 期，其中专刊两期。在全面迅速反映行业发展，交流教育教学、教育管理、科技成果、精神文明与文化建设的经验，促进会员单位不断发展进步，连接主管部门和会员单位方面作出了贡献。为使会刊健康发展，更好地为会员服务，2015 年协会加强了对办刊工作的领导，理事长刘杰任编委会主任，秘书长朱光任主编。同时为了加强编辑环节的力量，建立了三级编辑审稿制度，还制定了《排版标准》，修订了《管理制度》，使办刊工作在规范化道路上又迈进了一步，为提高刊物质量奠定了基础。

【地方协会联席会议】2015 年 3 月，在苏州组织召开第十三次地方建设教育协会联席会议，就国家对社团改革问题进行研究探讨。会上，各地方协会就本省的社团组织改革、机构改革进行了交流。大家认为，在国家大力推进社会组织改革的新形势下，各地的社会组织机构改革正在进行和急剧变化中，各地政府在对本地社团组织的设置、配备、要求等方面都在结合本地区情况和现状进行考量，作为改革主题的协会，要积极行动，找准点，站好位，把改革作为机遇和动力，把协会做稳、做好。

【组织建设及财务工作】2015 年各专业委员会对理事会主要成员都进行了不同程度的调整、变更和增加。在发展会员方面也有一些突破，全年发展会员近 100 个。目前，协会共有会员单位为 875 个。建设机械委员会、高职委员会、继续教育委员会等几个专业委员会在发展会员方面成绩显著。协会每年都聘请专业人员对财务工作进行审计。2015 年又增加一次住房城乡建设部审计署的专项审计。协会的账目清楚，操作规范，顺利通过审计。